H. Bandemer

Ratschläge
zum mathematischen Umgang
mit Ungewißheit

Ratschläge zum mathematischen Umgang mit Ungewißheit

Reasonable Computing

Von Prof. Dr. Hans Bandemer

 Springer Fachmedien Wiesbaden GmbH 1997

Prof. Dr. rer. nat. habil. Hans Bandemer

Geboren 1932 in Halle/Saale. Mathematikstudium in Halle von 1953 bis 1958. Diplom 1958. Anschließend – von 1958 bis 1997 – an der (TU) Bergakademie Freiberg. Promotion 1961, Habilitation 1965, von 1967 bis 1997 Professor, zuerst für Numerische Mathematik und Mathematische Statistik, dann für Mathematische Statistik und danach für Versuchsplanung und Datenanalyse. Seit 1997 wohnhaft in Halle/Saale.

Umschlagbild: Härteabstandskurve aus unscharfen Beobachtungen (siehe hierzu S. 202).

Gedruckt auf chlorfrei gebleichtem Papier.

Die Deutsche Bibliothek – CIP-Einheitsaufnahme

Bandemer, Hans:
Ratschläge zum mathematischen Umgang mit Ungewißheit :
reasonable computing / von Hans Bandemer.
ISBN 978-3-8154-2118-5   ISBN 978-3-663-12337-8 (eBook)
DOI 10.1007/978-3-663-12337-8

© Springer Fachmedien Wiesbaden 1997

Ursprünglich erschienen bei B. G. Teubner Verlagsgesellschaft Leipzig 1997

Umschlaggestaltung: E. Kretschmer, Leipzig

Vorwort

'Ο βίος βραχὺς, ἡ δὲ τέχνη μαχρὴ, ὁ δὲ χαιρὸς ὀξὺς, ἡ δὲ
πεῖρα σφαλερή, ἐ δὲ χρίσις χαλεπή. Δεῖ δὲ οὐ μόνον ἑωυτὸν
παρέχειν τὰ δέοντα ποιεῦντα, ἀλλὰ χαὶ τὸν νοσέοντα, χαὶ
τοὺς παρεόντας, χαὶ τὰ ἔξωθεν.

ΑΦΟΡΙΣΜΟΙ

Das vorliegende Buch entstand aus dem jahrzehntelangen Umgang mit Anwendern und Anwendungsproblemen. Mit dem vorstehenden Zitat[1], auf den Mathematiker gewendet, läßt sich die Quintessenz der Erkenntnis aus diesem Umgang beschreiben. Um dies jedoch einzusehen, ist ein kurzer Rückblick hilfreich.

In früheren Zeiten waren die Modellierung des praktischen Problems, die Berechnung der numerischen Ergebnisse und deren fachliche Deutung in ein und derselben Person vereint: Der Ingenieur formulierte seine Aufgabe, z.B. elementar für eine Berechnung mit seinem Rechenschieber oder – in komplizierteren Fällen – beispielsweise als Anfangsrandwertproblem zur näherungsweisen Lösung mit einem Reihenansatz. In jedem Fall war er sich bewußt, daß sein Modell eine (brauchbare) Näherung darstellt und seine Materialparameter und Meßwerte nur auf wenige Dezimalen sinnvoll sind. Die Konfrontation der von ihm berechneten Ergebnisse mit dem praktischen Problem konnte von ihm selbst unmittelbar erfolgen.

Durch die Zunahme der Komplexität der zu behandelnden Probleme wurde der

---

[1]Das Leben ist kurz, die Kunst weit, der günstige Augenblick flüchtig, der Versuch trügerisch, die Entscheidung schwierig. Der Arzt muß nicht nur bereit sein, selber seine Pflicht zu tun, er muß sich auch die Mitwirkung des Kranken, der Gehilfen und der Umstände sichern. Hippokrates, Aphorismus I1.
Die Übersetzung wurde entnommen aus: Der Arzt im Altertum, Griechische und lateinische Quellenstücke von Hippokrates bis Galen mit der Übertragung ins Deutsche. Herausgegeben von W. Müri, 5. Auflage, Artemis Verlag, München und Zürich 1986.

Ruf nach Rezepten immer lauter und von fleißigen Mathematikern auch nach und nach befriedigt. Da sich die anwendungsorientierte Mathematik aber immer weiter in Teilgebiete zersplitterte, bevorzugte der rezeptbuchschreibende Mathematiker jeweils nur *eine* Modellierungsrichtung und vernachlässigte andere Aspekte. Außerdem lösten sich die Rezepte immer mehr vom praktischen Problem und behandelten nur noch vorgefertigte Modellansätze.

Es gibt übrigens eine analoge Entwicklung in den echten Kochbüchern: Während vor hundert Jahren den jungen Frauen im Kochbuch noch gesagt wurde, wie ein zu kaufendes Huhn für ein bestimmtes Gericht auszusehen habe (u.a. Alter und Beschaffenheit) und wie man es zu bearbeiten habe, heißt es heute nur noch lakonisch: man nehme ein Huhn.

Durch die explosionsartig zunehmende Leistungsfähigkeit elektronischer Rechner für den wissenschaftlichen Allgemeinbedarf und die Sintflut verfügbarer Softwaresysteme wird das mathematische Rezeptwesen ins Extreme gesteigert. Es ist bekanntlich der Stolz jedes Softwarevertreibers, möglichst alle bekannten einschlägigen Verfahren in seinem Paket zu vereinigen. Bei diesem Hang zur Perfektion kann beim Programmierer kein Überblick über die konkreten Anwendungssituationen mehr vorausgesetzt werden. Die notwendige Benutzung der Software durch den anwendenden Ingenieur *trennt* ihn notwendigerweise von seinem praktischen Problem. (Der Ingenieur steht hier nur als Repräsentant und Beispiel für den wissenschaftlich arbeitenden Anwender.) Die Komfortabilität der Software verführt ihn zusätzlich, sein fachwissenschaftliches Nachdenken über ein Modell durch eine leichtgemachte Wahl aus einem Angebotskatalog zu ersetzen, was der Sache nur in wenigen Fällen dienlich sein dürfte. Die psychologisch ausgeklügelte Ausgabe der Ergebnisse als farbenfreudige Schaubilder läßt dem Anwender in der Regel kaum eine Chance für deren kritische Einschätzung nach Relevanz, Zuverlässigkeit und Genauigkeit.

Hier nun setzt das Anliegen dieses Buches an. Es geht davon aus, daß der Leser Zugang zu für ihn geeigneter Hard- und Software für seine Probleme hat. Es ist also weder ein Handbuch noch ein Lehrbuch für die Anwendung der Mathematik in speziellen praktischen Situationen. Es soll stattdessen eine Handreichung für den Anwender darstellen, in der ihm gesagt wird, was er bei der Anwendung der Mathematik mit diesem modernen Instrumentarium unbedingt beachten sollte, damit er zu einer vernünftigen Behandlung seines praktischen Problems kommen kann. Dazu gehört die Auswahl eines solchen mathematischen Modells, das seiner praktischen Situation und den Anforderungen seiner Zielstellung hinsichtlich Kompliziertheit und mathematischer Behandelbarkeit *adäquat* ist, und einer *effektiven* Lösungsmethode, und schließlich solcher Kriterien, die die Zuverlässigkeit seiner Ausgangsdaten und die Verläßlichkeit und

Genauigkeit der Ergebnisse *real einzuschätzen* erlauben.

Wenn also im folgenden Verfahren explizit angegeben werden, dann nur als Prinzip oder im typischen einfachen Beispiel. Es wird kein Anspruch auf irgendwelche Vollständigkeit erhoben. Denn, wenn sich auch die Verfahren ständig verbessern und vermehren, die Probleme *bei deren Anwendung* bleiben im Prinzip die gleichen.

Bei der Anwendung der Mathematik hat sich eine gewisse Trennung der Zuständigkeiten entwickelt. Ein Interesse an der konkreten mathematischen Modellierung gibt es im wesentlichen beim *anwendenden* Fach. Die Mathematiker konzentrieren sich dagegen auf die Entwicklung mathematischer Lösungsverfahren und zwar nur in ihren entsprechenden mathematischen Teilgebieten, wie der Analysis, der Algebra, der Stochastik oder der Numerik.

Da jedes dieser Gebiete seine traditionelle Symbolik entwickelt hat, war es gar nicht so einfach, einen tragfähigen Kompromiß für die Darstellung im vorliegenden Buch zu finden, ohne die Menge der verschiedenen Buchstabentypen allzu umfangreich werden zu lassen.

Deshalb wurde so lange wie möglich für gewöhnliche Mengen, Variable, Funktionen keine gesonderte Schriftart verwendet. Soll bei *Vektoren* und *Matrizen* deren Charakter besonders hervorgehoben werden, z.B. weil ihre Verknüpfungsregeln benutzt werden, dann werden sie mit halbfetten Buchstaben bezeichnet, z.B. **x**, **B**. Dabei können die *Elemente* auch Zufallsvariable oder unscharfe Mengen sein. Gewöhnliche n-tupel, z.B. mehrdimensionale Parameter, werden in der Regel nicht als Vektoren ausgezeichnet.

Zufallsgrößen und Zufallsvariable werden mit Sans Serif-Buchstaben bezeichnet, z.B. G, T, auch wenn sie Vektor- oder Matrixcharakter haben, diese Eigenschaft aber im gegebenen Zusammenhang nur eine untergeordnete Rolle spielt. Für den zufälligen Fehler wird jedoch auch die traditionelle Ausnahme (ϵ) benutzt, um den Anschluß an die Lehrbuchliteratur zu gewährleisten.

Für *unscharfe Mengen*, die vielerorts noch unbekannt sind, werden Buchstaben der Schreibschrift ($\mathcal{A}, \mathcal{B}$) verwendet, falls nicht ihr Matrix- oder Vektorcharakter betont werden soll.

Schließlich werden gelegentlich für spezielle Mengen und Mengensysteme Schattenbuchstaben, wie $\mathbb{R}$ für den Euklidischen Raum, $\mathbb{P}$ für die Potenzmenge einer Menge und $\mathbb{N}$ für die Menge der natürlichen Zahlen eingeführt.

Die verwendeten Formeln sollen entweder an das aus den Lehrbüchern Gelernte erinnern oder neu vorgestellte mathematische Ideen eindeutig erfassen. In jedem Fall wird das jeweils Wichtige im Text erläutert. Wer also die Formeln nicht gleich versteht, kann sie beim ersten Lesen *erst einmal* ohne Verständnisverlust für das darauf Folgende übergehen und sich auf den Text konzentrieren. Sicher wird er dann beim wiederholten Lesen mit den Formeln etwas anfangen können.

Verweise erfolgen in der üblichen Art auf Kapitel, Abschnitt und Formelnummer.

Wenn auf die gängige Lehrbuchliteratur verwiesen wird und dabei einige Titel genannt werden, so soll das nicht heißen, daß nur diese zu empfehlen sind. Der Autor hat sich nicht der Mühe unterzogen, die jeweils unübersehbare Menge dieser Literatur zu sichten; die genannten Bücher lagen auf seinem Tisch, und er hat sie zum Nachschlagen benutzt.

Der Autor hat in seinem Akademikerleben verschiedene Gebiete der Mathematik durchschritten und dabei vielfältige Erfahrungen in den Anwendungen sammeln können. Im vorliegenden Buch möchte er möglichst viele davon einem breiten Anwenderkreis vermitteln, ohne auf naheliegende philosophische Einsichten abzuheben. Für das Verständnis genügt ein mathematischer Grundkurs an einer Universität oder Fachhochschule, wünschenswert sind jedoch bereits gewisse Erfahrungen mit der Anwendung der Mathematik.

Behandelt werden vor allem die Gebiete der Mathematik, bei denen die *Unsicherheit, Ungewißheit* und *Ungenauigkeit* der aus dem praktischen Anwendungsfall zu beschaffenden Daten bedeutsam sind.

Ausgehend von gegebenen Funktionswerten, aus Beobachtungen oder Messungen, werden zuerst die Probleme der *Interpolation* und *Approximation* behandelt. Dann wird die *Beobachtungsunschärfe* betrachtet und mathematisch erfaßt, die die Genauigkeit und Zuverlässigkeit von Aussagen über funktionale Zusammenhänge erheblich beeinflussen kann. Als Modell für die *Variabilität* von Beobachtungs- und Meßergebnissen wird sodann der Zufalls- und der Wahrscheinlichkeitsbegriff beleuchtet und seine Verwendung kritisch betrachtet. Schließlich wird auch für die *Vagheit* von Daten ein mathematischer Ansatz vorgestellt und Beobachtungsunschärfe und Variabilität unter einem gemeinsamen Blickwinkel behandelt.

Nach dieser Bereitstellung der Grundideen wendet sich das Buch einigen Methoden der qualitativen Datenanalyse (Clusteranalyse und Klassifikation) und der Bewertung funktionaler Beziehungen (Regressionanalyse und den Methoden der quantitativen unscharfen Datenanalyse) zu.

Wenn ein mathematischer Zugang, den ein Leser seit Jahren verfolgt, im vorliegenden Buch unerwähnt geblieben ist oder nur als Hinweis erscheint, so bittet der Autor um Nachsicht, weil für sein Anliegen eine Auswahl genügen mußte.

Hinweise auf Fehler und Unzulänglichkeiten, die sich selbst bei großer Sorgfalt nicht vermeiden lassen, sind stets erwünscht.

Das Buch ist im wesentlichen unbemerkt von den Fachkollegen und ohne jegliche Unterstützung durch wissenschaftliche Mitarbeiter geschrieben worden. Der Autor dankt herzlich der Koordinatorin des Graduiertenkollegs *Räumliche Statistik*, Frau Dr. M. Lorenz, und seinem letzten Doktoranden, Herrn Dr. S. Hartmann, für die kritische Durchsicht des Manuskripts und Herrn Dr. W. Fleischer für die freundliche Nachdruckgenehmigung des Bildes 2.1 auf Seite 29. Die technische Endredaktion und Fertigstellung lag wieder, wie bei früheren Buchmanuskripten des Autors, in den bewährten Händen von Frau I. Gugel, der an dieser Stelle ganz herzlich gedankt werden soll.

Dem Teubner-Verlag, vor allem Herrn J. Weiß, ist der Autor besonders für die Beharrlichkeit verbunden, mit der er ihn über Jahre hinweg zum Schreiben dieses Buches gedrängt hat, und für die verständnisvolle Zusammenarbeit bei der Entstehung des Buches.

Schließlich möchte der Autor ganz herzlich seiner Ehefrau für den ermunternden Zuspruch und die verständnisvolle Rücksichtnahme danken, die die Vollendung dieses Buches ermöglicht haben.

Halle, im April 1997 Hans Bandemer

Inhalt

1 Einleitung

1.1 Anwendung der Mathematik

Das zentrale Problem jeder Wissenschaft ist bekanntlich die *Vorhersage* von Ereignissen aus erkannten Bedingungen, also Aussagen der Form

WENN ... DANN ...

Je nach dem Formalisierungsgrad des Wissenschaftszweiges werden diese Aussagen als mehr oder weniger präzise, verbale Zusammenfassungen von Erfahrungen bis hin zu mathematisch formulierten Naturgesetzen, wie dem Fallgesetz, dargestellt.

In jedem Fall dient die Mathematik zur Gedankenordnung und zur „Konfektionierung" von Schlußweisen. Sie ist also ein *Denkzeug, mit dem gedanklich etwas bewerkstelligt wird,* wie das Werkzeug, das dem Handwerker seine Arbeit erleichtert oder sogar erst ermöglicht. Der Mathematiker entspricht dann dem Werkzeugmacher als einer speziellen Arbeitsrichtung.

Die Anwendung des Denkzeuges auf reale Probleme hat viel Ähnlichkeit mit der Verwendung von Handwerkzeug:

1. Man muß sich zuerst einmal klar machen, *was* man eigentlich machen will, d.h. das *Ziel* (und den Zweck) festlegen, das man mit seiner Untersuchung mit mathematischen Hilfsmitteln erreichen will.
2. Als nächstes muß man die *Güteansprüche* an das Ergebnis fixieren. Dies wird verständlich, wenn man die entsprechenden Ansprüche an eine Abfallkiste mit denen an einen Wohnzimmerschrank vergleicht. Dies gilt auch hinsichtlich der Ergebnisse an eine mathematische Untersuchung. Die Gütefestlegung ist wichtig, denn sie bestimmt die Werkzeuge und den Aufwand, der zur Lösung betrieben werden muß.

Nun erst kann man die entsprechende mathematische Behandlung des gegebenen Problems angehen. Dazu ist es nötig, die Struktur des realen Problems

und die vorgefundenen Verhältnisse in die abstrakte Sprache der Mathematik
zu übersetzen.

Diese Übertragung gliedert sich in drei Bestandteile:

a) die Wahl eines *mathematischen Modells*;
b) die Wahl eines mathematischen Verfahrens für die Schlußfolgerungen: kurz
eines *mathematischen Lösungsverfahrens*;
c) die Beschreibung der konkreten Situation durch *mathematisch spezifizierte
Daten*.

Für die „Qualität" der mathematischen Behandlung und deren mathematisches Ergebnis gilt das *Gesetz vom schwächsten Kettenglied*:

Das Ergebnis ist im konkreten Fall nur höchstens so gut *in seiner Aussagekraft (relevant, zuverlässig, zutreffend, genau), wie die* schwächste „Qualität"
der drei beteiligten Kettenglieder.

Der Begriff der „Qualität" geht zwar in jedem der drei Bestandteile in die
gleiche Richtung, muß jedoch unterschiedlich gefaßt werden und läßt sich, im
allgemeinen, leider nicht quantitativ exakt erfassen. Im nächsten Abschnitt
wollen wir näher auf diesen Qualitätsbegriff eingehen.

1.2 Die Qualität der mathematischen Behandlung

1.2.1 Die Qualität des Modells

Bei der Modellierung wird der Qualitätsbegriff durch die Adäquatheit erfaßt.
Die Modellierung eines realen Problems ist nicht eindeutig, ja es gibt in der
Regel sehr viele Möglichkeiten, die Struktur des Problems mathematisch zu
erfassen. Man könnte *Adäquatheit* als hinreichende Übereinstimmung mit der
Wirklichkeit interpretieren. Dabei hängt die Hinlänglichkeit vom Zweck und
vom Ziel der Untersuchung ab. (Daher wurde oben die Festlegung von Zweck
und Ziel an die *erste* Stelle gesetzt!)

Als einfaches Beispiel hierzu sei der *Würfelwurf* betrachtet.

Um das Ergebnis des Würfelwurfes bei seiner *Dauerverwendung* im Spiel vorherzusagen, genügt ein stochastisches Modell, mit dem man, über einen Test,
nötigenfalls entscheiden kann, *ob der Würfel gezinkt ist.*

Um das Ergebnis eines *einzelnen* Würfelwurfs, *als physikalisches Phänomen*,
vorherzusagen, bedarf es eines großen Aufwandes an Meßeinrichtung, um die

einflußnehmenden Faktoren des Würfelns, der Technik des Werfens (z.B. Anfangsbeschleunigung und Abwurfrichtung) und der Aufprallfläche (z.B. Elastizität und Oberflächenbeschaffenheit) zu registrieren. Vermutlich genügt in diesem Fall ein System partieller Differentialgleichungen mit einer hohen Zahl von Variablen für die exakte Vorhersage des Ergebnisses im gegebenen *Einzelfall.*

Neben der Orientierung an Ziel und Zweck der Untersuchung hängt die Wahl des Modells auch noch von der unterschiedlichen Kompliziertheit und mathematischen und numerischen Handhabbarkeit sowie der praktischen Durchschaubarkeit und Deutbarkeit der zur Auswahl stehenden Modelle ab. Vielfach wird die Wahl des Modells auch noch von der Größenordnung beeinflußt, in der man das Problem behandeln will oder muß. All diese Aspekte werden später in entsprechenden Zusammenhängen an Beispielen erläutert.

Die Modellwahl ist ein *schöpferisches* Hauptproblem des Anwenders; er kann vom Mathematiker höchstens von der Seite der Denkzeuge unterstützt werden. So kann im gegebenen Zusammenhang z.B. sowohl ein Modell aus der Theorie der Differentialgleichungen als auch aus der statistischen Regressionstheorie möglich sein.

Eine Einschätzung der Qualität des Modells, seiner Adäquatheit, ist auf theoretischem Wege mit den Mitteln der Mathematik *prinzipiell unmöglich,* es wird jedoch immer wieder versucht, z.B. mit den Mitteln der statistischen Testtheorie. Dabei wird vergessen, daß damit höchstens die plausible Verträglichkeit gewisser Annahmen mit gegebenen Daten unter der angenommenen Gültigkeit anderer Annahmen untersucht wird.

Eine sachgerechte Überprüfung ist allein durch die Konfrontation der Ergebnisse der Untersuchung mit den praktischen Ergebnissen möglich. Aber auch in diesem Fall muß der logische Schluß, daß das Modell adäquat ist, nicht richtig sein. In vielen Fällen genügt jedoch schon die Feststellung der *Brauchbarkeit* des Modells. Was mit den vorstehenden Ausführungen im praktischen Fall gemeint ist, soll im folgenden an einem konkreten Beispiel erläutert werden.

Gewöhnlich nimmt man in der Fachwelt an (HENSEL/SPITTEL 1978), daß der Walzvorgang, z.B. bei Stahl, als ein kontinuierlicher Stauchvorgang modelliert werden kann: Sowie ein Querschnitt im Walzspalt auftaucht, wird er durch die beiden Walzen von oben und unten zusammengedrückt, also gestaucht. In den fünfziger Jahren kam ein angewandter Mathematiker auf die Idee, den Stahl unter der Einwirkung der Walzen als eine zähe Flüssigkeit zu betrachten und den Walzvorgang hydrodynamisch zu modellieren (z.B. KNESCHKE/BANDEMER 1964).

Bezeichnet man mit $p(x)$ die Druckverteilung und mit $u(x,y)$ die zur Walzenebene parallele Geschwindigkeitskomponente der Werkstoffteilchen, dann läßt sich zur Modellierung des Bewegungsvorgangs im Walzspalt die in der hydrodynamischen Theorie der Flüssigkeitsreibung verwendete Differentialgleichung

$$\frac{\partial^2 u}{\partial y^2} = \frac{1}{\eta}\frac{\mathrm{d}p}{\mathrm{d}x} \tag{1.1}$$

benutzen, wobei η die dynamische Zähigkeit des Walzgutes bedeutet, das im Walzspalt unter einer gewissen Fließspannung steht. Die benutzte Differentialgleichung wurde durch weitgehende Vereinfachung (Vernachlässigung unwesentlicher Terme) aus den NAVIER-STOKESschen Differentialgleichungen (siehe z.B. KNESCHKE 1968) gewonnen.

Um die Adäquatheit dieses Modells zu untersuchen, wurde der technische Fakt ausgenutzt, daß der Stahl in den Kokillen nicht als Ganzes spontan erstarrt, sondern dem Temperaturgradienten folgend „schichtweise". Dies kann in den zu walzenden Stahlblöcken eine lineare Struktur hinterlassen, ein Netz von parallelen Seigerebenen. Sorgt man nun, für die Adäquatheitsuntersuchung, dafür, daß die Walzrichtung senkrecht zu diesen Seigerebenen festgelegt wird, dann kann man die Verformung der Querschnitte des Walzgutes experimentell sichtbar machen (durch einen Schnitt durch das gewalzte Gut senkrecht zu den Querschnitten und Anätzen der Schnittfläche). Gleichzeitig wurde numerisch die Verformung des Querschnitts berechnet, wie er sich aus der Annahme der Gültigkeit des Differentialgleichungsmodells (1.1) ergibt. Dazu wurden entsprechende einfache Integralgleichungen 1. Art mit einem Integraphen, einem mechanischen Hilfsmittel zur Integration, numerisch gelöst und danach ein Bild der momentanen Lagen der Werkstoffteilchen aus einem Querschnitt vor dem Walzen nach unterschiedlichen Zeiten gezeichnet.

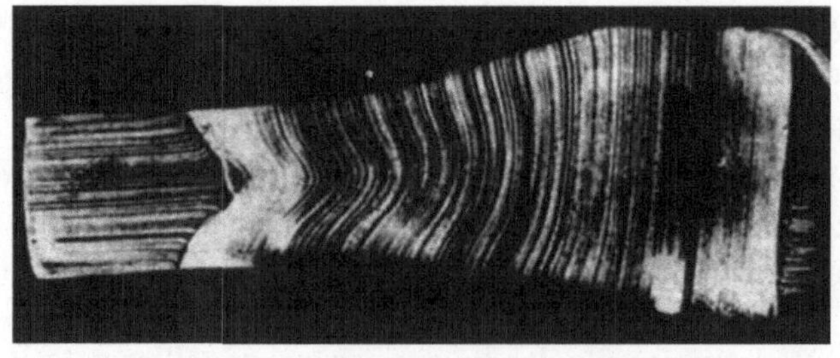

Bild 1.1 Werkstoffflußlinien am Probestück

Die Abbildung 1.1, die aus dem Institut für Bildsame Formgebung der RWTH Aachen stammt, zeigt die Flußlinien vom Einlauf zum Auslauf (von rechts nach links) und wurde einer Arbeit von Kneschke entnommen (siehe KNESCHKE 1967).

Die Abbildung 1.2 zeigt das Ergebnis einer Modellrechnung mit angenommenen Parametern und entstammt der Arbeit KNESCHKE/BANDEMER 1964. Die beiden Schnittbilder stimmen in ihrer mathematischen Form verblüffend genau überein. Würde die Annahme der kontinuierlichen Stauchung stimmen, hätten die Schnitte der Seigerebenen auch nach dem Walzen Geraden sein müssen.

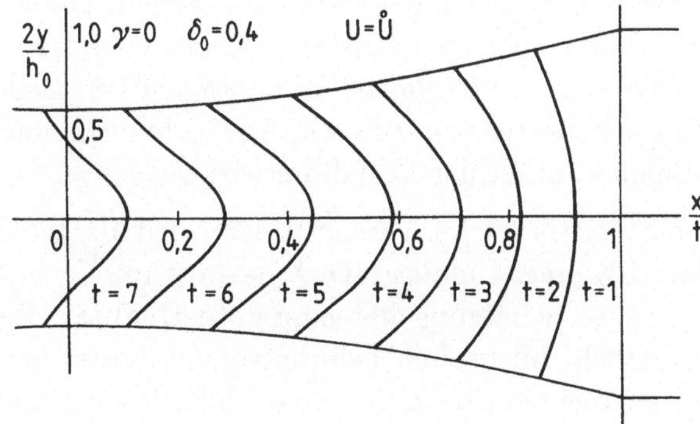

Bild 1.2 Gerechnete Werkstoffflußlinien gemäß der hydrodynamischen Walztheorie

1.2.2 Die Qualität des Lösungsverfahrens

Als Qualität eines Lösungsverfahren könnte man dessen Eigenschaft betrachten, eine Lösung des Problems mit *hinlänglicher Genauigkeit* mit *vertretbarem* (angemessenem) *Aufwand* zu liefern.

Die *Einschätzung* der Qualität erfolgt nach der Deutung des entsprechenden Ergebnisses. Iterationsverfahren, zum Beispiel, werden nach der *numerischen Stabilität* eingeschätzt, d.h., wenn sie in einem Schritt durch einen mehr oder weniger großen numerischen Fehler zu einer schlechteren Näherung gekommen sind, dann sollen sie sich bei den nächsten Schritten wieder der Lösung nähern. Hinzu kommt dann noch die Einschätzung der *Konvergenzgeschwindigkeit*, d.h. *wie schnell* sie sich der Lösung nähern, wenn keine groben numerischen Fehler beim Verfahren gemacht werden. Schließlich wird nach Schranken für die Lösung gefragt, wenn das Verfahren auf einer bestimmten Stufe abgebrochen werden soll.

In der mathematischen Statistik werden die dort verwendeten Schätzmethoden u.a. nach ihrer *Erwartungstreue* und *Varianz* bewertet, also nach ihren Eigenschaften bei häufigem Gebrauch. In jedem Fall also nach speziellen Kriterien für den Aufwand und die Genauigkeit der Verfahren. Die Untersuchung, der Vergleich und damit auch die Konstruktion solcher Lösungsverfahren sind wesentliche Aufgaben der Mathematiker.

Der Anwender sollte sich jedoch in jedem Fall um entsprechende Aussagen über diese Eigenschaften bei den ihm vorgeschlagenen Verfahren kümmern und sie notfalls in der Literatur erkunden oder vom Anbieter verlangen.

Diese Eigenschaften der Verfahren werden stets *unter gewissen Annahmen* über das Modell und die Verwendung findenden Daten angegeben. Diese Bedingungen sind in praktischen Fällen jedoch höchstens näherungsweise erfüllt. Für den Anwender sind daher sogenannte *Robustheitsaussagen* von Bedeutung. In ihnen wird erklärt, wie stark, besser wie schwach, Abweichungen von den Idealbedingungen auf die Eigenschaften der Verfahren wirken.

In der mathematischen Statistik (siehe Abschnitt 4.2) wird als *gute* Schätzung für den Erwartungswert EX einer Zufallsgröße X das arithmetische Mittel der Stichprobe empfohlen. Diese Schätzung hat eine gute Qualität, ihre Varianz ist minimal. Hat man jedoch mit groben Fehlmessungen (einer gewöhnlichen Form von Ausreißern) zu rechnen, so kann es vorteilhaft sein, Meßwerte bei der Mittelwertbildung *nicht* zu berücksichtigen, die sehr weit vom arithmetischen Mittelwert entfernt liegen. Die Schätzung wird dadurch (vermutlich geringfügig) schlechter in ihrer Qualität (die Varianz wird größer), aber die eventuell auftretenden Ausreißer können die Schätzung nicht mehr oder wenigstens nicht mehr so stark verfälschen. Die Schätzung wird so *robust* gegen das Auftreten (einiger weniger) Ausreißer gemacht. Dieses Vorgehen ist ein Beispiel für sogenannte *robuste* Statistiken. Ein weiteres häufig verwendetes Verfahren zur Robustifizierung ist die unterschiedliche *Wichtung* der Stichprobenelemente bei der Mittelwertbildung (siehe zu diesem Problemkreis HUBER 1981).

1.2.3 Die Qualität der Daten

Die Qualität der Daten wird daran gemessen, wie verläßlich sie das vorliegende konkrete Problem charakterisieren. So ist zu fragen, ob es die *richtigen* Daten sind: Sind sie überhaupt geeignet, das vorgelegte Problem im gegebenen Modell widerzuspiegeln, oder handelt es sich nur um Beiwerk von vernachlässigbarer Bedeutung? Gehören sie tatsächlich zum vorliegenden praktischen Problem oder beschreiben sie eine ganz andere Situation? Wurden sie sorgfältig und verantwortungsbewußt ermittelt und problemgerecht als Zahlen oder andere mathematische Objekte verschlüsselt, *spezifiziert*?

Nach der Regel vom schwächsten Kettenglied wird auch hier über die Qualität der Gesamtuntersuchung wesentlich entschieden.

Es ist dem durchschnittlichen Anwender selten bewußt, wie häufig grobe Fehler (Ausreißer, s.o.), Phantasiedaten oder manipulierte Werte in seinen Daten auftreten. Die Verwendung von Methoden der Datenanalyse (siehe Abschnitt 2.1) zur Aufspürung und möglichen Beseitigung von solchen unzuverlässigen Daten ist eine schwache Notmaßnahme, die der fachwissenschaftlichen kritischen Sichtung in der Regel unterlegen ist.

Schließlich wird bei der Spezifizierung der Daten bereits, meist unbewußt, eine „Genauigkeit" der Daten eingeführt. So wird durch die Anzahl der angegebenen Ziffern implizit unterstellt, daß die letzte Ziffer bis auf eine halbe Einheit genau sein soll. Wenn man bedenkt, was das Datum ausdrücken soll, so ist diese Aussage selten richtig.

Die Ablesung an einem Zimmerthermometer ergibt die Temperatur im Zimmer höchstens in der Umgebung des Thermometers mit dessen Ablesegenauigkeit von einem halben Grad. Die räumlichen Schwankungen der Temperatur im ganzen Zimmer dürften jedoch von höherer Größenordnung sein.

Diese Fehleinschätzungen der Angabegenauigkeit dürften noch gravierender bei der Übergabe von Daten an einen Computer sein, der sie mit angehängten Nullen auf seine Rechengenauigkeit bringt. Die Ergebnisse des Lösungsverfahrens gelten dann nur für die hochvergenauigten Daten!

Da die Qualität der Daten beim gegenwärtigen Gebrauch der Mathematik kaum beachtet wird und in der üblichen Literatur und Software keine Rolle spielt, wird im vorliegenden Buch diesem Kettenglied die *Hauptbeachtung* geschenkt. Hier liegen die Reserven, sowohl für die realistische Einschätzung der Rechenergebnisse, auf denen sachliche Schlußfolgerungen aufgebaut werden, als auch für eine Quelle, aus der man schöpfen kann, wenn ein adäquates Modell nicht oder noch nicht gefunden ist. In den folgenden Kapiteln werden die verschiedenen prinzipiellen praktischen Ausgangslagen im Zusammenspiel von Modell, Methode und Daten betrachtet.

Den Hauptumfang wird die Untersuchung von Zusammenhängen zwischen veränderlichen Größen einnehmen, bei denen die Mathematik bekanntlich eine zentrale Rolle spielt. Dabei wird mit der rein empirischen Darstellung, ohne einen mathematischen Formelausdruck, begonnen. Dann wird zur formelmäßigen Erfassung, über die einfache Approximation zur Darstellung mit unterschied-

lichen Hintergründen, so der Stochastik und der Fuzzytheorie, übergegangen.
Parallel dazu erfolgt die Darstellung der mathematischen Hilfsmittel zur Erfassung der Genauigkeit von Daten und damit auch der Ergebnisse in praktischen
Sachverhalten. Die mathematischen Lösungsverfahren werden nur im Prinzip
oder als Beispiel behandelt. Es wird davon ausgegangen, daß der Leser über
einen Zugang zu leistungsfähiger Rechentechnik, etwa eines PC's, und entsprechende Software verfügt, so daß man auf das Anführen und Darstellen
numerischer Beispiele im Buch verzichten kann.

1.3   Zur Modellharmonie

Die Wahl eines Modells impliziert stets auch die Festlegung der Deutung der
verwendeten Daten, die Wahl des passendes Typs eines Lösungsverfahrens und
schließlich auch der Form der Aussage, in der die Lösung präsentiert wird.

Als *Modellhintergründe* stehen in der Mathematik zur Verfügung:

die numerische Approximationstheorie;
die Intervallmathematik;
die Stochastik;
und, neuerdings auch, die Fuzzytheorie.

Damit wird der Anwender in die Lage versetzt, in Abhängigkeit vom praktischen Problem, seinem Hintergrundwissen und seiner Adäquatheitsentschei-
dung, denjenigen Hintergrund zu wählen, der ihm für sein Problem am gemä-
ßesten dünkt.

Dabei werden die unterschiedlichen Formen der Ergebnisangabe transparent,
die dem Prinzip der *Modellharmonie* folgen müssen:

approximative Daten als Ausgangspunkt liefern *approximative* Aussagen;
Intervalldaten als Ausgangspunkt liefern Aussagen in Form von *Intervallen*;
unscharfe Daten als Ausgangspunkt liefern Aussagen in Form *unscharfer Mengen*;
wahrscheinlichkeitstheoretische Annahmen über die Herkunft der Ausgangsdaten liefern Aussagen mit *Wahrscheinlichkeitscharakter*.

Als Beispiel zum letztgenannten Fall sei die bekannte Situation genannt, daß
die Ausgangsdaten als Realisierungen von Zufallsvariablen gedeutet werden,
über deren Verteilungen gewisse Annahmen getroffen werden. Die Ergebnisse
der Lösungsverfahren werden dann als Wahrscheinlichkeitsaussagen gedeutet,
zum Beispiel als Vertrauensbereiche für die unbekannten Parameter.

Sehr häufig wird man dagegen in den Anwendungen, sogar in Beiträgen seriöser wissenschaftlicher Zeitschriften, mit einem eklektischen Vorgehen konfrontiert, bei dem diese Zugänge nach Belieben kombiniert und gemischt werden, ohne auf die Bedingtheit der Aussagen in Abhängigkeit vom angenommenen Charakter der Ausgangsdaten Rücksicht zu nehmen. So werden verschiedene Lösungsverfahren durch ihre Anwendung auf das gleiche numerische Zahlenmaterial mit ihren numerischen Ergebnissen verglichen, ohne zu beachten, für welchen Typ von Daten und mit welchem Hintergrund die Verfahren entwickelt wurden. Solche Untersuchungen sind im besten Fall wertlos, im schlimmsten aber irreführend und fehlerhaft.

In den folgenden Kapiteln werden daher stets der Modellhintergrund und die Typisierung der mathematisch formulierten Aufgabe erläutert, für die das angeführte Modell und das Lösungsverfahren Sinn machen.

1.4 Zur Informationsbilanz

Die mathematische Behandlung eines praktischen Problems läßt sich auch als „Informationsverarbeitung" im weitesten Sinne dieses Wortes auffassen:

Informationen über das Problem aus unterschiedlichen Quellen müssen so „zusammengesetzt" oder zusammengeführt werden, daß die Problemfrage „hinreichend genau" beantwortet werden kann.

Als Quellen der Information kommen dabei hauptsächlich drei in Frage:

1. Als *gesichertes Wissen* aus praktisch bestätigten Theorien und verläßlichen Erfahrungen, wie es in der Literatur und bei Experten vorhanden ist. Es lohnt sich also stets, zu lesen und zu fragen, bevor man ein Problem angeht.

2. Als *Kenntnis* aus dem Umfeld des vorliegenden Problems über gewisse Zusammenhänge, Bedingungen, bisherige spezielle Erfahrungen, die sich zu vernünftigen Annahmen verdichten lassen.

3. Schließlich als empirisch und experimentell erhaltene Ergebnisse, die im späteren auch als (spezielle Form von) *Daten* bezeichnet werden.

Es gibt eine „Goldene Regel der Problemlösung" :

Was an Information zur Lösung des Problems nicht bekannt ist, muß mit Zeit- und Materialaufwand beschafft werden.

Es ist daher stets nützlich, eine *Bilanz* für die Information aufzumachen:

Im *Haben* steht dann, was aus den drei Quellen bereits verfügbar ist, und im *Soll*, was zur Lösung erforderlich ist. Im *Saldo* erscheinen dann sowohl die noch benötigte Information als auch die für das Problem verzichtbare. Dabei spielen natürlich das Ziel und der Zweck der Untersuchung als auch die Güteanforderungen an die Lösung, wie sie in den vorangehenden Abschnitten betrachtet wurden, eine zentrale Rolle.

Natürlich braucht man für eine Bilanz eine „Währungseinheit", in der man die Posten unter Soll und Haben miteinander vergleichen und verrechnen kann. Dies wirft das interessante Problem der mathematischen Erfassung und Spezifizierung der Information auf. Für die weiteren praktischen Überlegungen ist jedoch *nicht* die Erfassung und Messung einer *Größe* „Information" von Bedeutung, die auf die Diskussion eines mathematischen Informationsbegriffs (etwa über Entropiemaße) führen würde, für den in gewissen Teilgebieten der Mathematik Vorschläge vorhanden sind. Vielmehr wird hier der Informationsbegriff allegorisch angesehen, es geht also einfach um die *mathematische* Erfassung und Spezifizierung des über das Problem vorhandenen Wissens, etwa durch Formeln oder Regeln, der Kenntnisse aus dem Umfeld durch mathematische Annahmen und der die Situation charakterisierenden Daten durch mathematische Objekte (Zahlen, Vektoren, Funktionen, etc.). Ist die vorhandene Information in solcher Weise mathematisch erfaßt, dann erst kann man sich der Frage zuwenden, wie sie *zusammengeführt* und zur Problemlösung *ausgenutzt* werden kann.

In den folgenden Kapiteln werden nun verschiedene Informationslagen und Aufgabenstellungen (Ziele) und Güteanforderungen an die Lösung zusammen mit Anforderungskatalogen an die Daten betrachtet, mit denen diese Grundhaltung illustriert werden soll.

2 Mathematische Darstellung einfacher Daten und Zusammenhänge

In diesem Kapitel wird die Mathematik als ein Mittel lediglich zur *Darstellung* von Daten und Zusammenhängen benutzt. Dabei wird auf fachwissenschaftliche Modellvorstellungen und auf Annahmen über die Entstehung der Daten sowie auf deren Unsicherheit in der Regel verzichtet. Das Hauptanliegen dieses Kapitels ist es, Techniken vorzustellen, die in den späteren Kapiteln, unter gewissen zusätzlichen Annahmen über das Modell und die Herkunft der Daten, als Lösungsverfahren eingesetzt werden.

2.1 Einige elementare Verfahren der Datenanalyse

Bevor man über Verfahren der Datenanalyse sprechen kann, muß erst einmal gesagt werden, was man unter einem Datum verstehen will.

2.1.1 Daten und ihre Darstellung

Bislang wurde der Begriff des Datums zwar benutzt, aber bezüglich seines Inhalts noch unbestimmt gelassen. Gewöhnlich versteht man in der Mathematik unter einem *Datum* eine reelle Zahl, die als Ergebnis irgendeines empirischen Meß- oder Beobachtungsverfahrens erhalten wurde und in ein mathematisches Verfahren eingeht.

Für eine bessere Einbeziehung wirklich praktischer Sachverhalte soll der Begriff des Datums aber weiter und mathematisch genauer erfaßt werden.

Wörtlich verstanden meint *Datum* etwas „aktuell Gegebenes". Es bekommt seinen Sinn nur in einem gewissen Kontext und drückt aus, daß ein gewisses „Etwas" in einem Zustand gefunden wurde, der durch eben dieses Datum charakterisiert wird. Solch ein Datum trägt nur dann Information, wenn es mindestens zwei verschiedene Möglichkeiten für den Zustand dieses fraglichen Etwas gibt. Daher läßt sich jedes Datum als *Realisierung* einer gewissen *Variablen* in einer geeigneten Menge, dem sogenannten *Universum*, betrachten, das diese Möglichkeiten im gegebenen Kontext ausdrückt.

Das erste Problem bei der Einbeziehung von Daten in eine mathematische Überlegung besteht in ihrer *Darstellung* durch die Spezifizierung geeigneter Universen. Dieses Problem wird am besten durch die Betrachtung einiger Spezialfälle erläutert.

Im einfachsten Fall spiegelt das Datum nur wider, ob das vorliegende Etwas eine gewisse *Eigenschaft* besitzt oder nicht. Das passende Universum ist dann irgend eine *Zweipunktmenge*. Wenn man, wie es gewöhnlich gehandhabt wird, die Menge $\{0,1\}$ dafür wählt, muß man sich darüber im Klaren sein, daß die beiden Zahlen hier keine „Meßwerte" sind, sondern die *Wahrheit der Aussage*:

Das Etwas hat die gewisse Eigenschaft

bewerten. Dabei bedeutet die „1", daß die Aussage *wahr* ist, und „0", daß die Aussage *falsch* ist. Man spricht daher in diesem Fall meist von *logischen Variablen* (siehe z.B. JAMBU 1991).

Gibt es für die Ausprägung der Eigenschaft des Etwas mehrere Möglichkeiten, z. B. mehrere mögliche Herkunftsorte oder Typen für ein Erzeugnis, mehrere mögliche Antworten auf eine Frage eines Fragebogens, dann wird das passende Universum eine *endliche Menge* sein, als deren Elemente üblicherweise *Buchstaben* gewählt werden. Die ebenfalls übliche Wahl natürlicher Zahlen ist im allgemeinen recht problematisch, weil die Zahlen im gegebenen Zusammenhang nur Unterscheidungszeichen sind, die *Kategorien* bezeichnen, und weder eine Reihenfolge noch eine Wertigkeit implizieren. Man nennt daher Variable mit solchen „Wertebereichen" auch *kategoriale Variable* .

Ein interessanter Spezialfall hiervon ist der Fall, daß die verschiedenen Möglichkeiten *Grade* oder Abstufungen einer betrachteten Eigenschaft sind, z.B. die Anzahl der Kinder in der Familie, aber auch Abstufungen der Haarfarbe (hellblond, blond, mittelblond, dunkelblond) oder Zufriedenheitsgrade (nicht zufrieden, wenig zufrieden, mehr oder weniger zufrieden, mäßig zufrieden, sehr zufrieden). Wenn bei der Kinderzahl die Verwendung der Anzahl als Maß für den Kinderreichtum Sinn macht, ist die Verwendung von Zahlen für die Abstufungen und Grade absolut willkürlich und suggeriert häufig die Existenz „meßbarer Abstände" zwischen ihnen. Auf diese Problematik wird ausführlich in Abschnitt 3.2 eingegangen. Solche Variable werden häufig *ordinal* genannt, im Gegensatz zu kategorialen Daten, bei denen eine solche Ordnung *nicht* vorliegt, die Reihenfolge der Kategorien also willkürlich bleiben kann. Solche kategoriale Daten nennt man auch *nominal* (siehe auch AGRESTI 1990).

Betrachtet man *Beobachtungen* oder Messungen, dann wird das Ergebnis in konkreten Situationen gewöhnlich durch *Zahlen* angegeben. Obwohl jedes Beobachtungs- oder Meßergebnis nur durch eine Zahl mit *endlich vielen*, meist sehr wenigen Stellen angegeben werden kann, verwendet man als Universen hier die *reelle Zahlenachse*, was für die theoretische Behandlung erhebliche Vorteile bringen kann. Man spricht dann gewöhnlich von *quantitativen Variablen*.

Findet die Beobachtung oder Messung *kontinuierlich* in Raum oder Zeit statt (wie etwa bei Temperaturaufzeichnungen, Spektrogrammen oder geologischen Profilen), dann wird jedes Ergebnis als eine Trajektorie oder eine (Hyper-) Fläche dargestellt. Man spricht dann entsprechend von *Prozessen* oder von *regionalisierten Variablen*. Dann kann das Universum z.B. als ein passender Funktionenraum (z.B. ein HILBERTraum) oder eine endlichdimensionale Approximation davon (ein sogenannter „Funktionenansatz") gewählt werden. Der Übergang zu *Zeitreihen* (Beobachtungen auf einer Folge von Zeitpunkten) oder *Gittern* (Beobachtungen auf Gitterpunkten in der Fläche oder im Raum) führt auf Vektor- bzw. auf Matrizendarstellungen.

Hier endet gewöhnlich die Auffassung, was als Form von Daten in Frage kommen kann. Im Hinblick auf neuere Möglichkeiten seien aber bereits an dieser Stelle zwei weitere Klassen von Daten angeführt.

Man kann auch *Grautonbilder* (und Farbbilder) als Daten betrachten, denn sie reflektieren jeweils den „Zustand eines Etwas", z.B. wenn Röntgenbilder, oder wenn Projektionen, durchscheinende Schnitte von Zellgewebe oder zweidimensionale Projektionen von dreidimensionalen Partikeln mit optischen Mitteln aufgenommen wurden, oder wenn Aufnahmen einer Fernsehkamera zu analysieren sind. Die mögliche Auffassung von Grautonbildern als Flächen mit den mathematisch durch Zahlen erfaßten Grautönen als Funktionswerten ist häufig wenig sinnvoll, wenn der semantische *Bildinhalt* Ausgangspunkt der Betrachtungen sein muß (z.B. Größe, Form und Lage eines Tumors). Ob hier eine Teilmenge der Menge aller möglichen Grautonflächen oder nur die Pixelfeldmatrizen der endlich vielen unterscheidbaren Grautöne das Universum bilden sollen, hängt von der konkreten Problemstellung ab, die hinter der Modellierungsaufgabe für die Daten steht.

Schließlich kann jede geäußerte *Meinung eines Experten* oder eines Expertengremiums als Datum interpretiert werden, wenn es sich auf den Zustand des vorgegebenen Etwas bezieht (z.B. die Marktlage, eine Investition, die Wetteraussichten, etc.). Diese Meinungen werden gewöhnlich als *Aussagen, Regeln* oder *Schlußfolgerungen* gegeben. Die mathematische Formulierung wird dann aus der *Logik* genommen. Das passende Universum wird als eine Menge von Aussagen, Regeln und Schlußfolgerungen gewählt, die als mögliche „Werte" für die Meinungen der Experten in Frage kommen. Ein sehr einfaches Beispiel hierfür bieten die Fragebögen mit jeweils einer *vorgegebenen* Auswahl von möglichen Antworten auf jede Frage. Die gewöhnliche Verschlüsselung der Expertenmeinungen durch Zahlen ist jedoch ein recht zweifelhaftes und willkürliches Vorgehen. Eine problemgerechtere mathematische Darstellung von Grautonbildern und Expertenaussagen als Daten wird in Abschnitt 3.2 vorgestellt.

Außerdem muß bemerkt werden, daß jedes Datum mit Unsicherheiten verschiedener Herkunft und Art behaftet sein kann. Seien es die größeren oder kleineren Schwankungen des Zustandes des Etwas in vergleichbaren Situationen, sei es die Meßunschärfe durch ein stets irgendwie grobes Meßwerkzeug, seien es die sprachlichen Verständnisunterschiede von Experten oder Fragebogenbeantwortern, z.B. über die genaue Bedeutung der unterschiedlichen Antworten, immer wird die mathematische Spezifizierung des Zustandes diesen nicht photographisch widerspiegeln können. Die völlige Vernachlässigung der Unsicherheit kann aber das Ergebnis und die Schlußfolgerungen einer Datenanalyse *wesentlich beeinflussen*, wie Abschnitt 3.2 deutlich machen wird.

2.1.2 Einfache Verfahren der Datenanalyse

Die *Analyse von Daten* besteht nun aus der Untersuchung und Bewertung der gegebenen Daten und aus dem Ziehen von Schlußfolgerungen aus ihnen. Datenanalyse wird in *mehreren Stufen* wachsender Komplexität ausgeführt, von denen hier zunächst nur die ersten beiden betrachtet werden.

Auf der *ersten* Stufe werden die Daten zuerst einer kritischen fachwissenschaftlichen Sichtung unterzogen. Selbst wenn der Umfang des Datenmaterials recht umfangreich ist, sollte man sich wenigstens einen Eindruck von der *Zuverlässigkeit* der Daten verschaffen. Dabei ist zu entscheiden, ob die Daten *tatsächlich vergleichbare* Zustände des „Etwas" beschreiben. Am besten ist es natürlich, wenn der „Datenanalytiker" die Daten *selbst* gewonnen hat oder wenn er sich wenigstens ein persönliches Bild vom Vorgehen bei der Datengewinnung gemacht hat, so daß er Sorgfalt und Genauigkeitsniveau abschätzen kann. Findet er dabei solche Daten, die vom fachwissenschaftlichen Standpunkt unerklärlich oder unerwartet sind, sollte er sich nochmals um die Umstände der Gewinnung dieser speziellen Daten kümmern und gegebenenfalls versuchen, sie zu bestätigen oder zu korrigieren. Im Falle der Bestätigung kann er so zu neuen Einsichten über den reflektierten Zustand kommen. Meist jedoch wird er darauf stoßen, daß ein Irrtum oder ein Fehler bei der Datengewinnung aufgetreten ist. In der Statistik nennt man solche Daten gewöhnlich *Ausreißer*, weil sie in der Regel weit ab von den anderen Daten liegen. Es ist jedoch unklug, *ohne Überlegung* unerwartete Daten prinzipiell als solche Ausreißer zu betrachten und generell zu streichen, vielleicht sogar die Entscheidung darüber der Software zu überlassen, die dafür nur formale Kriterien anbietet. Weiterhin sollte das Datenmaterial auf die Möglichkeit erfolgter *Manipulation* hin untersucht werden. Dieser Fall ist häufiger als man glaubt. Der Datengewinner hat möglicherweise ein persönliches Interesse daran, daß die Daten in gewissen Gebieten liegen, z. B. weil sie mit der Qualität seiner Arbeit zusammenhängen, oder dem Datengewinner sind die Daten so gleichgültig, daß er die Mühe der Datengewinnung scheut und „Phantasiedaten" liefert. In beiden Fällen sind die Daten für eine Analyse offenbar wertlos.

Eine weitere Vorüberlegung angesichts der Daten betrifft deren *Glaubwürdigkeit*, d.h. ob sie den Zustand des „Etwas" *richtig* beschreiben, obwohl sie zuverlässig aufgezeichnet wurden. Charakterisieren die Daten den Zustand zutreffend, oder hat man z. B. *unwesentliche* Symptome registriert? Auch im Hinblick auf die Registrierung von Expertenmeinungen ist dieser Fakt von Bedeutung und legt die Einführung von Kompetenzgewichten und Wahrheitswerten für deren Aussagen nahe.

Erst nach diesen Sichtungen ist die *zweite* Stufe der Datenanalyse mit mathematischen Mitteln sinnvoll. Die Verfahren der einfachen (mathematischen) Datenanalyse bestehen nun in der *Anordnung* (Sortierung und Darstellung) und in passenden *Transformationen* der Daten (siehe z.B. POLASEK 1994).

Die allererste Anordnung der Daten geschieht in der Regel bezüglich ihrer *Häufigkeit*. Dazu wird jeweils eine einfache, aber wesentliche Eigenschaft des Etwas herausgesucht und bewertet. Eine *Häufigkeitsanalyse* beschäftigt sich mit dem „gewöhnlichen" Zustand des Etwas, z.B. im Hinblick auf in der Zukunft zu erwartende Zustände. Dazu werden „ähnliche" Daten zu *Klassen* zusammengefaßt, deren Häufigkeit bestimmt wird. Vermutet man einen stochastischen Hintergrund für die Entstehung der Daten, so wird man die Häufigkeitsverteilung als einen Hinweis auf eine möglicherweise vorliegende Wahrscheinlichkeitsverteilung nehmen. Weit von der „Masse" der Daten entferntliegende wird man als potentielle Ausreißer untersuchen.

Die Hauptaufgabe der Datenanalyse ist jedoch die *Suche nach Strukturen* in den Daten, aus denen man Hinweise auf ein mathematisches Modell erhält, das man zu weiteren Schlußfolgerungen verwenden kann.

Für die in *diesem* Kapitel vorgestellten Verfahren wird angenommen, daß die Daten *zuverlässig und glaubwürdig* sind und durch *reelle Zahlen* oder, im mehrdimensionalen Fall, durch reellwertige Vektoren *exakt* erfaßt sind. Es wird also angenommen, daß es keine Informationen über die mögliche Unsicherheit oder Ungenauigkeit der Daten gibt, zumindest werden sie nicht benutzt. (In späteren Kapiteln werden Daten dieser Art gelegentlich als *pseudo-exakt* bezeichnet.)

Da also keine Informationen über ein mögliches Modell, den Hintergrund und eventuelle Seiteninformationen und Vorkenntnisse zur Verfügung stehen, setzen die folgenden Verfahren ein verhältnismäßig *umfangreiches* Datenmaterial voraus, entsprechend unserer Goldenen Regel aus Abschnitt 1.4.

Eine Hauptmethode ist die *Visualisierung* der Daten: Zwei- oder dreidimensionale Ausschnitte der Datenvektoren werden auf dem Bildschirm sichtbar gemacht und durch Augenschein auf *Strukturen* untersucht.

Bei den Strukturen kann man zwei große Gruppen unterscheiden:

So kann die „Datenwolke" in „Teilwolken " mehr oder weniger deutlich zerfallen. Man spricht dann bezüglich der Teilwolken von *Clustern* und sucht nach fachwissenschaftlich unterscheidenden Erklärungen für diesen Zerfall. So kommt der Arzt auf diesem Wege zu Differentialdiagnosen, mit denen sich Krankheiten, deren Symptome recht ähnlich sein können, in künftigen Fällen unterscheiden lassen.

Im anderen Fall können sich die Daten um mathematische Strukturen, wie *Funktionen oder Flächen*, herum gruppieren, was einen Hinweis darauf geben kann, daß eine solche Gesetzmäßigkeit als mathematisches Modell dienen kann.

Häufig sind diese Strukturen, Cluster oder Funktionen, nicht sofort sichtbar, sondern werden es erst, wenn die Daten den verschiedensten *Transformationen* unterworfen werden. Solche Transformationen werden gelegentlich vom Kontext nahegelegt, die Software zur Datenanalyse bietet gewöhnlich eine reichhaltige Auswahl dazu an. Für dieses Vorgehen ist die Annahme wesentlich, daß die Daten selbst *exakt* spezifiziert sind, denn die Transformationen können die Unsicherheiten in undurchsichtiger Weise verzerren. Um einen kleinen Eindruck der Art der Verzerrungen zu vermitteln, wird hier ein demonstratives Beispiel aus dem Buch NAGEL/WERNECKE/FLEISCHER 1994 gegeben.

Nimmt man die Transformationsangebote der Software an und findet damit Strukturen in der Datenmenge, dann sollte man sich unbedingt die Sinnhaftigkeit und praktische Interpretierbarkeit der damit erhaltenen Ergebnisse überlegen. Es kann nämlich durchaus sein, daß die Struktur mehrere mögliche mathematische Darstellungen erlaubt, zwischen denen sie bei weiteren Daten pendelt.

Man beachte auch die Forderung nach einer möglichst *einfachen* mathematischen Darstellung.

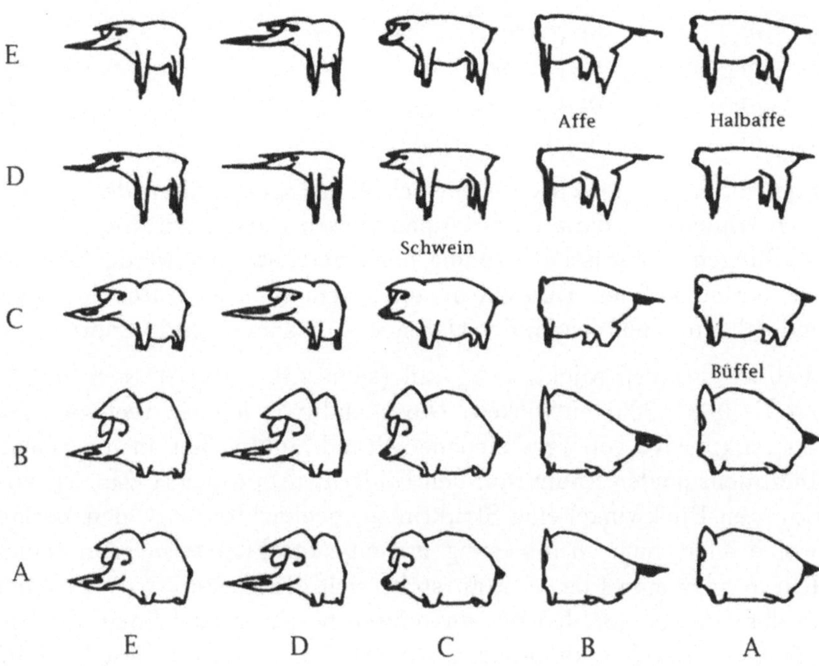

Bild 2.1 Zweidimensionale Transformation eines Tierbildes (A = Quadrat,
B = Exponential, C = Transformation linear, D = Logarithmus, E = Quadrat-
wurzel); das Schwein als Zentrum ist Ausgangsfigur (S. 183 a.a.O.)

Eine weitere Möglichkeit, Strukturen zu erkennen, besteht in der Aufstellung
sogenannter *Kontingenztafeln*. Im einfachsten Fall werden dazu zwei verschiedene Eigenschaften, A und B, der zu untersuchenden Objekte (Ausprägungen des „Etwas") betrachtet und die Elemente des jeweiligen Universums zu
Klassen K_i beziehungsweise L_j benachbarter oder ähnlicher Werte zusammengefaßt. Bei nominalen Daten sind es natürlich die verschiedenen Kategorien
selbst, die die Klassen bilden. Die gefundenen Häufigkeiten m_{ij} der Kombinationen (K_i, L_j) werden in den entsprechenden Kästchen der Tabelle eingetra-
gen. Sie können entweder stochastisch als Schätzungen von Wahrscheinlichkeiten gedeutet werden oder geben lediglich einen Hinweis auf einen noch weiter
zu erkundenden Zusammenhang (der die Werte mit den höchsten Häufigkeits-
werten irgendwie verbindet), (siehe z.B. AGRESTI 1990).

Tabelle 2.1: Beispiel einer Kontingenztafel, dabei bedeutet m_{1+} die Summe der m_{1j}, m_{+1} die Summe der m_{i1}, usw. und m_{++} die Gesamtsumme aller erfaßten Fälle

$B\backslash^A$	K_1	K_2	K_3	K_4	$\sum$
L_1	m_{11}	m_{12}	m_{13}	m_{14}	m_{1+}
L_2	m_{21}	m_{22}	m_{23}	m_{24}	m_{2+}
L_3	m_{31}	m_{32}	m_{33}	m_{34}	m_{3+}
$\sum$	m_{+1}	m_{+2}	m_{+3}	m_{+4}	m_{++}

Hat der Datenvektor (die gleichzeitig betrachteten Eigenschaften des Etwas) eine sehr hohe Dimension, dann sind die paarweisen (oder auch dreiseitigen) Gegenüberstellungen in gewissem Umfang noch machbar und werden z.B. in einem Sechzehnerfeld auf dem Bildschirm angeboten, aber der Durchblick geht mit wachsender Komponentenzahl des Datenvektors zunehmend verloren.

Für diesen Fall wurde eine Projektionstechnik (siehe z.B. FRIEDMAN/STUETZLE 1981 und HUBER 1985) entwickelt. Die hochdimensionalen reellwertigen Daten werden sukzessive von verschiedenen Standpunkten aus in die Ebene oder den dreidimensionalen Raum (auf den Bildschirm) projiziert. Ziel ist, aus einem bestimmten Blickwinkel eine Struktur zu beobachten, z.B. den Zerfall der Punktwolke oder seine Gruppierung um eine mathematische Abhängigkeit, eine Kurve oder eine Fläche. Man stelle sich die Technik wie bei einer Umrundung der Galaxis vor, bei der aus einem bestimmten Winkel die linsenförmige Struktur der Galaxis besonders deutlich hervortritt. Diese Technik wurde in der Weise perfektioniert, daß durch eine Systematik, ähnlich den Orbitläufen erdnaher Raumkörper, jeweils um einen geringen Winkel versetzt, eine Animation für die Wolke der projizierten Daten auf dem Bildschirm erscheint. Der betrachtende Datenanalytiker kann das Bild beliebig anhalten und die momentane Projektionsrichtung erfahren, womit die gefundene Struktur sofort mathematisch erfaßt werden kann. Diese Technik wird generell als *Projektionsjagd* (projection pursuit) bezeichnet, die Beobachtung der gesamten Animation heißt speziell „grand tour" und kann sehr zeitaufwendig sein.

In jedem Fall dient die Datenanalyse dazu, zu verläßlichen Daten und zu ersten Vorstellungen über eine Struktur, speziell einen funktionalen Zusammenhang, zwischen den Komponenten des Datenvektors zu kommen. Dabei sind diese Komponenten als exakte reelle Zahlen gegeben. Untersuchungen von Zusammenhängen unter Berücksichtigung der Datenunsicherheit und bei Zulassung von stochastischen oder unscharfen Zusammenhängen finden sich in den Abschnitten 7.1 und 7.2.

2.2 Darstellung funktionaler Abhängigkeiten bei Daten

Wie bereits angekündigt, werden in diesem Abschnitt die Daten als *exakte Punkte* oder, gelegentlich, auch als daraus zusammengesetzte exakte mathematische Gebilde (z.B. Kurven oder Flächen) betrachtet. Weiterhin wird *keine* Annahme über den Mechanismus ihrer Erzeugung gemacht, wie später im Hinblick auf den angenommenen Zufallscharakter von Abweichungen. Die Hauptaufgabe ist die mathematische Darstellung von Abhängigkeiten in den Daten durch *funktionale Beziehung*, entweder numerisch oder durch Formelausdrücke.

2.2.1 Abhängigkeit und Daten

Aussagen über die funktionale Abhängigkeit sind in verschiedener Form möglich, wie die folgenden Beispiele zeigen sollen.

Bei der *lokalen Interpolation* werden Aussagen über die numerischen Werte der funktionalen Abhängigkeit *in der Nähe* eines gegebenen Beobachtungspunktes, *des Datums*, geliefert.

Bei der meist nur geometrischen *globalen Interpolation* wird eine funktionale Beziehung gegeben, die die beobachteten Werte, die *Daten*, über den gesamten interessierenden Bereich hinweg *verbindet*.

Bei der *lokalen Approximation* wird eine *näherungsweise* Darstellung der funktionalen Beziehung in der Nähe eines Datums gewünscht.

Bei der *globalen Approximation* soll die näherungsweise Darstellung über den ganzen interessierenden Bereich benutzbar sein.

Zur Lösung dieser Aufgaben ist in den Softwarepaketen eine reiche Auswahl von Methoden bereitgestellt worden. Ein Problem des Anwenders ist es immer wieder, welche Präzisierung des Darstellungsproblems gewählt und welches Verfahren zur Berechnung der funktionalen Beziehung verwendet werden soll.

Die Antwort auf diese Fragen hängt, wie bereits im ersten Kapitel allgemein erörtert, von der *Informationslage* über das praktische Problem und von der *Zielstellung* für die Untersuchung ab.

Zur Informationslage gehören die folgenden Fragen:

Was ist über die Abhängigkeit, *neben* den Daten, bereits bekannt? Kennt man eventuell schon den *Typ* der Abhängigkeit, d.h. im speziellen etwa die Kurvenform (Gerade, Parabel, Sinusschwingung), exakt oder näherungsweise, aus der Theorie der anwendenden Wissenschaft oder aus der Erfahrung? Oder, wenn dies nicht der Fall ist, kennt man wenigstens einige Eigenschaften der Abhängigkeit, etwa ihre Monotonie in einer gewissen Richtung, ihre Stetigkeit, ihre Differenzierbarkeit, oder auch Schranken, die sie nicht zu überschreiten oder unterschreiten vermag?

Weiterhin gehört zur Informationslage der gesamte Komplex der *Datenqualität*, den wir in diesem Abschnitt durch die Annahme ausgeblendet haben, daß die Daten *alle exakt* sind. Trotzdem werden wir gelegentlich diesen Aspekt betrachten, wenn zu fragen ist, ob Abweichungen vernachlässigbar, zufällige Fehler möglich oder grobe Fehler zu befürchten sind.

Schließlich spielt für die Informationslage noch eine wesentliche Rolle, wie die Daten zur Verfügung stehen. So macht es offensichtlich einen großen Unterschied, ob die Daten als *kontinuierliche* Aufzeichnung einer möglicherweise mit kleinen Fehlern überlagerten Funktion oder nur als Beobachtungen an einigen wenigen Stellen gegeben sind. Die Fälle, daß die Daten noch mit einem Unsicherheitsanteil, stochastisch oder unscharf, umgeben sind, wird später betrachtet (Kapitel 7).

Bei der Zielstellung spielt die Hauptrolle, *wie* die Aussage über die *Abhängigkeit* im praktischen Problem *verwendet* werden soll.

Den höchsten Anspruch bedeutet es, wenn die erhaltene Abhängigkeit eine Erkenntnis über eine *technische Gesetzmäßigkeit* auszudrücken hat. Hier braucht man unbedingt einen gesicherten *geschlossenen Formelausdruck* für die Abhängigkeit.

Soll mit der Abhängigkeit ein Steuervorgang ausgelöst oder überwacht werden, dann ist eine geschlossene Formel zwar angenehm, aber es reicht praktisch auch eine *punktweise Darstellung* aus.

Wird lediglich eine Prognose für einen gegebenen Abschnitt des interessierenden Bereichs verlangt, dann reicht eine *näherungsweise* Beschreibung der Abhängigkeit.

Und schließlich, falls die Untersuchung der Abhängigkeit nur dem Finden eines *optimalen Wertes* dient, ist die näherungsweise Darstellung nur in der Umgebung dieses Optimums von Interesse.

Informationslage und Zielstellung steuern gemeinsam die Auswahl eines geeigneten *Lösungsverfahrens*. Im vorliegenden Spezialfall der Bestimmung einer funktionalen Abhängigkeit benutzt das Verfahren eine Vorstellung vom *Abhängigkeitstyp* und ein *Approximationsprinzip*. Beide sollten aus praktischen Überlegungen heraus gewählt werden. Beispiele werden in den nächsten Abschnitten behandelt.

2.2.2 Interpolation

Wir wenden uns nun dem einfachsten Fall zu, daß die Daten nur an *wenigen* Stellen und *ohne* Fehler vorliegen. Für die gesuchte Abhängigkeit wird eine *stetige* Funktion gesucht, die außerdem *lokal monoton* ist, d.h. zwischen benachbarten Daten keine Maxima und Minima aufweist.

Als Zielstellung sei eine *Prognose* der Funktionswerte *zwischen* benachbarten Daten verlangt.

Weiterhin wird in diesem Abschnitt angenommen, daß die Abstände zwischen den Daten *klein* sind und, für die nächsten Überlegungen, daß die Funktion *differenzierbar* ist.

Wir beginnen mit dem Problem der *Interpolation* .

Wegen der vorstehenden Annahmen dürfen wir für die betrachtete Funktion f, die die (eindimensionale) x−Achse in die (eindimensionale) y−Achse abbildet, die bekannte TAYLOR-Formel ansetzen

$$f(x) = f(x_0) + (x - x_0)f'(\xi); \qquad \xi \in [x_0, x] \ . \tag{2.1}$$

Wegen der vorausgesetzten Kleinheit des Abstandes zwischen zwei benachbarten Punkten kann in diesem Zwischenraum näherungsweise

$$f'(\xi) = \text{const} \tag{2.2}$$

angenommen werden. Das heißt aber, man darf $f(x)$ durch eine *Gerade* annähern. Praktisch bedeutet das, daß man die jeweils benachbarten Punkte durch eine Strecke verbindet, eine Operation, die jede Graphiksoftware ausführt. Die Verwendung der Funktionswerte auf den Geradenstücken als Werte der gesuchten funktionalen Abhängigkeit der Daten heißt *lineare Interpolation* .

Der so entstehende Polygonzug als näherungsweise Darstellung der Funktion kann sehr unruhig sein und an den Daten selbst *Ecken* aufweisen, die nach der Voraussetzung der Differenzierbarkeit eigentlich verboten sind und aus dem fachlichen Umfeld heraus möglicherweise keinen Sinn machen. Aber wie gesagt, der Polygonzug soll nur zur *lokalen* Prognose des Funktionswerts dienen und gibt diese selbstverständlich nur *näherungsweise*.

Genügt diese Näherung noch nicht für die Genauigkeit der Prognose, dann kann man zu einer TAYLOR-Formel höherer Ordnung übergehen, z.B. zu

$$f(x) = f(x_0) + (x - x_0)f'(x_0) + (x - x_0)^2 \frac{f''(\xi)}{2} \ . \tag{2.3}$$

In diesem Fall liegen die Interpolationswerte zwischen den Daten auf einer *Parabel,* im allgemeinen auf dem Graphen eines Polynoms höherer Ordnung.

Die Koeffizienten der Parabel, bzw. der Polynome höherer Ordnung, sind aber *nicht eindeutig* durch die beiden Nachbarpunkte bestimmt, die sie zu treffen haben, wie das bei der Geraden der Fall war.

Daher gibt es zwei verschiedene Wege zur *Interpolation höherer Ordnung*.

Beim *ersten* Weg nehme man jeweils *mehrere benachbarte Punkte* für die Interpolation.

Als Beispiel betrachten wir die *kubische* Interpolation. Dabei soll die gesuchte Kurve durch die Daten in einem Intervall $[x_2, x_3]$ durch eine kubische Parabel

$$a_0 + a_1 x + a_2 x^2 + a_3 x^3 = p_3(x) \tag{2.4}$$

interpoliert werden. Um $p_3(x)$ *eindeutig* zu machen, werden die beiden Nachbarpunkte x_1, x_4 herangezogen, und man verlangt, daß die kubische Parabel $p_3(x)$ durch die *vier* Daten $(x_1, y_1); (x_2, y_2); (x_3, y_3); (x_4, y_4)$ geht. Dies liefert vier Gleichungen mit vier Unbekannten, die im allgemeinen eindeutig lösbar sind:

$$\begin{aligned}
y_1 &= a_0 + a_1 x_1 + a_2 x_1^2 + a_3 x_1^3 \\
y_2 &= a_0 + a_1 x_2 + a_2 x_2^2 + a_3 x_2^3 \\
y_3 &= a_0 + a_1 x_3 + a_2 x_3^2 + a_3 x_3^3 \\
y_4 &= a_0 + a_1 x_4 + a_2 x_4^2 + a_3 x_4^3 \, .
\end{aligned} \tag{2.5}$$

Die Interpolation erfolgt aber nur im *mittleren* Intervall. Durch die Einbeziehung der zusätzlichen Nachbarpunkte wird die Genauigkeit im Prognoseintervall im allgemeinen wesentlich gesteigert. Numerische Untersuchungen über die tatsächliche Näherungsgenauigkeit im Prognoseintervall und im konkreten Fall brauchen zuverlässige Informationen über das tatsächliche Verhalten der Funktion und ihrer Ableitungen und können z.B. mit Methoden der Intervallmathematik betrieben werden (siehe Abschnitt 3.1.2).

Beim *zweiten* Weg nehme man über jedem Intervall ein Polynom höherer Ordnung an und beseitige die Vieldeutigkeit der Koeffizienten durch Glattheitsforderungen für den Übergang von einem zum anderen Intervall.

Betrachten wir wieder die drei Intervall $\Delta_1 = [x_1, x_2]; \Delta_2 = [x_2, x_3]; \Delta_3 = [x_3, x_4]$. Über jedem Intervall liegt eine kubische Parabel

$$\begin{aligned}
\Delta_1 : y &= a_{01} + a_{11}x + a_{21}x^2 + a_{31}x^3 \\
\Delta_2 : y &= a_{02} + a_{12}x + a_{22}x^2 + a_{32}x^3 \\
\Delta_3 : y &= a_{03} + a_{13}x + a_{23}x^2 + a_{33}x^3 \, .
\end{aligned} \tag{2.6}$$

Dies ist ein System von drei Gleichungen für die 12 Koeffizienten. Die Forderung, daß die Kurven bei (x_2, y_2) und (x_3, y_3) stetig aneinander schließen, legt die Koeffizienten immer noch nicht fest. Erst die Forderung, daß der Übergang auch *glatt* erfolgt, die Werte der ersten und zweiten Ableitungen an diesen Punkten ebenfalls übereinstimmen, liefert eine eindeutige Lösung des Systems.

Diese Splinetechnik (spline = Dachsplint) kann nun auf beliebig viele Intervalle ausgedehnt werden, wobei die Stetigkeit des Übergangs an den Daten (bei kubischen Parabeln bis zur zweiten Ableitung) gefordert wird. Diese Technik erinnert an die flexiblen Kurvenlineale, mit denen sich durch wenige Einzelpunkte glatte Kurven ziehen lassen. Diese Aufgabe wird nun durch eine passende Software übernommen und das Ergebnis am Bildschirm präsentiert.

Das Interpolationsproblem wird wesentlich schwieriger, wenn die Interpolation in einem Raum höherer Dimension erfolgen soll. Im dreidimensionalen Raum läßt sich eine Fläche zwischen drei Nachbarpunkten noch einfach linear durch ein Ebenenstück interpolieren, und die Ebenenstücke stoßen noch stetig aneinander. Aber eine *Interpolation* mit Flächen höherer Ordnung ist nur noch lokal sinnvoll. So läßt sich die nichtlineare Interpolation dadurch übertragen, daß man mehrere Punkte aus der Umgebung einer „Masche", in der die Interpolation benutzt werden soll, zur Festlegung der Koeffizienten des Interpolationspolynoms heranzieht, obwohl man den so erhaltenen Ausdruck nur *innerhalb* dieser Masche verwenden will.

Würden die für Splines erhobenen Forderungen nach glatten Übergängen auf den mehrdimensionalen Raum übertragen, dann würden sie auf mehrdimensionalen Gebilden verlangt (Kurven, Hyperflächen). Die Forderungen lassen sich nur für sehr spezielle Kombinationen von vorgegebenen Maschenformen und Näherungsfunktionen in den einzelnen Maschen erfüllen. Dieses Problem wird im Zusammenhang mit der Approximation von Funktionen mehrere Veränderlicher, die vorgegebenen Anfangs-Randwert-Aufgaben genügen sollen, im Rahmen der *Methode der Finiten Elemente* (FEM) interessant (siehe z.B. SCHWARZ 1991a) und im Abschnitt 2.4.2 etwas näher beleuchtet.

2.3   Lokale Approximation

Will man den Formelausdruck für die gesuchte näherungsweise funktionale Beziehung durchsichtig und handlich erhalten, muß man die *Forderung aufgeben*, daß die Näherungsfunktion durch alle punktförmigen Daten *strikt hindurchgeht*. Dies nennt man dann allgemein *Approximation*.

2.3.1 Approximation

Die *Informationslage* geht nun davon aus, daß die Funktionswerte y_i der Daten mit *kleinen*, nicht notwendig statistischen, *Fehlern* behaftet sein dürfen, während bei den zugehörigen Argumentwerten x_i die *Ungenauigkeiten vernachlässigbar* sein sollen.

Die *Zielstellung* ist nach wie vor die näherungsweise Darstellung der unbekannten funktionalen Beziehung, der die Daten genügen, durch einen Funktionsausdruck.

Im Unterschied zur Interpolation, bei der der lokale Charakter immanent ist, unterscheiden wir hier zwischen *lokaler* und *globaler* Approximation.

Wie bei der Interpolation ist auch bei der *lokalen* Approximation eine inhaltliche Deutung der erhaltenen Näherung nicht vorgesehen. Man möchte lediglich eine Darstellung des Verlaufs der gesuchten funktionalen Abhängigkeit in einem beschränkten Gebiet haben, aus der man Näherungswerte ablesen und Voraussagen machen kann.

Wie bei der Interpolation geht man auch hier in der Argumentation von der TAYLOR-Formel aus und versucht eine Approximation mit *Polynomen*.

Im folgenden wird in diesem Kapitel nur der einfachste Fall behandelt, daß nämlich die Argumentwerte x aus einem eindimensionalen Raum stammen. Der Übergang zu einem mehrdimensionalen Argumentraum bietet keine prinzipiellen Schwierigkeit, ist jedoch wesentlich aufwendiger in der Darstellung.

Die Daten bestehen also aus den Punkten (x_i, y_i), wobei $i = 1, \dots, n$ durchläuft. Als Approximation soll ein Polynom m-ten Grades

$$f_m(x) = \sum_{j=0}^{m} a_j x^j \tag{2.7}$$

verwendet werden.

Die zentrale Frage *jeder* Approximation, lokaler oder globaler, ist es, wie die möglichen Abweichungen der Näherungsfunktion $f_m(x_i)$ von den beobachteten oder gemessenen Datenwerten y_i *bewertet* werden sollen.

Nach einem Vorschlag von GAUSS wird als Abweichungsmaß das Quadrat der Differenz $(y_i - f_m(x_i))^2$ gewählt. Diese Wahl führt zu einfach handhabbaren numerischen Aufgaben und wird auch später in der mathematischen Statistik vorteilhaft genutzt. Da dieses Abweichungsmaß nie negativ sein kann, läßt sich die Abweichung für alle Daten gemeinsam durch die *Summe* bewerten:

$$Q^*(y_1, \dots, y_n; f_m(x_1), \dots, f_m(x_n)) = \sum_{i=1}^{n} (y_i - f_m(x_i))^2 \, . \tag{2.8}$$

Bei gegebenen (x_i, y_i) ist Q^* eine Funktion der Koeffizienten von $f_m(x)$:

$$Q(a_1, \ldots, a_m) = \sum_{i=1}^{n} (y_i - \sum_{j=0}^{m} a_j x^j)^2 \ . \tag{2.9}$$

Die *beste* Approximation der gegeben Daten nach diesem Prinzip erhält man also durch eine Minimierung von Q bezüglich der Koeffizienten $a_1, \ldots, a_m$. Dies ist eine einfache Optimierungsaufgabe, die man durch Nullsetzen der partiellen Ableitungen von Q in die Lösung eines linearen Gleichungssystems überführt:

$$\sum_{i=1}^{n} \sum_{j=0}^{m} a_j x_i^j x_i^k = \sum_{i=1}^{n} y_i x_i^k \ ; \qquad k = 0, \ldots, m \ . \tag{2.10}$$

Obwohl man für die Lösung $(\hat{a}_0, \ldots, \hat{a}_m)$ eine geschlossene Lösung angeben kann (die später in Abschnitt 7.1.2 auch angegeben und betrachtet werden wird), gehen wir an dieser Stelle erst einmal davon aus, daß die Lösung von einem Computer ausgegeben wird.

Die Approximation der unbekannten funktionalen Beziehung $y = f(x)$ wird damit zu

$$\hat{y} = \hat{f}_m(x) = \sum_{j=0}^{m} \hat{a}_j x^j \tag{2.11}$$

angegeben.

Damit sind die Überlegungen meist beendet, und man *identifiziert* die unbekannte Funktion mit der gefundenen Polynomnäherung. Diese *leichtfertige* und *gefährliche* Schlußweise bedarf jedoch einer *kritischen* Betrachtung:

Mit der vorliegenden Methode kennt man die Abweichungen zwischen Funktionswerten und den Näherungswerten *nur* an den Beobachtungsstellen. In den Bereichen *zwischen* diesen Beobachtungswerten hat man keine Information darüber (aber da sind sie ja gerade interessant!). Damit man einiges Zutrauen zu diesen Zwischenwerten haben kann, muß man annehmen, daß die Funktionswerte eng beieinander liegen und die unbekannte Funktion hinreichend glatt ist. Das letztere ist z.B. der Fall, wenn man aus dem praktischen Problem weiß oder annehmen darf, daß die unbekannte Funktion mehrfach stetig differenzierbar ist. Die *Idealsituation* tritt ein, wenn man vorher weiß, daß die Funktion selbst näherungsweise ein Polynom m-ten Grades ist. Auch hier hilft das Argument der TAYLOR-Formel.

Ein weiteres Problem kann die *numerische* Lösung des Gleichungssystems (2.10) aufwerfen, besonders dann, wenn sehr viele unbekannte Koeffizienten

a_j gleichzeitig bestimmt werden müssen, was besonders im mehrdimensionalen Fall die Regel ist.

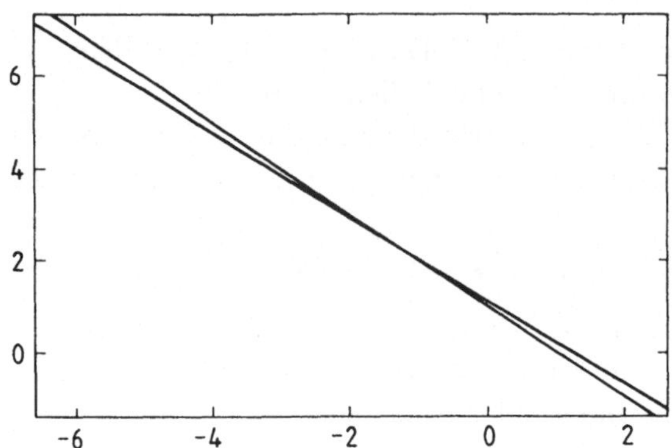

Bild 2.2 Schleifender Schnitt zweier ebener Geraden

Im folgenden soll das numerische Problem an einem radikal vereinfachten Demonstrationsbeispiel veranschaulicht werden.
Betrachten wir das lineare Gleichungssystem

$$1{,}00a_0 + 1{,}00a_1 = 1{,}00 \tag{2.12}$$
$$1{,}01a_0 + 1{,}02a_1 = 1{,}03$$

mit der offensichtlichen Lösung $(-1; 2)$. Eine geringfügige Veränderung der Koeffizienten, etwa durch die Erhöhung der angegebenen Stellenzahl (man beachte, daß das vorangehende System aus dem nachfolgenden durch Rundung der Koeffizienten entsteht) führt auf das Gleichungssystem

$$1{,}000a_0 + 1{,}000a_1 = 1{,}000 \tag{2.13}$$
$$1{,}013a_0 + 1{,}016a_1 = 1{,}028$$

mit der offensichtlichen Lösung $(4; -5)$. Man nennt diesen Effekt, daß geringfügige Änderungen der Koeffizienten zu beträchtlichen Veränderungen der Lösung führen, *numerische Instabilität*. Im vorliegenden Fall kam man sich die Gründe für dieses Phänomen sehr einfach geometrisch klarmachen: Die Lösung eines Systems von zwei Gleichungen mit zwei Unbekannten ist äquivalent mit der Bestimmung des Schnittpunktes von zwei Geraden in der Ebene. Wenn die beiden Geraden *fast parallel* sind, haben sie einen *schleifenden Schnitt*.

Eine geringfügige Bewegung der Geraden (d.h. eine Veränderung ihrer Koeffizienten) führt dann zu einer beträchtlichen Verlagerung des Schnittpunktes.

Dieser Effekt ist auch nicht durch numerische Lösungsvarianten zu beseitigen, auch wenn diese scheinbar eine höhere Genauigkeit liefern. Der Grund liegt hier in der Wahl der *Struktur des Näherungspolynoms*. Betrachten wir dazu das Verhalten der Grundfunktionen

$$1, x, x^2, \ldots, x^m \, , \qquad (2.14)$$

die zum Polynom $f_m(x)$ linear kombiniert wurden. Ihren Verlauf im Intervall $[-1, 1]$ zeigt das folgende Bild 2.3:

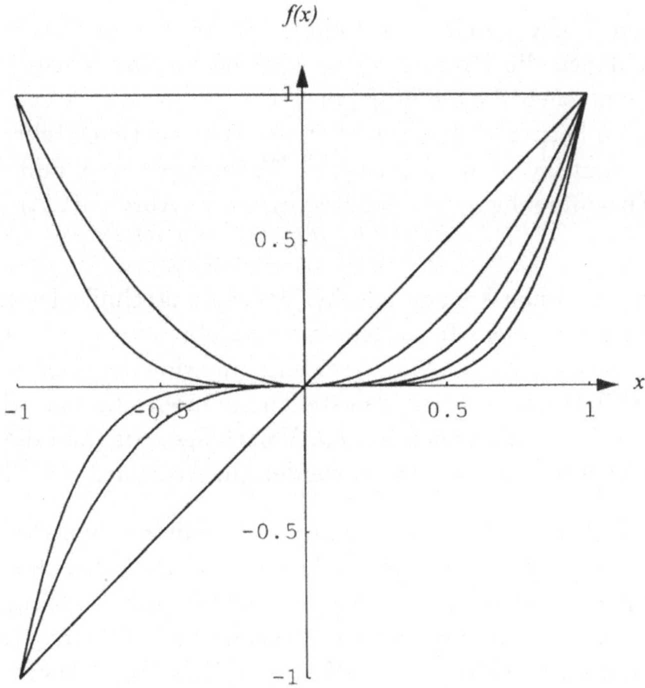

Bild 2.3 Verlauf der Funktionen x^j in [-1,1]

Wie man sieht, sind die Kurven im Intervall $[0, 1]$ „fast parallel". Liegen die Daten über diesem Teilintervall, dann ist eine numerische Instabilität fast zu erwarten.

Daher wird gelegentlich empfohlen, vor allem wenn die Argumentwerte x_i häufiger als „Standardbeobachtungsargumentwerte" genutzt werden, statt der einfachen Potenzen spezielle Polynome $f_m^{(r)}(x); r = 0, \ldots, m$ linear zu kombinieren, die auf dieser Menge von Argumenten *orthogonal* sind, d.h. die Eigenschaft haben

$$\sum_{i=1}^{n} f_m^{(r)}(x_i) f_m^{(s)}(x_i) = 0 \; ; \qquad r \neq s \in \{0, \ldots, m\} \; . \tag{2.15}$$

Dann wird die Lösung des linearen Gleichungssystems (2.10) trivial, und die häßlichen Effekte können nicht auftreten.

Einen ähnlichen Effekt erzielt man, wenn man die Argumentwerte x_i bestimmen kann, an denen die Funktion $y = f(x)$ beobachtet werden soll. Damit kann man die einfachen Polynome $f_r(x) = x^r; r = 0, \ldots, m$ durch Wahl der x_i nach der gleichen Formel (2.15) bezüglich der Beobachtungsstellen *orthogonalisieren*. Man nennt dies dann *orthogonale Versuchsplanung*, und das Problem wird uns im Zusammenhang mit der Regression in Abschnitt 7.1.2 wieder begegnen.

Lokale Approximationen können wie bei der Splinetechnik der Interpolation aneinandergehängt werden. In verschiedenen Gebieten werden unterschiedliche Näherungspolynome verwendet. Im eindimensionalen Fall kann man für die Übergänge Glattheitsbedingungen stellen, im mehrdimensionalen Fall kann dies zu gewissen Komplikationen führen. Vorschläge, wie man diese Probleme in manchen Fällen überwinden kann, werden im Abschnitt 2.4.2 behandelt.

Neben den einfachen Polynomen und ihren mehrdimensionalen Entsprechungen sind noch andere Systeme von Funktionen als Bausteine für approximierende Funktionen denkbar und sinnvoll. So wird man periodische Funktionen wählen, wenn man aus dem praktischen Problem weiß, daß sich die unbekannte Funktion periodisch verhalten wird. Wenn beispielsweise bekannt ist, daß die Ausgangsperiode der Funktion q ist, d.h. $f(t + q) = f(t)$, dann kommt man über die Maßstabsänderung $x = (2\pi/q)t$ und das Funktionensystem

$$1, \cos x, \sin x, \cos(2x), \sin(2x), \ldots \tag{2.16}$$

zum sogenannten FOURIERreihenansatz

$$f_{Fm}(x) = a_0/2 + \sum_{j=1}^{m/2} a_j cos(jx) + \sum_{j=1}^{m/2} b_j sin(jx) \,, \qquad (2.17)$$

wobei auch andere Darstellungen möglich und üblich sind. Ebenfalls gibt es mehrdimensionale Entsprechungen. Zur numerischen Bestimmung der Koeffizienten $a_0, a_j, b_j; j = 1, \ldots, m/2$ gibt es geeignete Software, mindestens für die üblichen äquidistanten Beobachtungspunkte x_i. Wegen der geschlossenen Lösung der entstehenden Gleichungssysteme siehe z. B. ZURMÜHL 1984.

Eine Modifizierung des Zugangs ist für den Fall erforderlich, daß das vorliegende *Datum selbst eine Funktion* oder Hyperfläche ist. Dies tritt ein, wenn die Beobachtungswerte kontinuierlich anfallen, z.B. elektronisch gewonnen wurden. Wir betrachten wieder den eindimensionalen Fall, daß nämlich das Datum als *geometrisch* oder punktweise mit vernachlässigbarem Zwischenraum gegebene Kurve $y = g(x)$ vorliegt. Die Meßungenauigkeiten von x und y seien vernachlässigbar. Dies ist dann die gegebene *Informationslage*.

Die *Zielstellung* ist eine *lokale* Approximation durch eine in *geschlossener Form* angebbare Funktion, einen sogenannten *analytischen Ausdruck*. Die Motive für diese Zielstellung können vielfältig sein. So kann es einfach der Wunsch nach *Datenreduktion* sein, da eine punktweise Speicherung zu aufwendig ist. Ein *Vergleich mit anderen Funktionen* ist am bequemsten, wenn diese in der gleichen Form mit gleichbedeutenden Koeffizienten vorliegen. Aber es kann auch lediglich um die Rekonstruktion der Funktion bei Bedarf gehen.

Wie bei der Approximation auf der Grundlage von wenigen diskreten Punkten hat man ein passendes Funktionensystem zu wählen, Polynome, Winkelfunktionen oder andere Funktionen.

Die Approximation *im quadratischen Mittel* erfolgt nun über den interessierenden *lokalen* Bereich B mit dem Integral

$$Q(a_1, \ldots, a_m) = \int_B (g(x) - \sum_{j=1}^{m} a_j f^{(j)}(x))^2 \mathrm{d}x \,, \qquad (2.18)$$

und wie im Falle diskreter Punkte ist Q bezüglich der Argumente zu minimieren. Das Nullsetzen der partiellen Ableitungen von Q nach den a_j liefert wieder ein lineares Gleichungssystem, nunmehr

$$\sum_{j=1}^{m} a_j \int_B f^{(j)}(x) f^{(l)}(x) \mathrm{d}x = \int_B g(x) f^{(l)}(x) \mathrm{d}x \,, \qquad (2.19)$$

mit $l = 1, \ldots, m$, dessen Lösung $\hat{a}_1, \ldots, \hat{a}_m$ numerisch gegeben werden kann. Damit das Gleichungssystem (2.26) eine eindeutige Lösung hat, müssen die

Funktionen $f^{(l)}(x)$ linear unabhängig sein, d.h., die folgende Gleichung

$$\sum_{j=1}^{m} a_j f^{(j)}(x) = 0 \tag{2.20}$$

hat, für alle $x \in B$ gefordert, nur die triviale Lösung $a_1 = \cdots = a_m = 0$. Gäbe es nämlich eine *nichttriviale* Lösung, dann ließe sich mindestens eine Funktion durch eine lineare Kombination der anderen ausdrücken und wäre damit auch überflüssig.

Auch im Falle kontinuierlicher Daten können die gleichen Probleme der numerischen Instabilität auftreten. Daher wird auch hier empfohlen, Funktionensysteme zur Darstellung zu verwenden, die über dem Approximationsgebiet *orthogonal* sind, d.h. den Forderungen genügen:

$$\int_B f^{(j)}(x) f^{(l)}(x) \mathrm{d}x = 0; \qquad j \neq l \in \{1, \ldots, m\} \,. \tag{2.21}$$

Mit der sukzessiven Benutzung dieser Bedingungen lassen sich gegebene linear unabhängige Funktionensysteme orthogonalisieren. Als Beispiel betrachten wir das in (2.14) und Abbildung 2.3 gegebene Funktionensystem der Polynome $1, x, x^2, \ldots, x^5$ im Bereich $[-1, 1]$, auf den jedes andere endliche Intervall bekanntlich normiert werden kann. Als Ergebnis erhalten wir die LEGEND-REschen Polynome

$$
\begin{aligned}
f^{(1)}(x) &= 1 \\
f^{(2)}(x) &= x \\
f^{(3)}(x) &= \frac{1}{2}(3x^2 - 1) \\
f^{(4)}(x) &= \frac{1}{2}(5x^3 - 3x) \\
f^{(5)}(x) &= \frac{1}{8}(35x^4 - 30x^2 + 3) \\
f^{(6)}(x) &= \frac{1}{8}(63x^5 - 70x^3 + 15x) \,,
\end{aligned}
\tag{2.22}
$$

die im Bild 2.4 dargestellt sind, das man mit Bild 2.3 vergleichen kann.

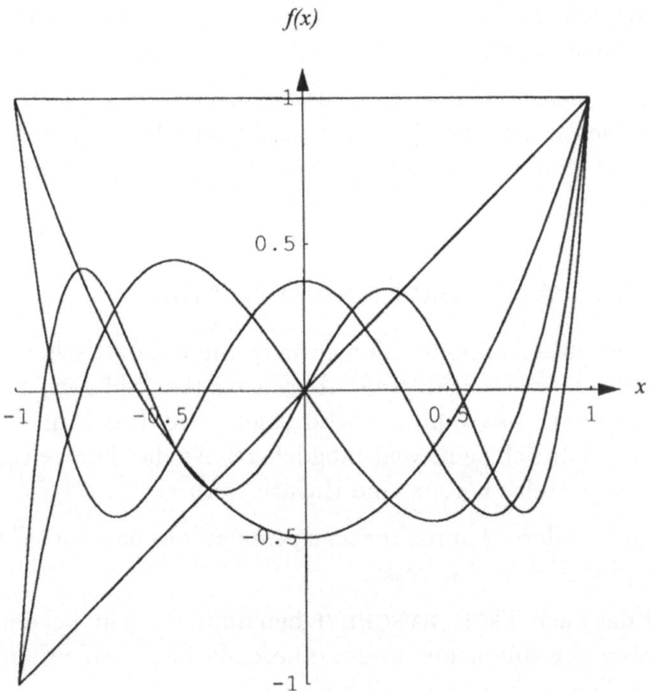

Bild 2.4 Orthogonalpolynome über [-1,1]

Durch die Verwendung orthogonaler Funktionen wird die Lösung des Gleichungssystems trivial, da nur die Diagonalelemente der Gleichungsmatrix von Null verschieden sind. Mit den vorher bestimmbaren Konstanten

$$\int_B f_j^2(x)\mathrm{d}x = \gamma_j \tag{2.23}$$

erhält man für die minimale quadratische Abweichung Q_{min} den Wert

$$Q_{min} = \int_B g^2(x)\mathrm{d}x - \sum_{j=1}^m \hat{a}_j^2 \gamma_j \ . \tag{2.24}$$

Daraus erkennt man weitere *Vorteile* für die Verwendung orthogonaler Ansätze. Jede Hinzunahme einer weiteren orthogonalen Funktion verbessert die Approximation. Das gilt natürlich auch für nicht-orthogonale Systeme, ist aber dort nicht so klar ablesbar. Aber bei orthogonalen Systeme müssen die Koeffizienten $\hat{a}_j$ nach der Hinzunahme für die bisherigen Funktionen *nicht* neu berechnet werden, da sie die gleichen sind.

Ein möglicher *Nachteil* der Orthogonalsysteme ist es im allgemeinen, daß die einzelnen orthogonalen Funktionen nicht mehr so einfach im praktischen Umfeld *gedeutet* werden können.

Der Übergang zu *mehrdimensionalen* Orthogonalsystemen ist prinzipiell problemlos, aber wesentlich aufwendiger und unübersichtlicher. Ihre Konstruktion erfolgt am einfachsten mit sogenannten Formelmanipulationssystemen (Beispiel: Mathematica).

2.3.2 Andere Approximationsprinzipe

Das bisher vorgestellte Approximationsprinzip „im quadratischen Mittel" (siehe Formel (2.18)) *toleriert sehr große Abweichungen* (Spitzen), wenn nur die Menge, auf der sie auftreten, hinreichend „klein" ist. Das kann unerwünscht, vielleicht sogar gefährlich sein, weil möglicherweise das kurzzeitige Verlassen eines „Sicherheitsgürtels" bereits eine Havarie verursacht.

Daher sind auch andere Approximationsprinzipe als das von GAUSS vorgeschlagene von praktischem Interesse.

Ein solches ist das nach TSCHEBYSCHEFF benannte Prinzip, bei dem die *größte* absolute Abweichung durch die approximierende Funktion minimal gemacht werden soll. Im kontinuierlichen Fall bedeutet das

$$Q_T(a_1, \ldots, a_m) = \max_{x \in B} \mid g(x) - \sum_{j=1}^{m} a_j f_j(x) \mid \tag{2.25}$$

und die Forderung, daß Q_T durch Bestimmung passender a_j minimiert werden soll. Für diese *gleichmäßige* Approximation gilt der weitreichende Satz, daß jede *stetige* Funktion durch Polynome beliebig genau approximiert werden kann. Diese Aussage macht die Polynome für die gleichmäßige Approximation so attraktiv.

Mit der *angenehmen* Eigenschaft, daß bei der gleichmäßigen Approximation das Tolerieren von kurzzeitigen Spitzen verhindert wird, sind einige *unangenehme* Eigenschaften verbunden, die es im konkreten Fall gegeneinander abzuwägen gilt. Die Approximation wird nach der *ungünstigsten* Stelle beurteilt, die jedoch praktisch bedeutungslos sein kann. Daran wäre z. B. zu denken, wenn mit dem Auftreten unerkannter Ausreißer zu rechnen ist. Weiterhin gibt es für diesen Fall keine so schöne einfache und auch für den Laien durchsichtige Mathematik, was bei der zunehmenden Leistungsfähigkeit der Computer und der numerischen Näherungsverfahren von abnehmender Bedeutung ist. Besonders im Fall von höherdimensionalen Bereichen B kann die Bestimmung der Parameter $\hat{a}_j$ recht aufwendig sein.

Im Falle weniger *diskreter* Daten (x_i, y_i) hat das Q_T die analoge Form

$$Q_{Td}(a_1, \ldots, a_m) = \max_i \mid y_i - \sum_{j=1}^{m} a_j f_j(x_i) \mid \ . \tag{2.26}$$

Die Lösung dieses Optimierungsproblem bezüglich der a_j wird mit Routine-methoden der linearen Optimierung bewältigt.

Auch hier gilt wieder der Hinweis, daß über die Approximation *zwischen* den Beobachtungspunkten im allgemeinen *nichts* ausgesagt werden kann, es sei denn, es liegen Informationen über das Verhalten der unbekannten Funktion im gesamten Approximationsbereich vor.

Falls nur die *quadratische* Verstärkung der Abweichung von den Daten als *zu stark* empfunden wird, dann kann man das Approximationsprinzip der *kleinsten Summe der Absolutbeträge* betrachten, d.h. die Größe

$$Q_{MKA}(a_1, \ldots, a_m) = \int_B \mid g(x) - \sum_{j=1}^{m} a_j f_j(x) \mid \mathrm{d}x \tag{2.27}$$

durch eine passende Bestimmung der a_j zum Minimum machen. Auch hier fehlt ein einfaches und durchsichtiges Verfahren zur geschlossenen Lösung. Man ist wieder auf näherungsweise Optimierungsverfahren angewiesen. Das Analogon für den Fall des Vorliegens nur weniger diskreter Daten hat die Form

$$Q_{MKAd}(a_1, \ldots, a_m) = \sum_{i=1}^{n} \mid y_i - \sum_{j=1}^{m} a_j f_j(x_i) \mid \ . \tag{2.28}$$

Auch hier erhält man ein Problem der linearen Optimierung für die Bestimmung der Koeffizienten $\hat{a}_j$. Für die Einschätzung der Näherung *zwischen* den Punkten gilt auch hier das bereits oben für die anderen Prinzipe gesagte.

Theoretisch kann man die Potenz p, mit der die Abweichungen gewichtet werden ($p = 2$: quadratisches Mittel; $p = 1$: Absolutbeträge), auf jeden positiven Wert setzen, für „unendlich großes" p kann man sogar die TSCHEBYSCHEFF-Approximation einpassen.

Die Prinzipe zeigen eine unterschiedliche Empfindlichkeit gegen untypische Daten, z.B. gegen Ausreißer, was in gewissen praktischen Fällen von Bedeutung sein könnte. So *nimmt* diese Empfindlichkeit vom Prinzip der kleinsten Absolutbeträge über das GAUSS-Prinzip zum TSCHEBYSCHEFF-Prinzip *zu*.

2.3.3 Empirische Glättung

Die vorgenannten Approximationsprinzipe können auch genutzt werden, um ein vorgelegtes Datenmaterial, als endliche Menge von Datenpunkten oder als kurven- oder flächenförmiges Datum, *lokal* durch eine Approximation zu *glätten*.

Im Gegensatz zu den vorangehenden Abschnitten wird *keine* Darstellung durch mathematische Formel mehr verlangt; man möchte lediglich eine *geglättete* geometrische Darstellung, die den Zusammenhang im eng *lokalen* Bereich wenig verändert, also *datenorientiert* bleibt. Annahmen über die Form des Zusammenhangs sind (noch) nicht verfügbar, man hofft möglicherweise, aus der geglätteten Darstellung einen Hinweis auf mögliche geeignete Funktionen zu bekommen.

Bezüglich der *Informationslage* hat man also außer den Daten selbst, die als exakt ermittelt angesehen werden, *keine* Anhaltspunkte. Man vermutet lediglich, daß die Daten einen kleinen Abweichungs- oder Fehleranteil enthalten, über dessen Charakter und Umfang man allerdings keine Annahmen machen kann. Die *Zielstellung* ist auch nur die Herstellung eines *ruhigeren Bildes* und die Hoffnung auf eine Idee für die Fassung durch eine Funktion. Dieses Ziel ist typisch für eine sehr frühe Phase der Untersuchung. Wegen des geringen Informationsangebots außerhalb der Daten bedarf es hier eines größeren Datenumfangs (Goldene Regel).

Man nennt das hier vorzustellende Verfahren häufig *empirische Regression*, weil es häufig im Umfeld einer späteren statistischen Behandlung des Datenmaterials angewandt wird.

Man wählt zuerst ein sogenanntes *Fenster* , d. h. einen kleinen Bereich, aus dem man die Daten zur Glättung heranziehen will. Man unterscheidet ein „hartes" Fenster, einfach einen scharf umrissenen Bereich, im einfachsten Fall ein Intervall, und ein „weiches" Fenster, einen solchen Bereich mit einer darauf erklärten Gewichtsfunktion $h(x)$, die im Zentrum ihren Maximalwert 1 annimmt und nach den Rändern zu monoton abnimmt.

Sodann legt man fest, mit welchem Funktionstyp man die lokale Glättung ausführen will. Üblich sind die Konstante $f(x) = a_0$, eine lineare Funktion, im eindimensionalen also $f(x) = a_0 + a_1 x$, und höchstens eine quadratische Funktion, also entsprechend $f(x) = a_0 + a_1 x + a_2 x^2$.

Schließlich hat man noch über das Approximationsprinzip zu entscheiden, also etwa als Kriterium die Summe der quadratischen Abweichungen zu nehmen.

Nach der Wahl der drei Bestandteile beginnt das Verfahren in einem gewissen Anfangsfenster F_1. Als Beispiel für die Darstellung werde gewählt: Ein weiches Fenster mit der Gewichtsfunktion $h(x)$, eine lineare Näherungsfunktion $f(x) = a_0 + a_1 x$ und die Methode der kleinsten Quadrate.

In F_1 werden die Koeffizienten a_0 und a_1 mit der Wichtung $h(x_i)$ für das Datum (x_i, y_i) gemäß

$$\sum_{i=1}^{N} h(x_i)(y_i - a_0 - a_1 x_i)^2 = \max \tag{2.29}$$

bestimmt. Man beachte, daß die Summierung tatsächlich nur über die Daten im Fenster F_1 geht, da die Funktion $h(x)$ außerhalb verschwindet. Die mit der Lösung $\hat{a}_0, \hat{a}_1$ gebildete Funktion $\hat{f}_1(x) = \hat{a}_0 + \hat{a}_1 x$ wird nur im Zentrum (und einer kleinen Ungebung dieses Zentrum) des Fensters verwendet. Sodann wird das Fenster um die Hälfte dieser kleinen Umgebung verschoben und als Fenster F_2 bezeichnet, und das Verfahren wird wiederholt, bis der gesamte interessierende Bereich sukzessive überdeckt wurde. Da diese Prozedur nur am Computer sinnvoll ist und das Resultat am Bildschirm gezeigt wird, bewirkt die „Körnigkeit" des Bildschirms, daß die kleinen Verschiebeintervalle nicht mehr ins Auge fallen und der Eindruck einer stetigen, ja glatten Näherungsfunktion entsteht.

2.4 Globale Approximation

Bei der globalen Approximation kann man zwei Richtungen unterscheiden.

Im ersten Fall möchte man aus den gegebenen Daten einen für das *gesamte* interessierende Gebiet gültigen näherungsweisen geschlossenen Formelausdruck ableiten, der möglichst wenige Parameter enthält, aber trotzdem die gesuchte Funktion hinreichend genau darstellt. Hier ist das praktische Hauptproblem die Wahl oder Herausarbeitung eines *Ansatzes*, d.h. der mathematischen Struktur, für die Näherungsfunktion.

Im zweiten Fall kennt man die unbekannte Funktion *implizit*, z.B. als Lösung eines gegebenen Anfangs-Randwert-Problems, oder sogar *explizit*, z.B. als empirisch gegebene Kurve oder Fläche, etwa durch ein elektronisches Medium aufgezeichnet. Man möchte diese Funktion näherungsweise durch eine Reihe von lokalen Standardfunktionen (d. h. Funktionen, die nur auf einem kleinen Teilbereich von Null verschieden sind) darstellen, um das lokale Verhalten der Funktion an jeder Stelle des interessierenden Bereiches betrachten oder untersuchen zu können. Beispiele für diesen zweiten Fall werden von der *Methode der Finiten Elemente* und der Begriffsbildung der *Wavelets* geliefert.

2.4.1 Näherungsweise funktionale Beziehungen

Unter einer *funktionalen Beziehung* versteht man eine Beziehung zwischen einer (oder mehreren) Zielgrößen und einer (oder mehreren) Einflußgrößen, die durch Funktionsausdrücke dargestellt werden können, die noch mehrere unbekannte Parameter enthalten, die Werte aus einer gegebenen Indexmenge annehmen können. Diese Parameterwerte sind dann in geeigneter Weise, etwa aus gegebenen Daten, festzulegen oder zu berechnen. Der Einfachheit der Darstellung halber betrachten wir den einfachsten Fall *einer* Zielgröße, also die funktionale Beziehung

$$y = \eta(x; a_1, a_2, \ldots, a_m); \qquad (a_1, a_2, \ldots, a_m) \in A \,. \tag{2.30}$$

Die Funktion η, die die Struktur des mathematischen Zusammenhangs bis auf Parameterwerte angibt, wird gewöhnlich der *Ansatz* genannt. Seine fachwissenschaftlich vernünftige Wahl ist das *Hauptproblem* bei der globalen Approximation.

Die globale Approximation unterscheidet sich von der lokalen Approximation, wie in Abschnitt 2.3 dargestellt, nur in der *Zielstellung*; die Informationslage ist im wesentlichen die gleiche.

Man möchte eine naturwissenschaftliche, technische oder volkswirtschaftliche Gesetzmäßigkeit näherungsweise in einer mathematischen Form fassen, an der man sowohl theoretische Überlegungen anstellen als auch konkrete Voraussagen für noch nicht beobachtete Situationen machen kann. Die Anzahl der Parameter sei möglichst gering, um Übersichtlichkeit und leichte Handhabbarkeit zu sichern.

Den Ausgangspunkt für die sogenannte *Ansatzwahl* sollten stets theoretische Überlegungen über den zu beschreibenden Sachverhalt und eine Sichtung und Betrachtung bereits vorliegender numerischer Ergebnisse bilden, wobei in beiden Fällen eine gesunde Skepsis angeraten ist. Alles was für den vorliegenden Fall interessant und wesentlich zu sein scheint, sollte im Blickfeld behalten bleiben, sei es auch nur zur späteren Einschätzung oder Verbesserung des erhaltenen Ergebnisses. Diese Vorüberlegungen sollten in der *Vermutung* der Form des Zusammenhanges, einem Ansatz, enden.

Vorteilhaft ist in jedem Fall ein fachwissenschaftlich gestützter Ansatz, auch wenn in ihm die noch unbekannten Parameter *nichtlinear* auftreten, z.B.

$$y = a_1 + a_2 \exp(a_3 x^{a_4}) \,, \tag{2.31}$$

der im Abschnitt 7.2.2 in einem konkreten Beispiel vorkommen wird. Solche Ansätze haben den großen Vorteil, daß sie im praktischen Fall deutbar und damit auch in ihrer Sinnhaftigkeit nachvollziehbar sind.

Im Fall, daß ein solcher fachwissenschaftlich gestützter Ansatz (noch) *nicht* angebbar ist oder daß die gesuchte Funktion nur als numerische Lösung einer mathematisch anspruchsvollen mathematischen Aufgabe, z.B. einer Differentialgleichung, vorgelegt werden könnte, sollte man sich mit einem *Näherungsansatz* aus einem Funktionssystem (Polynome, Winkelfunktionen, Exponentialfunktionen) begnügen, wobei bei der Wahl des Systems bekannte Eigenschaften der gesuchten Funktion beachtet werden sollten.

In beiden Fällen kann es vorkommen, daß *mehrere* Ansätze geeignet erscheinen und gewissermaßen um den Titel „Bester Ansatz" konkurrieren. Hier wäre ein Kriterium zur Entscheidung über die Güte des Ansatzes zu wählen, etwa der Wert des Approximationskriteriums für die vorliegenden Daten. Dieses Problem wird im Zusammenhang mit Methoden der mathematischen Statistik in Abschnitt 7.1.3 betrachtet werden.

Auf *keinen* Fall sollte man die Ansatzwahl dem Softwarepaket überlassen, in dem ein Katalog von Funktionstypen angeboten wird, die beliebig zu einem „Ansatz" zusammengestellt werden dürfen, aus dem dann eine Funktion als Approximation berechnet wird, die die vorliegenden Daten „am besten" annähert. Ein solches Vorgehen liefert ein Ergebnis, das weder im konkreten Zusammenhang sinnvoll deutbar sein muß noch bezüglich der Daten *stabil* ist, d.h., leicht veränderte oder zusätzliche Daten liefern möglicherweise eine ganz andere Auswahl aus dem Katalog.

Die Methode zur numerischen Bestimmung der globalen approximierenden Funktion ist völlig analog zum Vorgehen bei der lokalen Approximation. Nach der Wahl des Approximationskriteriums bestimmt man diejenigen Parameterwerte $\hat{a}_1, \hat{a}_2, \ldots, \hat{a}_m$, die dieses Kriterium minimieren. Der einzige Unterschied besteht lediglich darin, daß nun der *gesamte* interessierende Bereich G und *alle* vorliegenden Daten gleichzeitig einbezogen werden.

Das *Aneinanderhängen* von lokalen Approximationsfunktionen für den gesamten Bereich stellt in unserer Vorstellung *keine* globale Approximation dar, da es der oben gewählten Zielstellung nicht gerecht wird.

Es kann allerdings vorkommen, daß die Problematik selbst die Verwendung *verschiedener* Ansätze in *unterschiedlichen* Teilgebieten von G nahelegt. Wenn nämlich Umschlagpunkte, Schichtgrenzen, Ablösezeiten oder ähnliche sachlich gegebene Veränderungen das Gebiet G in sogenannte *Phasen* zerlegen. Auch hier handelt es sich dann selbstverständlich um globale Approximation. Ein interessantes mathematisches Problem entsteht hier, wenn die Übergangspunkte oder Phasengrenzen *unbekannt* sind und aus den Daten näherungsweise mitbestimmt werden sollen. Dieses Problem ist Gegenstand der *Mehrphasenregression* (siehe dazu SCHULZE 1987 und wegen eines praktischen Beispiels BANDEMER/BELLMANN 1991).

2.4.2   Approximation mit lokal variablen Ansätzen

Wie bereits im vorangehenden Abschnitt angedeutet, läßt sich das Konzept der globalen Approximation auch dann sinnvoll einsetzen, wenn ein mathematisches Modell der zu Grunde liegenden Situation, etwa durch fachwissenschaftliche Überlegungen, vorliegt, aber die Anpassung an die gegebenen Daten ein kompliziertes numerisches Problem darstellt, für das keine geschlossene Lösung existiert.

Typisch für diesen Problemkreis sind mathematische Modelle in der Form von *Differentialgleichungen* (Anfangs-Randwert-Aufgaben) und *Integralgleichungen*. Da die Spezifizierung dieser Gleichungen stets über einen Abstraktions- oder Idealisierungsprozeß erfolgt, ist eine *hochgenaue* Lösung der so entstehenden mathematischen Aufgaben für die praktischen Bedürfnisse sinnlos, selbst wenn die verwendeten Daten als *exakt* angenommen werden, was bekanntlich ebenfalls eine Idealisierung darstellt.

Da das Gebiet der numerischen Behandlung solcher Gleichungen ein sehr umfangreiches (siehe z.B. GROSSMANN/ROOS 1994 und HACKBUSCH 1989) ist, wollen wir uns auf eine kurze Betrachtung einfacher Anfangs-Randwert-Aufgaben beschränken, um eine moderne Methode in den Rahmen unseres Konzepts einzupassen.

Die näherungsweise Lösung solcher Aufgaben mit Ansätzen der Form

$$u(x,y) = \varphi_0(x,y) + \sum_{k=1}^{m} c_k \varphi_k(x,y) , \qquad (2.32)$$

wobei die Funktion φ_0 die inhomogenen Randbedingungen und die φ_k die homogenen Randbedingungen zu erfüllen haben (Ritzansatz), über das Einsetzen in ein Funktional und die Bestimmung von dessen stationären Punkten bezüglich der Koeffizienten c_k, ist weitgehend bekannt, läßt sich aber nur für Gebiete G anwenden, die „schön regelmäßig" sind. Daher zieht man in diesen Fällen die Methode von Galerkin vor, bei der der obige Ansatz in die Differentialgleichung eingesetzt wird und die sich ergebenden Abweichungen, die sogenannten Residuen $R(x,y)$, durch die Wahl der c_k minimiert werden sollen. Dies führt nach Wahl eines Approximationsfunktionals, das quadratisch in den Koeffizienten ist, analog zur Methode der kleinsten Quadrate zu einem

Gleichungssystem

$$\int_G R(x,y)\varphi_j(x,y)\mathrm{d}x\,\mathrm{d}y = 0; \quad j = 1,\ldots,m\,. \tag{2.33}$$

Bei sehr komplizierten Gebieten G ist die Aussicht, Funktionen φ_k zu finden, die die geforderten Bedingungen im gesamten Gebiet erfüllen, hoffnungslos. Daher hat man die *Methode der Finiten Elemente* (näheres dazu siehe z.B. bei SCHWARZ 1991a) entwickelt, mit der man für praktisch interessierende, aber recht unregelmäßige Gebiete Näherungslösungen für das Problem erhalten kann. Dazu wird zuerst das Gebiet G in sogenannte *Elemente* zerlegt. Es handelt sich dabei um verhältnismäßig kleine, bis auf die Berandung disjunkte Teilgebiete G_j, die G auschöpfen. In jedem der G_j wird die Funktion $u(x,y)$ durch einen problemgerechten, aber einfachen Ansatz approximiert. Meist werden einfache Polynome, höchsten bis zur dritten Ordnung in jeder Variablen, dafür verwendet. Um *stetige* Übergänge zwischen den Elementen zu gewährleisten, müssen die Formen der Polynome in Nachbarelementen aufeinander abgestimmt sein. Falls das nicht möglich ist, wird auch zuweilen auf die Stetigkeit des Übergangs verzichtet.

Um die Stetigkeitsforderungen praktisch in überschaubarer Weise zu erfüllen, eigenen sich die Ansätze (2.32) mit den Koeffizienten c_k *nicht*. Vielmehr ist eine *Darstellung dieser Funktionen* in den einzelnen Elementen zu suchen, in denen spezielle Werte der Funktion und eventuell auch von deren (partiellen) Ableitungen in bestimmten Punkten der Elemente, den sogenannten *Knotenpunkten*, als „freie Parameter", hier *Knotenvariable* genannt, auftreten. Die im folgenden mit $u_i^{(l)}$ und später auch mit u_k bezeichneten Koeffizienten können also *gelegentlich auch Ableitungswerte* sein. Statt der einfachen Potenzen wie im Ansatz (2.32), werden spezielle Polynome, nun als *Formfunktionen* bezeichnet, eingeführt.

Es seien zum Beispiel im l-ten Element G_l die p Knotenvariable $u_i^{(l)}$ an den Knotenpunkten $(x_i^{(l)}, y_i^{(l)})$ betrachtet, dann ergibt sich für dieses Element die Darstellung der unbekannten Funktion $u^{(l)}$

$$u^{(l)}(x,y) = \sum_{i=1}^{p} u_i^{(l)} N_i^{(l)}(x,y) \tag{2.34}$$

mit den nur über G_l erklärten Formfunktionen $N_i^{(l)}$, für die eine Art Orthogonalität gelten soll:

$$N_i^{(l)}(x_j^{(l)}, y_j^{(l)}) = \begin{cases} 1 & \text{für} \quad j = i\,, \\ 0 & \text{für} \quad j \neq i\,. \end{cases} \tag{2.35}$$

Da die Knotenpunkte sehr häufig auch auf den Rand der Elemente gelegt werden, kommen in benachbarten Elementen auch gleiche Knotenvariable vor. Dies beachtet, kann mit (2.34) ein Ansatz über das ganze Gebiet G durch Zusammenfassung und Neunumerierung erzeugt werden:

$$u(x,y) = \sum_{k=1}^{n} u_k N_k(x,y) \,. \tag{2.36}$$

Dieser Ansatz entspricht in seinem Anliegen dem Herangehen nach dem Ritz-Ansatz; nun aber sind die Koeffizienten u_k zugleich die Funktionswerte der gesuchten Funktion an den Knotenstellen, und die Ansatzfunktionen $N_k(x,y)$ haben jeweils nur einen lokalen Träger. In dem Ansatz (2.36), der die *Hauptformel* der Methode der Finiten Elemente darstellt, lassen sich die geometrischen Randbedingungen auf einfache Weise berücksichtigen, indem man die entsprechenden Knotenvariablen auf die vorgegebenen Werte setzt.

Durch Einsetzen des Gesamtansatzes in ein entsprechendes (in u_k quadratisches) Funktional und der Forderung von dessen Stationarität entsteht ein lineares Gleichungssystem für diese Funktionswerte. Damit ist das Anfangs-Randwert-Problem (näherungsweise) auf ein lineares Gleichungssystem mit sehr vielen Unbekannten zurückgeführt. Da immer nur Funktionswerte aus Nachbarelementen zusammen auftauchen, hat die Systemmatrix **S** des Gleichungssystems eine spezielle Struktur mit vielen verschwindenden Matrixelementen (schwach besetzte Matrix), die die Lösung des Systems trotz der hohen Zahl von Unbekannten ermöglicht.

Selbstverständlich kann als Optimierungsfunktional auch der Galerkinsche Ansatz der Residualminimierung benutzt werden.

Eine Darstellung des internen Lösungsweg scheint hier verzichtbar, da eine Behandlung der Probleme ohne geeignete Hard- und Software sowieso nicht praktikabel ist. Wegen weiterer Einzelheiten sei auf die Bücher von SCHWARZ 1991a und 1991b verwiesen.

Was dieses Problem für die Datenanalyse interessant macht, ist der Einfluß der Modellunschärfe. Das Anfangs-Randwert-Problem ist eine Idealisierung des praktischen Problems, so können die Koeffizienten der Differentialgleichung Materialkonstanten sein, die im konkreten Fall nur *ungenau* bekannt sind. Außerdem können Unschärfen in den Anfangs- und Randwerten auftreten, so wenn diese aus Messungen oder Beobachtungen resultieren. Beide Einflüsse werden gegenwärtig über Sensitivitätsanalysen untersucht, wobei man theoretisch die Wirkung kleiner Veränderungen betrachtet. Eine Einschätzung der Größenordnungen am konkreten Problem geschieht dabei nur sehr selten. Das Problem der Unschärfen hat jedoch große Bedeutung für die Wahl einer sinnvollen numerischen Genauigkeit für die Verfahren der Methode der Finiten Elemente. Meist tut man hier des Guten zu viel und verlangt numerische Genauigkeiten für die Rechnung, die in Anbetracht der Modell- und Eingangsunschärfe eine Lösungsgenauigkeit für das praktische Problem suggerieren, die *völlig virtuell* ist.

Eine bekannte Methode zur näherungsweisen Darstellung einer graphisch gegebenen periodischen Funktion ist ihre Entwicklung in eine FOURIERreihe. Die *Näherung* erfolgt dadurch, daß man nur die ersten Glieder der Reihe benutzt, so daß das ursprüngliche Bild der Funktion sich nicht mehr von der Rekonstruktion mit dieser endlichen Summe unterscheiden läßt. Dieses Vorgehen ist weitgehend verfeinert worden. Von der Funktion wird *keine* Periodizität mehr verlangt (die Periode ist „unendlich lang"). Für diesen Fall wurden (orthogonale) Funktionensysteme geschaffen, deren Einzelfunktionen jeweils nur auf einem endlichen und mit wachsendem Index immer kleiner werdenden Abschnitt von Null verschieden sind. Ein bereits klassisch zu nennender Vorschlag stammt von HAAS 1910. Er betrachtete die triviale Funktion

$$\psi(x) = \begin{cases} 1 & \text{für} \quad x \in [0, 1/2] \,, \\ -1 & \text{für} \quad x \in (1/2, 1] \,, \end{cases} \tag{2.37}$$

und bildet daraus

$$\psi_k^j(x) = 2^{j/2} \psi(2^j x - k) \,; \quad j, k = 0, \pm 1, \pm 2, \dots \,; \tag{2.38}$$

womit ψ_k^j genau auf dem Intervall $[2^{-j}k, 2^{-j}(k+1)]$ von Null verschieden ist. Dieses Funktionssystem bildet eine Basis für die Menge aller zweimal stetig differenzierbaren Funktionen über der x-Achse. Mit Funktionen dieser Art, aber reichhaltigeren Funktionswertangeboten, gelingt es, vorherrschende Frequenzen *und* abnorme Amplituden *gleichzeitig* recht gut zu erkennen. Solche Funktionensysteme werden *Wavelets* genannt und erfolgreich zu verschiedenen praktischen Zwecken benutzt, so z.B. zur Datenkomprimierung, bei der nur wenige Koeffizienten der Entwicklung gespeichert werden, aus denen sich die Ausgangsfunktion mit hinreichender Genauigkeit rekonstruieren läßt (siehe z.B. LOUIS/MASS/RIEDER 1994). Auch hier wird selbstverständlich davon ausgegangen, daß die Ausgangsdaten exakt und alle gefundenen Besonderheiten von gleichem Interesse sind. Weiterhin ist die reale Einschätzung der für einen gegebenen Anwendungszweck erforderlichen Genauigkeit ein noch offenes Problem. Zur Untersuchung der Eigenschaften eines Wavelets geht man gewöhnlich von *Testfunktionen* aus, die gewisse Phänomene zeigen, wie sie auch im geplanten Anwendungsgebiet auftreten können, und schließt aus den Ergebnissen für diese Testfunktionen auf die Eigenschaften des Wavelets.

Die Verwendung von Wavelets ist nur bei *umfangreichem* Datenmaterial sinnvoll, wie es z.B. bei Grautonbildern auf Pixelniveau gegeben ist.

Im Vergleich mit diesen „modernen" Methoden sind die in den folgenden Unterabschnitten betrachteten Probleme und Verfahren eher altmodisch, haben aber den Vorteil, daß sie dem Anwender durchsichtig bleiben und vielfach eine Einschätzung ihrer anzustrebenden Genauigkeit erlauben.

2.4.3 Approximation in Differential- und Integralgleichungen

Ein bekanntes Anwendungsgebiet der globalen Approximation ist die Bestimmung von interessanten Konstanten in Differential- oder Integralgleichungen. Die Informationslage in diesen Fällen geht davon aus, daß man eine *praktische* Lösung der Gleichung, graphisch oder nur in diskreten Punkten, vorliegen hat und andererseits die geschlossene oder eine als Funktionsausdruck dargestellte Näherungslösung kennt, in die die unbekannten Parameter eingegangen sind.

Nach der Wahl eines Approximationsprinzips, sinnvollerweise des gleichen wie für die Näherungslösung, werden die unbekannten Parameter durch Minimierung gemäß diesem Prinzip bestimmt. Auch hier bleibt die tatsächliche Approximationsgenauigkeit zwischen praktischem Problem, Differential- oder Integralgleichung und gegebener praktischer Lösung und damit die tatsächliche Genauigkeit der Parameterbestimmung, die wichtig für die weitere Verwendung ist, weitgehend im Dunkeln. Sie wird jedoch in praktischen Fällen eher gering sein, was in vielen Fällen Annahmen nahelegt, die Parameter als Realisierungen von Zufallsvariablen zu betrachten (siehe Abschnitt 4.1.3).

2.5 Näherungsweise Optimierung empirischer Funktionen

Wenn, als *Informationslage*, die Werte einer unbekannten Funktion nur punktweise (und dazu vielleicht nur näherungsweise) durch Messungen oder Beobachtungen, die einen Aufwand an Zeit und Geld verursachen, beschaffbar sind, jedoch die *Zielstellung* nur die Bestimmung der (ungefähren) Lage von deren Optimum verlangt, dann ist eine *explizite Darstellung* der Funktion, etwa mittels eines geeigneten Ansatzes, *nicht nötig.*

Für dieses Problem werden unterschiedliche Methoden angeboten, deren Effektivität von der Dimension des Argumentraumes und den Annahmen über die

Genauigkeit der Beobachtungsmethode zur Ermittlung des „wahren" Funktionswertes abhängen.

Bei einer hohen Dimension des Argumentraumes und gleichzeitig hoher Genauigkeit der Beobachtung bieten sich *Suchverfahren* an.

Bei der *blinden* Suche erfolgt die Auswahl der Argumentpunkte, an denen beobachtet werden soll, nach einer Gleichverteilung über dem gesamten interessierenden Gebiet G. Die Punkte werden mit einem *Zufallszahlengenerator* nach dieser Verteilung festgelegt: Jeder Suchpunkt hat die gleiche Wahrscheinlichkeit.

Bei der *gesteuerten* Suche wird die Wahrscheinlichkeitsverteilung über G nach jeder einzelnen Beobachtung modifiziert, wobei man bereits mit einer sogenannten a-priori-Verteilung über die mutmaßliche Lage des Optimums beginnt. Dieser Zugang wurde durch die Entwicklung von sogenannten *genetischen Algorithmen* zu einer subtilen Heuristik entwickelt, die den Anspruch erhebt, damit die Evolutionsstrategien der Natur nachzubilden. Diese Verfahren sind für den vorliegenden Fall recht effektiv (siehe dazu z.B. GOLDBERG 1989).

Wenn die Dimension des Argumentraumes *nicht* allzu groß ist, man aber dafür mit bemerkbaren Beobachtungsfehlern rechnen muß, dann empfiehlt sich ein anderes sequentielles Herangehen. In einem (kleinen) Startgebiet werden die zu optimierende Funktion durch eine Hyperebene angenähert und die Koeffizienten dieser Näherung durch Approximation aus den Beobachtungen bestimmt. Die Lage dieser Hyperebene liefert die ungefähre Richtung der Tangentialebene und damit die Richtung, in der sich die Funktion voraussichtlich am stärksten ändert. In dieser Richtung und in wachsender Entfernung vom Startbereich macht man solange Beobachtungen, wie noch bemerkenswerte Änderungen auf ein Minimum oder ein Maximum zu – entsprechend dem Interesse – stattfinden. Sind die Änderungen unbefriedigend klein oder in der „falschen" Richtung, dann wählt man ein neues „Basisgebiet" in der Umgebung der zuletzt beobachteten Punkte und wiederholt das Vorgehen. Kommt man dann in ein Gebiet, in dem nach keiner Seite bemerkenswerte Änderungen festgestellt werden können, nimmt man an, daß man die Umgebung eines stationären Punktes erreicht hat und approximiert dort mit einem quadratischen Ansatz, um das Optimum weiter zu lokalisieren. Dieses Verfahren wurde von BOX/WILSON 1951 vorgeschlagen und nutzt einen statistischen Hintergrund und Methoden der statistischen Versuchsplanung zur Minimierung des Beobachtungsaufwandes; weitere Hinweise dazu finden sich z.B. in BANDEMER/BELLMANN 1994.

3 Erfassung und Verwendung der Beobachtungsunschärfe

In diesem Kapitel wird die Ungenauigkeit und Vagheit der Daten (und gelegentlich auch von Komponenten des Modells) rein phänomenologisch behandelt. Die Ungenauigkeit wird als gegeben betrachtet, und man versucht, sie mathematisch zu erfassen. Dabei wird die Herkunft der Daten nicht hinterfragt, und es werden keine Annahmen über Modelle zur Erklärung und zur Erfassung des Prozesses ihrer Genese gemacht. Möglichkeiten für solche Datenmodelle werden in den folgenden Kapiteln eingeführt und behandelt, so stochastische Annahmen im Kapitel 4.

3.1 Erfassung durch Intervalle

Die mathematische Form der Erfassung und Behandlung der Datenungenauigkeit hängt wesentlich davon ab, wie groß diese Ungenauigkeiten im Verhältnis zu den betrachteten Ausgangswerten und deren Variation ausfallen. Daher wird zuerst der einfachste Fall betrachtet, daß die Ungenauigkeiten *klein* gegenüber jenen angenommen werden dürfen.

3.1.1 Einfache Fehlerfortpflanzung

Der wohl klassisch zu nennende Zugang zur Einbeziehung von Meß- oder Beobachtungsgenauigkeiten ist die Betrachtung der *Fehlerfortpflanzung*.

Hier geht man von der *Informationslage* aus, daß man die Ungenauigkeiten gewisser Argumentvariablen x_j durch die Angabe von *Intervallen* erfassen kann, in denen die „wahren" Werte mit Sicherheit enthalten sind. Die Verallgemeinerung auf mehrdimensionale abgeschlossene (konvexe) Gebiete für mehrere Argumentvariable gleichzeitig ist theoretisch sinnvoll, wird hier aber nicht behandelt.

Weiterhin nimmt man an, daß man den *funktionalen Zusammenhang*

$$y = f(x_1, \ldots, x_m) \tag{3.1}$$

genau und sicher kennt. Ein möglicher Modellfehler wird also gegenüber der Argumentungenauigkeit vernachlässigt.

Ziel der Untersuchung ist die Abschätzung der Ungenauigkeit für den Funktionswert y.

Dazu führt man zwei weitere Annahmen ein. Zum einen nimmt man an, daß die Funktion f bezüglich der Argumentwerte *differenzierbar* ist und, zum anderen, daß die Meßungenauigkeiten *klein* gegenüber den Schwankungen dieser Ableitungen sind.

Unter diesen Bedingungen kann man näherungsweise die Taylorformel verwenden, die man mit den Argumentwertintervallen Δx_j in der Form

$$\Delta y = \sum_{j=1}^{m} \frac{\partial f}{\partial x_j} \Delta x_j \tag{3.2}$$

schreibt. Dabei sind die partiellen Ableitungen $\frac{\partial f}{\partial x_j}$ jeweils als ein Mittelwert im Intervall Δx_j zu interpretieren. Hierdurch und durch die weiteren Vernachlässigungen u.a. bezüglich der Näherung von f ist das Intervall Δy ebenfalls nur eine Näherung, von der man nicht mehr sagen kann, daß es den „wahren" Wert mit Sicherheit enthält. Daher wird dieser Ansatz seinerseits auch zum Ausgangspunkt einer *stochastischen* Vorstellung über die Beobachtungsungenauigkeit genommen, die dann zum sogenannten *Fehlerfortpflanzungsgesetz* von GAUSS führt (siehe dazu Abschnitt 4.1.3). Wegen der vorausgesetzten relativen Kleinheit der Intervalle für die Variablen gibt die obige Intervallformel aber einen guten Eindruck vom Größenverhältnis der Ungenauigkeit des Funktionswertes y.

Hat die funktionale Beziehung die spezielle Form eines Exponentialproduktes

$$y = k x_1^{a_1} x_2^{a_2} \cdots x_m^{a_m} \,, \tag{3.3}$$

die in den Anwendungen häufig anzutreffen ist, dann erhält man über die sogenannte logarithmische Differentiation eine Abschätzung des *relativen* Fehlers

$$\frac{\Delta y}{y} = \sum_{j=1}^{m} a_j \frac{\Delta x_j}{x_j} \,. \tag{3.4}$$

Auch von diesem Ausdruck ausgehend erhält man eine spezielle Form des (stochastischen) Fehlerfortpflanzungsgesetzes.

3.1.2　Grundgedanken der Intervallmathematik

Die Formeln über die Fehlerfortpflanzung geben lediglich einen Eindruck von der möglichen Größenordnung der Abweichungen bei den Funktionswerten, wenn die Größenordnung der Ungenauigkeit bei den Argumenten gegeben wird. Diese Problematik läßt sich zu einer mathematischen Aufgabenstellung verschärfen:

Für die Argumentwerte x_j sind *exakte* Intervalle $x_{ju} \leq x_j \leq x_{jo}, j = 1, \ldots, n$, kurz $[x_{ju}, x_{jo}]$, gegeben; welches (möglichst kleine) Intervall schließt alle möglichen Werte einer Funktion $f : \mathbb{R}^n \to \mathbb{R}^1$ für Werte aus jenen Intervallen ein? Natürlich können statt oder neben den Argumentwerten auch Werte von Parametern als Intervalle gegeben sein, deren Einfluß auf die Funktionswerte zu erfassen ist.

Diese Aufgabenstellung verlangt also die Entwicklung und Untersuchung von Rechenmethoden für Intervalle, eine *Intervallmathematik*. Aber bereits eine *Intervallarithmetik*, d.h. die Behandlung der Grundrechnungsarten für Intervalle, zeigt einige einschneidende Abweichungen von den von der reinen Zahlenrechnung gewohnten Methoden. Es scheint vernünftig, die entsprechenden Ergebnisintervalle als Gesamtheiten aller möglichen Ergebnisse der Einzelwerte einzuführen:

$$A * B := \{a * b \mid a \in A, b \in B\} \quad \text{mit} \quad * \in \{+, -, \cdot, :\} \,. \tag{3.5}$$

Bei der Anwendung auf konkrete Intervalle $A = [a_u, a_o], B = [b_u, b_o]$

$$A + B = [a_u + b_u, a_o + b_o] \,, \tag{3.6}$$

$$A - B = [a_u - b_o, a_o - b_u] \,, \tag{3.7}$$

$$A \cdot B = \Big[\min\{a_u b_u, a_u b_o, a_o b_u, a_o b_o\} \,, \tag{3.8}$$

$$\max\{a_u b_u, a_u b_o, a_o b_u, a_o b_o\} \Big] \,,$$

$$A : B = [a_u, a_o] \cdot [1/b_o, 1/b_u]; \quad 0 \notin B \,, \tag{3.9}$$

zeigen sich bereits ungewohnte Effekte.

Für $A = [-3, 1]$ und $B = [2, 4]$ erhält man z.B.:

$$A - A = [-4, 4]; B - B = [-2, 2]; B : B = [\tfrac{1}{2}, 2] \,.$$

Die Addition und die Multiplikation sind noch kommutativ und assoziativ, d.h., man kann die Reihenfolge der Summanden oder der Faktoren ändern und beliebig Klammern setzen. Aber bereits für die gemeinsame Verwendung

von Addition und Multiplikation gibt es *kein* Distributivgesetz mehr, mit dem
man Summen ausmultiplizieren könnte. Es gilt nur noch

$$A(B + C) \subseteq A \cdot B + A \cdot C \, , \tag{3.10}$$

was z. B. für $A = [-2, 1]$ zu dem erstaunlichen Ergebnis $A^2 + A = [-4, 5]$ und
$A(A + 1) = [-4, 2]$ führt. Es ist also günstig, in arithmetischen Ausdrücken
möglichst viele Klammern zu setzen, um das Ergebnis möglichst eng zu halten.
Da die Differenz gleicher Intervallzahlen *nicht* mehr die Zahl 0 ergibt und die
Division gleicher Intervallzahlen *nicht* mehr die 1, kann man Gleichungen für
Intervalle auch *nicht* mehr durch Subtraktion oder Division beider Seiten identisch umformen.

Bei der Verwendung von Intervallmatrizen und Intervallvektoren, d.h. von
Matrizen und Vektoren, deren Elemente jeweils Intervalle sind, kann man in
gewöhnlicher Weise das Produkt bilden, um etwa ein lineares Gleichungssy-
stem darzustellen: $\mathbf{Ax} = \mathbf{b}$, wobei $\mathbf{A}$ eine Intervallmatrix passender Reihenzahl und $\mathbf{x}$ und $\mathbf{b}$ Intervallvektoren dieser Reihenzahl darstellen. Diese Form
ist dann der Ausgangspunkt zur Bestimmung von Intervallabschätzungen für
den unbekannten Intervallvektor $\mathbf{x}$, falls $\mathbf{A}$ und $\mathbf{b}$ gegeben sind. Die Verfahren
(siehe z.B. BAUCH, u.a. 1987) sind rein numerische Verfahren, mit denen stets
Obermengen für $\mathbf{x}$ bestimmt werden, *geschlossene* Lösungen können mit Hilfe
der Intervallarithmetik *nicht* angegeben werden. Dabei wird, im Interesse einer stets *sicheren* Einschließung beim (internen) Rechenverfahren, stets *nach
außen* gerundet, was durch eine passende Software zu garantieren ist.

Die Forderung, daß die Einschließung der möglichen Lösungsmenge immer die
Form von *Intervallen* haben soll, führt in vielen Fällen zu einer *Aufblähung* der
gesuchten Obermengen, die die Aussage der intervallarithmetischen Behandlung praktisch unbrauchbar machen kann. Dies wird besonders augenfällig,
wenn für die Inverse $\mathbf{A}^{-1}$ einer Matrix $\mathbf{A}$ mit intervallwertigen Elementen eine
Einschließung durch eine Matrix *diesen Typs* angegeben werden soll.

Diesem Phänomen des *Überschätzungsfehlers* versucht man dadurch zu entge-
hen, daß man auch *andere Typen* von Einschließungsmengen (z. B. Parallelepi-
pede, Kugeln) betrachtet oder daß man den interessierenden Definitionsbereich
geeignet *aufteilt* und für die Teilbereiche Einschließungen durch Intervalle, bzw.
Vektoren aus Intervallen, angibt.

Die Suche nach Methoden, um *möglichst kleine* Einschließungsmengen zu finden, d.h. solche, die möglichst nur wirklich mögliche Lösungswerte einschließen,
ist ein ständig aktuelles Forschungsgebiet der Intervallmathematik.

Der Anwendungsbereich der Intervallmathematik umfaßt die gesamte numerische Mathematik; die Nullstellenbestimmung für Funktionen wie die Lösung

von linearen oder nichtlinearen Gleichungssystemen, Interpolations- und Approximationsrechnung, lineare und nichtlineare Optimierung bis zur numerischen Behandlung von Anfangsrandwertproblemen für gewöhnliche und partielle Differentialgleichungen und natürlich von Integralgleichungen.
Aus der reichhaltigen Literatur seien die Darstellungen von MOORE 1979, ALEFELD/HERZBERGER 1974, 1983, genannt.

In realen Anwendungssituationen ergeben sich Unausgewogenheiten in mehrfacher Hinsicht. Zum einen müssen die Intervalle der Ausgangsgrößen *exakt* spezifiziert werden, was in praktischen Fällen nicht ohne eine beachtliche Willkür geschehen kann. Man empfiehlt daher die Anwendung der Intervallmathematik in der Regel auch nur, wenn die Intervalle *klein* im Verhältnis zur Variabilität der betrachteten Größen sind. Zum anderen verlangt die Intervallmathematik eine *praktisch unendlich genaue* Durchführung der gewählten Lösungsmethode, um die Veränderungen der Intervallwerte stets nach der sicheren Seite hin erfassen zu können. Das erfordert einen hohen Aufwand für die Ausführung der notwendigen Berechnungen. Dies wird jedoch durch die Entwicklung der Computertechnik zunehmend entschärft. Schließlich wird durch die *Überbetonung* bei der Erfassung und Würdigung der Ungenauigkeit in den Argumenten und Parametern ein *Sicherheitsgefühl* beim Anwender erzeugt, das durch die Einsicht über die bestimmende Rolle des *schwächsten Gliedes* in der Kette: Modell – Verfahren – Daten (siehe Abschnitt 1.1) nicht gedeckt werden kann. Das mathematische Modell des realen Sachverhalts bedarf in der Regel wesentlich mehr Idealisierungen und Vernachlässigungen als durch eine exakte Erfassung der Datenunsicherheit durch Intervalle kompensiert werden kann.

3.2 Erfassung durch unscharfe Mengen

Der zweite Weltkrieg gab der Entwicklung der System- und Steuertheorie für die Automatisierungstechnik einen ungeheuren Aufschwung. Für militärische Zwecke wurden immer umfangreichere und kompliziertere Probleme behandelt und zum Teil mit einem ungeheuren materiellen und finanziellen Aufwand gelöst. Trotzdem führten die notwendigen Abstraktionen für das mathematische Modell entweder immer weiter von den Gegebenheiten der Realität weg, oder die Lösung der erhaltenen mathematischen Probleme verlangte die Verwendung von komplizierten Näherungsverfahren, deren Verhalten in konkreten Situationen nicht immer abschätzbar war. Eine Verwendung der Verfahren für die Steuerung und Regelung, die auf diese Weise im Krieg entwickelt worden waren, auf einfache *zivile* Probleme erwies sich als recht problematisch. Aufwand und Nutzen standen meist in einem krassen Mißverhältnis, die Steuerungen waren häufig viel zu teuer, gelegentlich zu langsam, wegen ihrer relativen Kompliziertheit zu störanfällig und in der Regel einer Steuerung und Regelung durch eine menschliche Arbeitskraft unterlegen.

Mitte der sechziger Jahre war die Zeit reif für einen neuen Zugang zu dem Problemkreis. Einerseits war die mathematische Theorie durch die Entwicklung von mehrwertigen Logiken und der mathematischen Verbandtheorie in die Lage gekommen, die drängenden Forderungen der Praxis mathematisch zu formulieren und zu behandeln, andererseits war die Entwicklung der elektronischen Rechentechnik so weit gediehen, um die mathematisch formulierten Probleme für die neuen Strukturen in erträglicher Zeit zu lösen. Diese Situation wurde erstmals von ZADEH, einem amerikanischen Systemtheoretiker, 1965 erkannt, mit dessen Namen die Entwicklung seitdem eng verknüpft ist. Er stellte sich und der Mathematik zwei Aufgaben:

Das Modell für den praktischen Sachverhalt soll *so einfach wie möglich* gewählt werden, es soll eine einfache und einsichtige Lösung des Problems erlauben.

Die Ungewißheit über das Modell und die Daten sollen so modelliert werden, daß ein Computer *den semantischen Inhalt* des Problems und der Aufgabe hinreichend gut versteht.

Dies führte auf die vernünftige Maxime:

Es soll nur so genau und scharf formuliert werden, wie es dem praktischen Problem angemessen ist, sowohl was das Modell als auch was die Daten angeht. Natürlich gehören für die Steuerung auch die *Steueranweisungen* zu den Daten.

ZADEH (siehe ZADEH 1965) nannte seinen Vorschlag: *Theorie der unscharfen (fuzzy) Mengen*, wobei *fuzzy* die Bedeutung von kraus, verschwommen, unscharf hat; daß es im Englischen auch gelegentlich im pegorativen Sinne gebraucht wird, störte ZADEH nicht. Auch heute noch wird dieser Zugang von weiten Kreisen der Fachmathematiker abgelehnt, ja sogar gelegentlich mit schärfsten Mitteln bekämpft, was den Siegeszug in der Praxis jedoch bisher nicht stoppen konnte.

In diesem Abschnitten werden einige Grundideen der Theorie unscharfer Mengen vorgestellt, damit sich der Anwender selbst ein Bild machen kann. Für weitere Einzelheiten und als Quelle für weiterführende Literatur kann auf BANDEMER/GOTTWALD 1993, 1995 verwiesen werden.

3.2.1 Die Idee der unscharfen Menge

Seit etwa 100 Jahren (CANTOR 1984, 1884) ist die *Mengenlehre* als allgemeine Basis der Mathematik anerkannt. Jede mathematische Aussage läßt sich auf eine Aussage über die Zugehörigkeit von Elementen aus einer *Allmenge* zurückführen, der Menge *aller* in einem gegebenen Zusammenhang überhaupt zu berücksichtigenden Elemente. Im folgenden wird die jeweils entsprechende Allmenge als *Universum* bezeichnet. Diese Zurückführbarkeit ist natürlich eine *theoretisch* richtige Feststellung; die *tatsächliche* Zurückführung könnte sehr aufwendig und mühsam sein, in vielen Fällen *praktisch* sogar undurchführbar werden.

Die Zugehörigkeit eines Elementes u eines Universums U zu einer Teilmenge A kann durch eine passende Marke in der „Liste" der Elemente u von U angegeben werden. Ohne Beschränkung der Allgemeinheit könnte man die Marke 1 wählen und, zur Auffüllung der Listenspalte, die Marke 0 für Elemente u, die der Menge A *nicht* angehören. Die so entstehende *Funktion* nennt man bekanntlich *charakteristische Funktion* und bezeichnet sie gewöhnlich mit χ:

$$\chi_A(u) = \begin{cases} 1 \,, & \text{falls} \quad u \in A, \\ 0 \,, & \text{falls} \quad u \notin A \,. \end{cases} \tag{3.11}$$

Der *grundlegende* Gedanke ist nun die Erlaubnis für ein Element u, einer Menge A auch *graduell* anzugehören.

Es ist aus dem täglichen Leben eine vertraute Vorstellung, daß es in vieler Hinsicht kein „entweder - oder" gibt, sondern *Abstufungen* und *Grade*. Schon die Begriffspaare

> gesund - krank,
> nüchtern - betrunken,
> gebildet - ungebildet,
> schlau - dumm

machen dieses Dilemma der Mengenzuweisung in praktischen Fällen deutlich. Selbst beim Vorhandensein einer objektiven Skala, wie der Zeit oder der Temperatur, steht man vor einem ähnlichen Problem:

Ein deutscher Staatsbürger ist an seinem 18. Geburtstag morgens 0 Uhr *volljährig*, das bestimmt das Gesetz eindeutig und präzise im Interesse der Rechtssicherheit.

Wann aber ist ein bestimmter in Deutschland beheimateter Mensch *biologisch erwachsen*?

Ein Thermometer in einem bestimmten Zimmer zeigt die Temperatur von 22 Grad Celsius an. Die Ablesegenauigkeit beträgt ein halbes Grad.

Wieviel Grad Celsius sollen als Temperatur *des ganzen Zimmers*, in dem sich bekanntlich ein räumlich und zeitlich variierendes Temperaturfeld ausgebildet hat, angegeben werden und mit welcher Begründung?

Probleme dieser Art lassen sich durch die Angabe von *unscharfen* Mengen behandeln, indem man jeden möglichen exakten Wert mit einer Zahl zwischen 0 und 1 *bewertet*, die den *Akzeptanzgrad* angibt, zu dem gerade dieser Wert als *Repräsentant* der Aussage dienen kann.

So wird etwa ein bestimmter Mensch mit vierzig Lebensjahren im Normalfall sicher als „biologisch" *voll erwachsen* akzeptiert und ein bestimmtes Kind von acht Jahren im Normalfall sicher *überhaupt nicht*. Zwischen diesen beiden Zeitmarken aber wird es eine zunehmende (wenigstens nicht abnehmende) Akzeptanz für das biologische Erwachsensein geben. Das Problem ist dabei erst einmal *nicht* die Festlegung der Akzeptanzgrade für die Zwischenlebensalter, sondern die Unmöglichkeit, etwa wie bei der Volljährigkeit, einen *präzisen* Zeitpunkt anzugeben, zu dem der Übergang vom Zustand des biologisch *überhaupt nicht* Erwachsenseins zum *vollständigen* Erwachsensein erfolgt.

Vor ähnlichen Problemen steht man, wenn einem gesamten Zimmer eine präzise Temperatur zugewiesen werden soll. Man wird den Werten eines bestimmten Intervalls möglicher Temperaturen Akzeptanzgrade zuweisen müssen, zu denen man sie als Repräsentanten der Zimmertemperatur akzeptiert. Dabei ist die am Thermometer abgelesene Temperatur nur ein Anhaltspunkt, und die Ablesegenauigkeit spielt gegenüber den möglichen Schwankungen im Raum nur eine untergeordnete Rolle.

Hier sieht man einen Zusammenhang mit dem im Abschnitt 3.1.2 vorgestellten Konzept der Intervallerfassung der Unschärfe. Dem Intervall der möglichen Werte wird eine *Bewertungsfunktion* hinzugefügt, die die Akzeptanzgrade reflektiert, die sogenannte *Zugehörigkeitsfunktion* μ_A, mit der so eine *unscharfe Menge* A definiert wird. Der Typus der Menge A als *unscharfe* Menge wird im *Index* der Zugehörigkeitsfunktion im Interesse einer einfachen Darstellung *nicht* nochmals durch die Verwendung einer anderen Schriftart betont.

Eine *unscharfe Menge* A ist also durch ihre Zugehörigkeitsfunktion μ_A charakterisiert

$$\mu_A | U \rightarrow [0, 1] \, . \tag{3.12}$$

Eine gewöhnliche (*scharfe*) Menge ist dann eine spezielle unscharfe Menge, und die charakteristische Funktion χ_A ist eine spezielle Zugehörigkeitsfunktion.

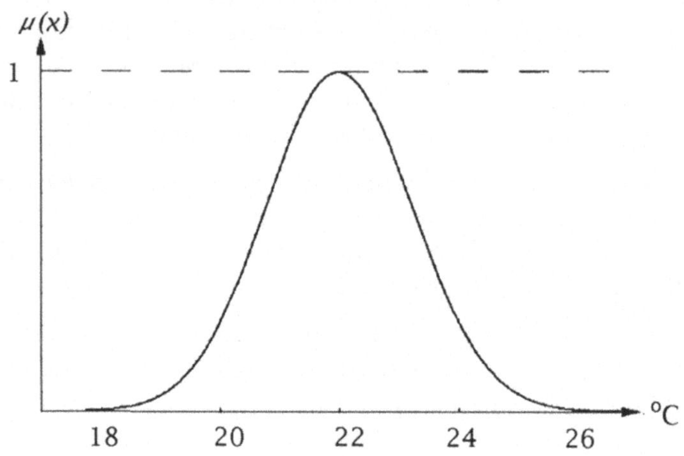

Bild 3.1 Zugehörigkeitsfunktion einer unscharfen Menge am Beispiel einer „angeneh-men" Temperatur in einem Zimmer

Es gibt noch einen weiteren engen Zusammenhang mit dem Konzept der Inter-vallmathematik, sogar mit deren Erweiterung auf beliebige Einschließungsmen-gen. Man definiert nämlich die *scharfen* Mengen A_α, auf denen die Zugehörig-keitsfunktion μ_A mindestens den Wert $\alpha(\alpha \in [0,1])$ annimmt, als α-*Schnitte* von $\mathcal{A}$. Dann erhält man mit der unendlichen Menge ineinanderliegender schar-fer Mengen $\{A_\alpha\}, \alpha \in [0,1]$ eine äquivalente Darstellung der unscharfen Menge $\mathcal{A}$. Damit hat man für jedes feste α eine Basis für eine Behandlung mit schar-fen Mengen, im Spezialfall mit Intervallen. Die *Äquivalenz* mit der Darstellung über die Zugehörigkeitsfunktion ergibt sich aus einer *Umkehrformel*

$$\mu_A(u) = \sup_{\alpha \in (0,1]} \alpha \cdot \chi_{A_\alpha}(u) \,. \tag{3.13}$$

Weitere Umkehrformeln als Alternativen findet man in der Literatur (z.B. BANDEMER/GOTTWALD 1993).

In geeigneten praktischen Fällen wird man also eine endliche (im allgemeinen kleine Zahl) von α−Schnitten wählen, für die man die gegebene Problematik behandelt, und mit der Umkehrformel das Gesamtergebnis zusammensetzen. Jedoch gibt es auch genügend Verfahrensvorschläge, die eine solche Zerlegung nicht erfordern (siehe z.B. Abschnitt 3.2.3).

Aus dem Konzept der unscharfen Mengen ergeben sich zwei grundlegende Pro-blemstellungen:

Im konkreten Fall muß für jedes $u \in U$ ein Wert $\mu_A(u)$ festgelegt werden, der den Grad der Zugehörigkeit von u zu A ausdrücken soll. Diese *Spezifizierungsproblematik* ist von zentraler Bedeutung für die Anwendungen. Ihr ist der nächste Abschnitt gewidmet.

Da der Grundbegriff der Mathematik, *die Menge*, eine neue Definition erhalten hat, muß die *gesamte Mathematik* auf diesem Begriff neu aufgebaut werden, alle in der Mathematik benutzten Begriffe müssen *neu gefaßt* werden. Diese *Strukturproblematik* ist eine Hauptaufgabe der Mathematiker; die Ergebnisse, Rechenmethoden und deren Eigenschaften, sind von zentraler Bedeutung für die Theorie wie für die Anwendungen. Auf die einfachsten Rechenregeln und deren Eigenschaften wird im Abschnitt 3.2.3 eingegangen.

3.2.2 Spezifizierung unscharfer Mengen

Bei der Einschätzung der Intervallmathematik war die Schwierigkeit hervorgehoben worden, *exakte* Grenzen derjenigen Gebiete festzulegen, in denen die möglichen Werte der betrachteten Variablen im Rahmen der Ungenauigkeit noch variieren können. Das Problem bestand darin, daß der Übergang von *im absoluten Sinne möglichen* zu *im absoluten Sinne unmöglichen* Werten *abrupt* erfolgt, so daß Werte aus beiden Kategorien *infinitesimal* benachbart sein können, was im praktischen Fall wenig einleuchtend ist.

Die Möglichkeit, die Ungenauigkeit einer Beobachtung oder Messung durch eine *unscharfe Menge* A zu erfassen, beseitigt dieses Dilemma in seinem *wesentlichen* Inhalt. Die Spezifizierung der Zugehörigkeitsfunktion μ_A kann natürlich ebenfalls nicht ohne Willkür erfolgen. Jedoch werden nun die Möglichkeiten des Auftretens von verschieden großen Abweichungen gewichtet, und es wird die Möglichkeit zur Festlegung eines *allmählichen* Übergangs gegeben. Die Spezifierung von μ_A erfolgt in praktischen Fällen *subjektiv* durch den mit dem praktischen Problem vertrauten Spezialisten. Es gehen also dessen Kenntnisse über den Sachverhalt und die Spezifik des Meß- oder Beobachtungsprozesses ein, möglicherweise nur unbewußt. Andererseits ist eine, von mathematischen Theoretikern immer wieder angemahnte, *exakt* und *eindeutig* aus dem praktischen Problem gewonnene Festlegung weder *praktisch möglich* noch *praktisch sinnvoll.* Es handelt sich ja um die Erfassung, die mathematische Modellierung, eigentlich jedoch nur um eine *Abschätzung* von *Ungenauigkeit, Unsicherheit und Vagheit* im konkreten Problem. Hier eine genaue und eindeutige Festlegung aus dem praktischen Sachverhalt zu fordern, kann nur als eine weltfremde Zumutung empfunden werden, angesichts des gewöhnlichen Vorgehens zur Spezifizierung eines Anfangsrandwertproblems, einer Aufgabe der mathematischen

Optimierung oder einer Verteilungsfunktion für ein Anwendungsproblem der Stochastik. Dort sind, im Interesse der mathematischen Behandelbarkeit, Vernachlässigungen und Idealisierungen so üblich, daß sie in der Regel gar nicht mehr als solche empfunden werden.

Es genügt also, wenn sich die Problemsteller, Bearbeiter und Nutzer, die die unscharfen Mengen aus dem konkreten Sachverhalt spezifizieren und die Ergebnisse der mathematischen Behandlung mit unscharfen Mengen im praktischen Sachverhalt deuten und verwenden, über die (ungefähre) Form der Zugehörigkeitsfunktionen einig sind. Bedeutungsvoll ist vor allem eine *lokale Monotonie*: man muß sich einig werden, in welchen Gebieten die Zugehörigkeitswerte größer sein sollen als in anderen und ob die Zugehörigkeitswerte in gewissen Richtungen fallen oder steigen sollen. Zur mathematischen Darstellung wird man *einfache* Funktionstypen wählen, die diese Vorgaben hinreichend gut erfüllen. Skrupel und Spitzfindigkeiten sind bei der Festlegung einer Zugehörigkeitsfunktion also nicht hilfreich. Die bei dieser Festlegung verwendeten individuellen „Regeln" spiegeln sich in der mathematischen Form der unscharfen Ergebnisse wider und dienen der adäquaten Deutung und Verwendung nach analogen „Regeln", bleiben also *interner* Teil der mathematischen Behandlung. Ihr Einfluß auf die praktischen Schlußfolgerungen ist bei sachkundiger Arbeit stets vernachlässigbar.

Für einige typische mathematische Objekte sollen nun die unscharfen Verallgemeinerungen betrachtet werden.

Zur Vereinfachung der Darstellung und der Festlegung dient die Einführung des *Trägers* einer unscharfen Menge $\mathcal{A}$. Es ist diejenige Teilmenge des Universums, in dem die Zugehörigkeit zu $\mathcal{A}$ *positiv* ist, und sie wird mit der Abkürzung $\mathrm{supp}(\mathcal{A})$ (englisch: support = Träger) bezeichnet

$$\mathrm{supp}\,(\mathcal{A}) = \{u \in U : \mu_A(u) > 0\} \,. \tag{3.14}$$

Der Träger enthält also alle Elemente, die für die Menge $\mathcal{A}$ überhaupt interessieren und für die die Zugehörigkeit festgelegt werden muß.

Andererseits ist die Teilmenge von Elementen, die voll und ganz zu $\mathcal{A}$ gehören, d.h. für die $\mu_A(u) = 1$ ist, bedeutungsvoll. Man nennt sie den *Kern*: $\mathrm{core}(\mathcal{A})$ (englisch: core = Kern)

$$\mathrm{core}\,(\mathcal{A}) = \{u \in U : \mu_A(u) = 1\} \,. \tag{3.15}$$

Eine *unscharfe Zahl* ist gewöhnlich auf der reellen Zahlenachse als ihrem Universum erklärt. Handelt es sich speziell um mögliche *Anzahlen* als Elemente der Menge (Personen, Objekte, o.ä.), dann ist als Universum die Menge der natürlichen Zahlen zu wählen.

Eine *unscharfe* Zahl soll die Vorstellung von „ungefähr" mathematisch erfassen. Daher soll die entsprechende unscharfe Menge *eine einzige* Zahl als Kern enthalten (z.B. ungefähr 10). Weiterhin hat man den Träger der unscharfen Zahl festzulegen, d.h. die Menge aller Zahlen, die zu irgendeinem positiven Grad noch als die Zahl im Kern akzeptiert werden sollen. Diese Festlegung hängt eng mit dem konkreten praktischen Problem zusammen und muß von diesem ausgehen. Es ist vernünftig, daß der Akzeptanzgrad der Zahlen im Träger mit wachsender Entfernung von der Zahl im Kern (monoton) abnimmt. Auch die Geschwindigkeit der Abnahme hängt vom konkreten Sachverhalt ab. In der Regel wählt man einen geeigneten Funktionstyp, der diese Geschwindigkeit beschreibt und noch Parameter zur individuellen Anpassung enthält. Für die unscharfe Zahl „$\mathcal{A}$ = ungefähr 10" auf der reellen Achse kämen dann beispielsweise in Frage

$$\mu_A(x) \;=\; \exp\left\{ -\frac{(x-10)^2}{a} \right\}; \quad a > 0 \tag{3.16}$$

oder

$$\mu_A(x) \;=\; \max\{0,\, 1 - b(x-10)^2\}; \quad b > 0 \,. \tag{3.17}$$

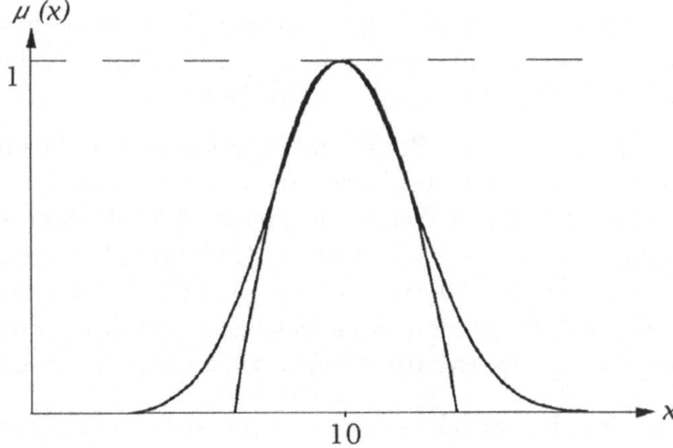

Bild 3.2 Darstellung der beiden Kurven gemäß (3.16) und (3.17) mit vergleichbaren Parametern

Dabei zeigt es sich, daß recht unterschiedliche Funktionstypen durch geeignete Parameterwahl zu praktisch kaum unterscheidbaren Spezifikationen führen können. Dies erlaubt in vielen Fällen, für die verschiedenen in einem Problem auftretenden unscharfen Mengen einen einheitlichen Kurventyp auszuwählen, was die praktische Durchführung der Berechnungen wesentlich erleichtert. Dies wird besonders beim Rechnen mit unscharfen Zahlen ausgenutzt (siehe Abschnitt 3.2.4).

Wenn die unscharfe Zahl nur auf den natürlichen Zahlen festzulegen ist, dann braucht man nur für die, in der Regel sehr wenigen in Frage kommenden, natürlichen Zahlen des Trägers Zugehörigkeitswerte zu bestimmen; natürlich bleibt $\mu_A(10) = 1$, und die Zugehörigkeit muß wieder nach beiden Seiten (monoton) abnehmen.

In analoger Weise wird man ein *unscharfes Intervall* spezifizieren, indem der Kern nun ein (scharfes) Intervall ist, von dem aus die Zugehörigkeit nach beiden Seiten (monoton) abnimmt.

Auch die analoge Spezifizierung eines *unscharfen Punktes* ist einsichtig. Von einem scharfen Punkt als Kern aus muß die Zugehörigkeitsfunktion nach allen Seiten (monoton) abnehmen. Auch hier bieten sich geometrische Gebilde an, wie z.B. Pyramiden und Ellipsoide. Zur Konstruktion über *unscharfe Vektoren*, einer häufigen Praxis, bedarf es noch der Einführung von Verknüpfungsregeln für unscharfe Mengen, die im nächsten Abchnitt erfolgt.

Ganz analog kommt man zur Festlegung *unscharfer Gebiete*, indem man als Kern ein Gebiet im herkömmlichen Sinne wählt, von dem aus die Zugehörigkeitsfunktion nach allen Seiten (monoton) abnimmt.

Für zweidimensionale unscharfe Punkte und Gebiete gibt es eine nützliche Visualisierung. Deutet man die Zugehörigkeitswerte als *Grautöne*, den Wert 1 als „tiefstes" Schwarz und den Wert 0 als „hellstes" Weiß, dann erscheint ein unscharfer Punkt oder ein unscharfes Gebiet als Grautonfleck. Dies ermöglicht nicht nur eine lebhafte Vorstellung von der „Unschärfe" der Spezifizierung, sondern auch die später genutzte Möglichkeit, umgekehrt Grautonbilder in passenden Situationen als unscharfe Mengen zu deuten und zu behandeln.

Jedoch nicht nur mathematische Objekte lassen sich „verunschärfen". Es ist auch möglich, *verbale Aussagen* durch unscharfe Mengen zu erfassen. Dies wird sogar als eine besondere Errungenschaft des neuen Zugangs betrachtet, die wesentlich über die Möglichkeiten einer „erweiterten" Intervallmathematik hinausgeht.

Nicht alle angewandten Wissenschaftszweige bedienen sich einer *quantitativen* mathematisch orientierten Beschreibung der von ihnen betrachteten und behandelten Prozesse und Sachverhalte, wie z. B. die Medizin und die Psychologie. Aber selbst in der Technik werden Prozesse und Handlungsabläufe *verbal* beschrieben, um z. B. Arbeitsanweisungen für Anlagenfahrer zu entwickeln. Die Darstellung ist, je nach dem Adressatenkreis, umgangssprachlich oder in einer speziellen Fachsprache verfaßt, die von den Empfängern in ihrem Sinngehalt verstanden werden soll und im allgemeinen auch wird. Als Beispiele aus dem täglichen Leben denke man etwa an die in jedem Fahrschullehrbuch zu findenden Beschreibungen des Einordnens eines PKW in eine Parklücke parallel zur Fahrbahn oder an die Angaben bei Kochrezepten. Auf der Ebene der Wissenschaft sind es die Beschreibungen von Krankheitsbildern, die Einschätzung wissenschaftlicher Resultate oder auch nur der Qualität von Schweißnähten oder die Hinweise zu energiesparender Fahrweise von Zügen, die Beispiele für solche verbalen Formulierungen liefern.

In fast allen solchen Fällen werden die wesentlichen Daten wie Anweisungen, Merkmale, charakteristische Werte usw. *unscharf* angegeben. Die Theorie der unscharfen Mengen ist also in der Lage, solche *qualitativen* Beschreibungen einer mathematischen Modellierung zuzuführen, so daß sie von einem Computer sinngerecht „verarbeitet" werden können. Dazu ist, in jedem Einzelfall, natürlich für jede vorkommende Variable (d.h. eine Größe, die in einer gegebenen Situation einen Wert aus einer gegebenen Menge möglicher Werte annehmen kann) festzulegen, welches ihre, natürlich *unscharfen*, Werte sein dürfen und von welchem Grundbereich, dem zugehörigen *Universum*, dies unscharfe Teilmengen sein sollen.

Hinzu kommt, daß solche (unscharfen) Werte *unscharfer Variabler benannt* werden müssen, will man mit ihnen brauchbar operieren können. Anders als bei Zahlendarstellungen gibt es keine allgemein üblichen Benennungen unscharfer Mengen. Vom Bezug zu qualitativen Beschreibungen von Prozessen und Sachverhalten her liegt es nahe, die Werte solcher unscharfer Variablen unmittelbar mit umgangs- oder fachsprachlich üblichen *Worten* zu benennen, wobei allerdings genau zu klären ist, *welche* Worte zur Benennung der unscharfen Werte zugelassen sind und *welche* unscharfen Mengen den Wertevorrat einer solchen unscharfen Variablen bilden sollen.

Die Entscheidung, die Benennung der Werte mit sprachlich üblichen Worten vorzunehmen, hat schon ZADEH 1975 bei der Einführung des Konzepts veranlaßt, diese als *linguistische Variable* zu bezeichnen. Allerdings vermag diese Benennung der unscharfen Variablen zu täuschen: daß die Werte einer solchen Variablen mit sprachlich üblichen Worten benannt werden, ist für den Charakter dieser Variablen ebenso unwesentlich, wie es für den Charakter einer üblichen reellen Variablen unwesentlich ist, ob deren Werte, also reelle Zahlen, im Dezimalsystem oder im Dualsystem benannt werden.

Das Konzept der *linguistischen Variablen* gewinnt seine Attraktivität aus der Tatsache, daß mit ihrer Hilfe relativ leicht Grobmodelle von technischen Prozessen und anderen Sachverhalten hauptsächlich aus vorliegenden qualitativen Informationen gebildet werden können. *Hauptproblem* ist dabei die Spezifizierung der unscharfen Mengen, d.h. die Festlegung der Zugehörigkeitsfunktionen, für die einzelnen unscharfen Werte der Variablen. Eine theoretische Lösung dieses Problems gibt es bisher nicht, sie ist auch wohl nicht so bald, wenn überhaupt, zu erwarten. Jedoch gilt auch hier die bereits bei der Spezifizierung unscharfer Zahlen und Punkte gemachte Bemerkung, daß eine zu akribische Betrachtung des Problems sinnlos und wenig hilfreich ist.

Das schon „klassisch" zu nennende Beispiel ist die linguistische Variable ALTER, die im Kontext medizinischer oder psychologischer Sachverhalte, aber auch zur Kennzeichnung von Verschleißzuständen in der Technik, eine Rolle spielt. Ihre Werte mögen, nach einer eventuell angemessenen Maßstabsänderung, unscharfe Teilmengen des reellen Intervalls $[0, 100]$ sein. Dann könnte man z.B. von drei Werten ausgehen: **jung, von mittlerem Alter, alt**. Die Festlegung der entsprechenden Zugehörigkeitsfunktionen μ_{jung} , $\mu_{von\,mittlerem\,Alter}$, μ_{alt} hängt wesentlich vom Kontext ab. Man vergleiche etwa die eigenen Vorstellungen vom Alter eines „alten Leistungssportlers" mit denen eines „alten Kardinals" oder denen von einem „alten Auto". Die Vorgehensweise ist analog zu der bei den unscharfen Zahlen genannten: man legt fest, welche Werte der Skala überhaupt für den speziellen Wert der linguistischen Variablen in Frage kommen (d.h. also den Träger) und bestimmt dann den Kern der unscharfen Menge, d.h. die Werte, die man mit fester Überzeugung und absolut als „Vollmitglieder" der Menge haben möchte.

Wird die Anzahl der möglichen unscharfen Werte für die Variable als zu grob empfunden, so bietet die Theorie unscharfer Mengen die Möglichkeit, durch *Modifikationsregeln* (Einführung von Modifikationen wie „sehr", „mehr oder weniger", u.ä.), die die Zugehörigkeitsfunktionen systematisch ändern, den üblichen *Verknüpfungsregeln* („nicht", „und", „oder"), die durch Komplementbildung, Durchschnitt und Vereinigung der entsprechenden unscharfen Mengen realisiert werden, und schließlich durch *quantitative und qualitative Bewertungen* der Werte („immer", „häufig", „selten", „nie", bzw. „wahr", „nicht sehr wahr", „ziemlich falsch", „absolut falsch" oder „möglich", „recht möglich", „kaum möglich", „unmöglich") die ursprünglich gewählte Umgangs- oder Fachsprache in die „Sprache" der unscharfen Mengen zu übersetzen.

Als Beispiel sei die Festlegung von Werten der unscharfen Variablen LÖSLICH-
KEIT genannt, wie sie in einem speziellen Problem aus der Chemie benutzt
wurden.

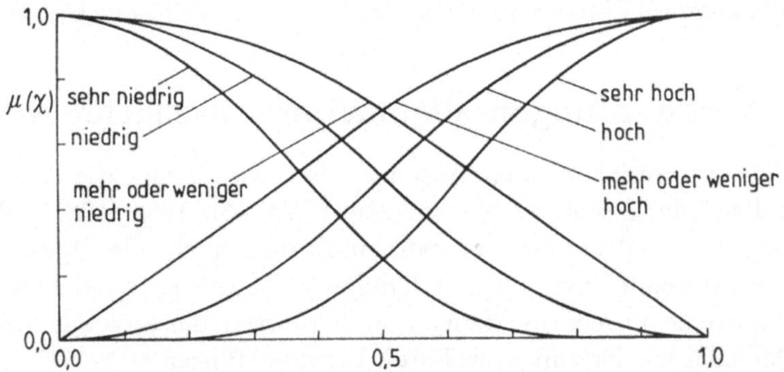

Bild 3.3 Zugehörigkeitsfunktion für die linguistische Variable: Löslichkeit in Wasser,
aus OTTO/BANDEMER 1988a

Schließlich sei noch ein Fall erwähnt, in dem die physikalischen Meßgrößen
selbst die Zugehörigkeitsfunktionen für die Werte der entsprechenden linguistischen Variablen liefern.

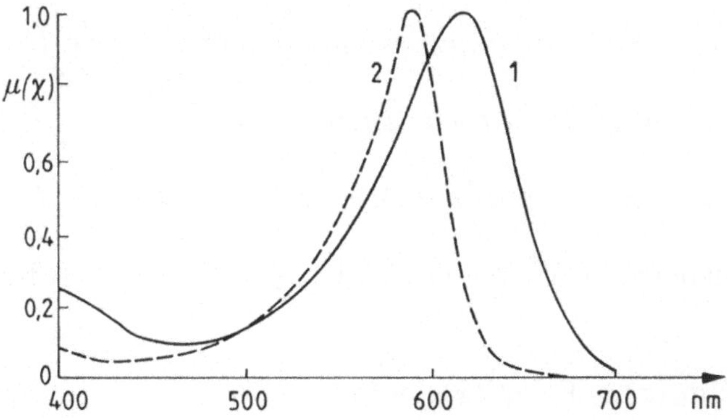

Bild 3.4 Zugehörigkeitsfunktionen der Farbe zweier Substanzen aus dem sichtba-
ren Spektrum der Wellenlängen zwischen 400 und 700 nm (auf die Höhe 1 normiert): 1 - Bromoscresol (grün); 2 - Bromophenol (blau) (Bild entnommen aus OT-
TO/BANDEMER 1988a)

So wurde, ebenfalls in einem chemometrischen Kontext, die Variable FARBE in ihren verbal beschriebenen Nuancen, u.a. **hellgelb, gelb, dunkelgelb, orange, ziegelrot, karmesinrot** durch ihre auf die Höhe 1 normierten Intensitäten über der Wellenlänge als Universum dargestellt. Bild 3.4 zeigt ein Beispiel.

3.2.3 Verknüpfungen allgemeiner unscharfer Mengen

Wie bereits im vorangehenden Abschnitt bemerkt, bildet der Mengenbegriff die Grundlage der gesamten Mathematik (CANTOR 1984, 1884). Wenn man diesen Begriff erweitert und neu faßt, muß man auch alle Operationen mit Mengen neu durchdenken und neu definieren. Da die gewöhnlichen (scharfen) Mengen spezielle unscharfe Mengen sind, müssen diese Neudefinitionen für scharfe Mengen wieder zum gewohnten Ergebnis führen.

Die einfachsten Verknüpfungen von Mengen sind die Bildung der Vereinigung und des Durchschnitts zweier Mengen und die Bildung des Komplements einer Menge (der Elemente, die ihr *nicht* angehören). Dabei soll die Bildung *element- weise* erfolgen, d.h., die Zugehörigkeit eines Elementes zur Vereinigung, zum Durchschnitt und zum Komplement soll *nur* von dessen Zugehörigkeit zu den Ausgangsmengen abhängen. Stellt man einige weitere vernünftige Forderungen bezüglich der Eigenschaften auf, dann erhält man die *folgenden Vorschläge*, die bereits von ZADEH 1965 vorgelegt wurden. Für die *Vereinigung* $\mathcal{A} \cup \mathcal{B}$ unschar- fer Mengen $\mathcal{A}, \mathcal{B}$ ist dies die Definition

$$\mathcal{C} = \mathcal{A} \cup \mathcal{B} : \mu_C(x) = \max\{\mu_A(x), \mu_B(x)\} \quad \text{für alle} \quad x \in U , \qquad (3.18)$$

für den *Durchschnitt* $\mathcal{A} \cap \mathcal{B}$ der unscharfen Mengen

$$\mathcal{D} = \mathcal{A} \cap \mathcal{B} : \mu_D(x) = \min\{\mu_A(x), \mu_B(x)\} \quad \text{für alle} \quad x \in U \qquad (3.19)$$

und für das *Komplement* A^c einer unscharfen Menge (bezüglich des Universums U)

$$\mathcal{K} = \mathcal{A}^c : \mu_K(x) = 1 - \mu_A(x) \quad \text{für alle} \quad x \in U . \qquad (3.20)$$

Für scharfe Mengen ergeben sich die gewohnten Ergebnisse. Betrachtet man die α–Schnitte, so erhält man für sie als scharfe Mengen speziell die üblichen Bildungen, z.B.

$$(A \cup B)_\alpha = A_\alpha \cup B_\alpha . \qquad (3.21)$$

Ohne Schwierigkeiten kann man für die obigen Definitionen eine Reihe einfacher Rechengesetze zeigen:

$$\mathcal{A} \cup \mathcal{B} = \mathcal{B} \cup \mathcal{A}, \tag{3.22}$$

$$\mathcal{A} \cup (\mathcal{B} \cup \mathcal{C}) = (\mathcal{A} \cup \mathcal{B}) \cup \mathcal{C}, \tag{3.23}$$

$$\mathcal{A} \cup \mathcal{A} = \mathcal{A}. \tag{3.24}$$

Diese Gesetze gelten auch für die Durchschnittsbildung.

Eine Verbindung zwischen Vereinigung und Durchschnitt geben die *deMorganschen Gesetze*:

$$(\mathcal{A} \cap \mathcal{B})^c = \mathcal{A}^c \cup \mathcal{B}^c, \tag{3.25}$$

$$(\mathcal{A} \cup \mathcal{B})^c = \mathcal{A}^c \cap \mathcal{B}^c. \tag{3.26}$$

Definiert man das *Enthaltensein* einer unscharfen Menge $\mathcal{A}$ in einer anderen unscharfen Menge $\mathcal{B}$ durch

$$\mathcal{A} \subseteq \mathcal{B} : \mu_A(x) \le \mu_B(x) \quad \text{für alle} \quad x \in U, \tag{3.27}$$

was auch für scharfe Mengen richtig ist, dann gilt

$$\mathcal{A} \subseteq \mathcal{B} \Rightarrow \mathcal{A} \cup \mathcal{C} \subseteq \mathcal{B} \cup \mathcal{C}, \tag{3.28}$$

und für den Durchschnitt erhält man eine analoge Aussage.

Für die Verknüpfung von zwei scharfen Mengen A, B über unterschiedlichen Universen X, Y kennt man das *kartesische Produkt*, das alle möglichen Paare von Elementen (x, y) mit $x \in A$ und $y \in B$ enthält. Ihm entspricht nun ein *unscharfes kartesisches Produkt*, dessen Zugehörigkeitsfunktion als

$$\mathcal{C} = \mathcal{A} \otimes \mathcal{B} : \mu_C(x, y) = \min\{\mu_A(x), \mu_B(y)\} \tag{3.29}$$

definiert ist. Auch hier kann man wieder eine Reihe von einfachen Rechengesetzen zeigen (vgl. z.B. BANDEMER/GOTTWALD 1993).

So einfach und natürlich die soeben vorgestellten Verallgemeinerungen der Vereinigung und des Durchschnitts für unscharfen Mengen auch sind, so hat man dafür auch andere Möglichkeiten. Allerdings gehen dann einige gewohnte und angenehme Eigenschaften verloren, was aber für die Anwendung gelegentlich ohne Belang sein kann. Eine dieser Möglichkeiten ist die als Vereinigung verwendbare *algebraische Summe*

$$\mathcal{C} = \mathcal{A} + \mathcal{B} : \mu_C(x) = \mu_A(x) + \mu_B(x) - \mu_A(x) \cdot \mu_B(x) \tag{3.30}$$

und das als Durchschnitt verwendbare *algebraische Produkt*

$$\mathcal{D} = \mathcal{A} \bullet \mathcal{B} : \mu_D(x) = \mu_A(x) \cdot \mu_B(x) \,, \tag{3.31}$$

jeweils für alle $x \in U$.

Zu den erstaunlichen Defiziten dieser Definition gehört es, daß der Durchschnitt einer *echt* unscharfen Menge $\mathcal{A}$ mit sich selbst *nicht* wieder die Menge selbst ergibt, sondern eine kleinere Menge, die in $\mathcal{A}$ enthalten ist. Dies sieht man unmittelbar aus der Formel (3.31), wenn man bedenkt, daß einige Zugehörigkeitwerte *echt* kleiner als 1 sind und daher bei der Produktbildung kleiner werden.

Im Laufe der letzten Jahre sind ganze Klassen sogenannter t-Normen und dazu jeweils passender t-Conormen für die Durchschnitts- und Vereinigungsbildung vorgeschlagen und untersucht worden, die sich in ihren mengenalgebraischen Eigenschaften unterscheiden. Mit ihnen kann man versuchen, Verknüpfungen für praktische Sachverhalte zu modellieren, die sachlich von den gewöhnlichen Bildungen abweichen, z.B. Zusammenfassungen von Einschätzungen der Kreditwürdigkeit von Bankkunden nach unterschiedlichen Sicherheiten (Bürgschaft, Vermögen, persönliche Eigenschaften, Attraktivität des Projekts). Darüber hinaus kennt man auch sogenannte *kompensatorische* Verknüpfungen, die zwischen Durchschnitt und Vereinigung liegen oder, noch allgemeiner, zwischen den Zugehörigkeiten der beteiligten Mengen in gewünschter Weise ausgleichend wirken (siehe dazu z.B. ZIMMERMANN 1991).

3.2.4 Verknüpfungen über Funktionen und von Zahlen

Außer der Verallgemeinerung von Vereinigung und Durchschnitt unscharfer Mengen braucht man in den Anwendungen jedoch auch noch Verknüpfungen anderer Art. So sei eine gewöhnliche (scharfe) Funktion f (mehrerer) Variabler gegeben

$$f \mid X \times Y \to Z \,. \tag{3.32}$$

Was soll nun passieren, wenn die Werte der Variablen x und y *nur unscharf*, also als *unscharfe Mengen* $\mathcal{A}$ über X und $\mathcal{B}$ über Y gegeben sind. Dies entspricht dem praktischen Sachverhalt, daß x und y nur „ungefähr" bekannt sind oder gegeben werden können. Erwartet wird, daß auch der zugehörige Funktionswert $\mathcal{C}$ über Z unscharf angegeben werden kann. Wie soll er jedoch berechnet werden? Theoretische Überlegungen aus der Logik und der Theorie der Relationen führen auf den folgenden Vorschlag von ZADEH 1975:

$$\mu_C(z) = \sup_{x,y:z=f(x,y)} \min\{\mu_A(x), \mu_B(y)\} \quad \text{für alle} \quad z \in Z \,, \tag{3.33}$$

was man kurz und symbolisch auch $\mathcal{C} = f(\mathcal{A}, \mathcal{B})$ schreibt. Diese Regel kann offensichtlich auf mehr als zwei Argumente verallgemeinert werden und wird allgemein als *Erweiterungsprinzip* bezeichnet.

Für Spezialfälle läßt sich dieses Prinzip numerisch wesentlich vereinfachen. Dazu seien nun wieder *unscharfe Zahlen* betrachtet, die gewöhnlich als Argumentwerte von Funktionen auftauchen. Bekanntlich hat eine unscharfe Zahl genau *einen* Kernwert, und die Zugehörigkeitswerte nehmen von diesem Wert aus nach beiden Seiten ab (oder bleiben wenigstens konstant). Außerdem soll die unscharfe Menge *konvex* sein, d.h., jeder α–Schnitt soll ein einziges Intervall sein.

Für solche unscharfe Zahlen werden nun die *Grundrechnungsarten* betrachtet. Für die Funktion f im Erweiterungsprinzip ergibt sich für die *Summe* $f(\mathcal{A}, \mathcal{B}) = \mathcal{A} \oplus \mathcal{B} = \mathcal{S}$

$$\mu_S(z) = \sup_x \min\{\mu_A(x), \mu_B(z - x)\} \, , \tag{3.34}$$

für die *Differenz* $\mathcal{A} \ominus \mathcal{B} = \mathcal{D}$ entsprechend

$$\mu_D(z) = \sup_x \min\{\mu_A(x), \mu_B(x - z)\} \, , \tag{3.35}$$

wobei die Bedingung $z = f(x, y)$ nach y aufgelöst und eingesetzt wurde. Ebenso erhält man für das *Produkt* $\mathcal{A} \odot \mathcal{B} = \mathcal{P}$

$$\mu_P(z) = \sup_{x,y:z=xy} \min\{\mu_A(x), \mu_B(y)\} \, , \tag{3.36}$$

wobei in allen drei Fällen selbstverständlich $z \in Z$ zu ergänzen ist. Diese Festlegungen ergeben als Resultate stets unscharfe Zahlen, wenn $\mathcal{A}$ und $\mathcal{B}$ unscharfe Zahlen sind. Diese Formeln können auch für *unscharfe Intervalle* verallgemeinert werden, in denen statt des scharfen einzigen Kernwertes jeweils ein scharfes Intervall als Kern auftaucht. Auch hier erhält man aus unscharfen Intervallen wieder unscharfe Intervalle.

Auch das *Negative* $\mathcal{N}$ einer Zahl oder eines Intervalls erklärt man entsprechend über

$$\mu_N(x) = \mu_A(-x) \quad \text{für alle} \quad x \in X \, . \tag{3.37}$$

Vorsicht ist jedoch geboten bei der Definition des Quotienten, denn die Division durch 0 muß bekanntlich ausgeschlossen werden. Man erklärt zunächst im Fall $0 \notin \text{supp}(\mathcal{B})$ den *Kehrwert* $\mathcal{K} := \mathcal{B}^{-1}$ durch

$$\mu_K(z) = \begin{cases} \mu_B(1/z) & \text{für} \quad \text{alle} \quad z \quad \text{mit} \quad 1/z \in \text{supp}(\mathcal{B}) \\ 0 & \text{für} \quad \text{alle übrigen} \quad z \end{cases} \tag{3.38}$$

und damit wieder unter der Voraussetzung $0 \notin \mathrm{supp}(\mathcal{B})$ den *Quotienten* $\mathcal{Q} :=$ $\mathcal{A} \oslash \mathcal{B}$ als $\mathcal{Q} = \mathcal{A} \odot \mathcal{B}^{-1}$ mit der Zugehörigkeitsfunktion

$$\mu_Q(z) = \sup_{x,y:z=x/y} \min\{\mu_A(x), \mu_B(y)\} \, . \tag{3.39}$$

Die Rechenoperationen für unscharfe Zahlen und Intervalle umfassen die gewöhnlichen Rechenoperationen der *Intervallarithmetik*. Viele der für die Grundrechenarten bei *reellen Zahlen* bekannten Rechengesetze übertragen sich auf die oben eingeführten Rechenoperationen, jedoch *nicht alle.* Es gelten für die Addition und Multiplikation wieder das Kommutativ- und das Assoziativgesetz, es darf also ausgeklammert werden, und die Operanden können vertauscht werden. Das *Distributivgesetz* gilt jedoch *nicht in jedem Falle*; z.B. wenn aber sowohl $0 \notin \mathrm{supp}\,(\mathcal{A})$ als auch $0 < \mathrm{supp}\,(\mathcal{B} \odot \mathcal{C})$ (also diese Menge völlig im Positiven liegt), dann gilt in gewohnter Weise

$$\mathcal{A} \odot (\mathcal{B} \oplus \mathcal{C}) = (\mathcal{A} \odot \mathcal{B}) \oplus (\mathcal{A} \odot \mathcal{C}) \, . \tag{3.40}$$

Im allgemeinen hat man lediglich die an Stelle einer Ungleichung tretende Einschließungsaussage

$$\mathcal{A} \odot (\mathcal{B} \oplus \mathcal{C}) \subseteq (\mathcal{A} \odot \mathcal{B}) \oplus (\mathcal{A} \odot \mathcal{C}) \, . \tag{3.41}$$

Zu beachten ist noch, daß $-\mathcal{A}$ zu $\mathcal{A}$ addiert nicht mehr die (scharfe) Null liefert; damit sind die beiden Gleichungen $\mathcal{A} \oplus \mathcal{C} = \mathcal{B}$ und $\mathcal{B} \oplus \mathcal{D} = \mathcal{A}$ *nicht* mehr gleichwertig (man erwartet $\mathcal{C} = -\mathcal{D}$), sondern die eine Gleichung kann eine Lösung $\mathcal{C}$ haben, während es für die andere keine unscharfe Zahl $\mathcal{D}$ geben muß, die sie erfüllt (wegen eines numerischen Beispiels siehe BANDEMER/GOTTWALD 1993).

Dieses Phänomen taucht bereits in der Intervallarithmetik auf. Überhaupt erlaubt die Zerlegung der Rechenaufgabe in die Betrachtung der entsprechenden α–Schnitte die Benutzung der Arithmetik für scharfe Intervalle, jedoch werden im folgenden komfortablere Methoden für die Arithmetik unscharfer Menge vorgestellt.

Da die Festlegung der Zugehörigkeitsfunktionen im Detail nur mit einer gewissen Willkür erfolgen kann, wie im Abschnitt 3.2.1 begründet wurde, bedeutet es *praktisch* kaum eine Einschränkung, wenn man sich bei den im konkreten Fall zu behandelnden unscharfen Zahlen auf bestimmte *Kurventypen* beschränkt. Speziell heißt das, daß man *Hilfsfunktionen* wählt, sogenannte *Referenzfunktionen L, R*, die bei 0 den Wert 1 haben und für positive Argumente monoton fallen. Dann kann man mit den Parametern m für den Kernwert und zwei positiven Skalenparameter q, p die Teilfunktionen

$$
\begin{aligned}
\mu_A^l(x) &= L((m-x)/p) \quad \text{für alle} \quad x \le m \; ; \\
\mu_A^r(x) &= R((x-m)/q) \quad \text{für alle} \quad x \ge m
\end{aligned}
\tag{3.42}
$$

einführen, die zusammen, als linker und als rechter Zweig die Zugehörigkeits-funktion der unscharfen Zahl $\mathcal{A}$ bilden.

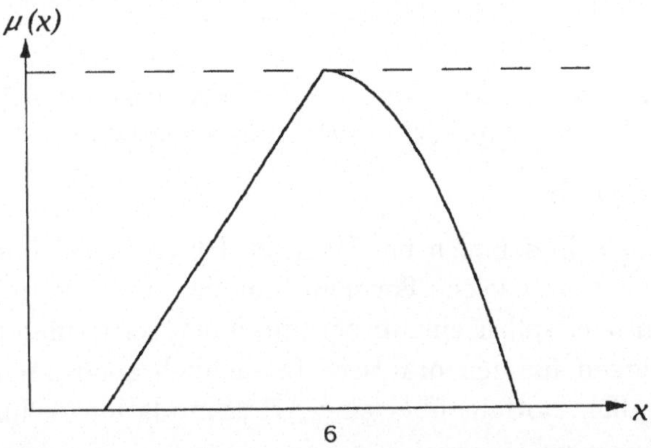

Bild 3.5 Beispiel für die LR-Darstellung einer unscharfen Zahl

Sind L und R einmal festgelegt, dann kann man die Zahl *symbolisch* als

$$
\mathcal{A} = (m; p, q)_{LR}
\tag{3.43}
$$

schreiben. Mit dieser Symbolik läßt sich die *Addition* zweier unscharfer Zahlen, die mit dem *gleichen* Funktionenpaar LR dargestellt sind, d.h. $\mathcal{B} = (n; s, t)_{LR}$, in der Form

$$
\mathcal{A} \oplus \mathcal{B} = (m + n; p + s, q + t)_{LR}
\tag{3.44}
$$

schreiben. Auch die *Multiplikation* einer unscharfen Zahl $\mathcal{A}$ mit einer scharfen positiven Zahl c läßt sich leicht darstellen:

$$
c\mathcal{A} = (cm; cp, cq)_{LR} \; .
\tag{3.45}
$$

Da offensichtlich

$$
-\mathcal{A} = (-m; q, p)_{RL}
\tag{3.46}
$$

ausfällt, ist eine symbolische Darstellung der *Subtraktion* nur möglich, wenn in der abzuziehenden Zahl die Funktionen L, R vertauscht sind. Eine einfache allgemeine Anwendung ist also nur im Fall $L = R$ zu erwarten.

Das *Produkt* zweier *LR*-Zahlen ist im allgemeinen *keine* solche Zahl mehr. Als praktisch brauchbare und einfach zu berechnende Näherungsdarstellung in *LR*-Form geben Dubois/Prade 1978, 1980 für das Produkt

$$\mathcal{A} \odot \mathcal{B} \approx (mn; ms + np, mt + nq)_{LR} \tag{3.47}$$

an, wobei speziell $0 \notin \text{supp}(\mathcal{A})$ und $0 \notin \text{supp}(\mathcal{B})$ sowie $m, n > 0$ und q und t jeweils klein relativ zu m beziehungsweise n sein sollen. In ähnlicher Weise erhält man für andere Fälle ähnliche Näherungsformeln.

Für die *Division* sind Näherungsdarstellungen für den *Kehrwert* der Ausgangspunkt, so etwa für den Fall $0 \notin \text{supp}(\mathcal{B})$ in der Umgebung von n

$$\mathcal{B}^{-1} \approx (1/n; t/n^2, s/n^2)_{RL} \ . \tag{3.48}$$

Weitere Näherungsformeln finden sich bei Dubois/Prade 1980 und Kaufmann/Gupta 1985. Falls man solche Formeln braucht, seien sie in der Software bereits vorhanden oder selbst einzuprogrammieren; sollte man sich über die numerische Genauigkeit für den praktisch tatsächlich benötigten Bereich einen Überblick verschaffen, notfalls über eine Art „Simulationsrechnung".

Besonders einfach und übersichtlich gestaltet sich die Rechnung, wenn die Referenzfunktionen *linear* sind. Man nennt sie *dreiecksförmig* oder schlicht „Hütchen". Sie sind ebenfalls durch drei Zahlen zu kennzeichnen, neben dem Kern m werden noch die beiden Zahlen a_1 und a_2 angegeben, in denen die beiden Geraden jeweils die x-Achse erreichen. Dann ist offensichtlich $\text{supp}(\mathcal{A}) = (a_1, a_2)$. Man schreibt sie einfach

$$\mathcal{A} = \langle m; a_1, a_2 \rangle \ . \tag{3.49}$$

Ein Zusammenhang mit der Darstellung (3.43) ergibt sich in folgender Weise: Es seien $L(x) = 1 - bx$ und $R(x) = 1 - cx$, dann ergeben sich $p = b(m - a_1)$ und $q = c(a_2 - m)$.

Mit $\mathcal{B} = \langle n; b_1, b_2 \rangle$ erhält man nun einfach

$$\mathcal{A} \oplus \mathcal{B} = \langle m + n; a_1 + b_1, a_2 + b_2 \rangle \ , \tag{3.50}$$

$$\mathcal{A} \ominus \mathcal{B} = \langle m - n; a_1 - b_2, a_2 - b_1 \rangle \ , \tag{3.51}$$

$$-\mathcal{A} = \langle -m; -a_2, -a_1 \rangle \ . \tag{3.52}$$

Wie zu erwarten, sind das *Produkt* und der *Quotient* jedoch *keine* Hütchen mehr. Man behilft sich wieder mit Näherungsformeln, etwa für $a_1, a_2 \geq 0$ und bei der Division zusätzlich mit $0 \notin \text{supp}(\mathcal{B})$

$$\mathcal{A} \odot \mathcal{B} \approx \langle m \cdot n; a_1 \cdot b_1, a_2 \cdot b_2 \rangle \ , \tag{3.53}$$

$$\mathcal{A} \oslash \mathcal{B} \approx \langle m/n; a_1/b_2, a_2/b_1 \rangle \ . \tag{3.54}$$

Auch hier wird wegen der anderen Fälle auf die Software oder die oben genannte Literatur verwiesen.

Wegen dieser einfachen „Arithmetik" sind die Hütchen in der Anwendung sehr beliebt, obwohl sie gelegentlich recht großzügige Idealisierungen bedeuten. Gelegentlich gelingt es sogar, die Hütchenform direkt aus der Situation heraus zu begründen (siehe dazu BANDEMER/KRAUT 1990 und BANDEMER/LORENZ 1997).

3.2.5 Unscharfe Relationen

Nicht nur die mathematischen Objekte, wie Mengen, Zahlen und Punkte, lassen sich „verunschärfen", sondern auch die aus der Mathematik bekannten Beziehungen zwischen solchen Objekten. So läßt sich die *Gleichheit* von scharfen Zahlen durch die *Gleichheitsrelation* darstellen, die gewöhnlich durch das Gleichheitszeichen = symbolisiert wird. Die Relation wird nun über allen Zahlenpaaren (a, b) definiert, indem man jeweils angibt, ob sie für dieses Paar erfüllt ist oder nicht. So ist die Gleichheitsrelation für das Zahlenpaar $(2, 1)$ *nicht* erfüllt, während sie für $(3, 3)$ offensichtlich gilt. Die Gleichheitsrelation $R_=$ kann nun mit der Menge der Zahlenpaare identifiziert werden, für die sie erfüllt ist:

$$R_= : \{(x, y) : x = y\} \, . \tag{3.55}$$

Die graphische Darstellung ist dann die bekannte Winkelhalbierende $x = y$ in der (x, y)-Ebene. Beim Übergang zur *unscharfen* Relation $\mathcal{R}_\approx$ „ungefähr gleich" werden noch Punkte in der Umgebung dieser Geraden betrachtet, jedoch mit *abgestufter* Zugehörigkeit. Die Festlegung dieser Zugehörigkeit durch die Zugehörigkeitsfunktion $\mu_\approx$ soll das „ungefähr" ausdrücken, also die Abweichungen von der *exakten* Gleichheit bezüglich ihrer Tolerabilität im Sinne der gewünschten Vorstellung von „ungefähr" bewerten. Dabei kann beispielsweise eine Abklingordnung für diese Zugehörigkeitsfunktion festgelegt werden, die den Vorstellungen und Notwendigkeiten des praktischen Problems entspricht. Das Ergebnis könnte etwa sein

$$\mu_\approx(x, y) = \left[1 - a|x - y|\right]^+ = \max\left\{0, \, 1 - a|x - y|\right\}, \quad a > 0 \, , \tag{3.56}$$

und ein lineares Abklingen mit einem Faktor a darstellen. Es sind jedoch auch Spezifizierungen sinnvoll, die die Differenz im Verhältnis zur absoluten Größe betrachten, z.B.

$$\mu_\approx(x, y) = 1 - \frac{b(x - y)^2}{(1 + x^2 + y^2)}; \quad b \in (0, 1) \, . \tag{3.57}$$

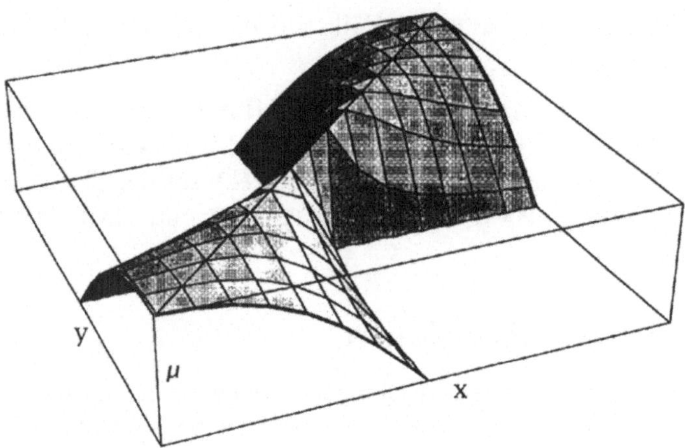

Bild 3.6 Darstellung der Zugehörigkeitsfunktion zur unscharfen Relation gemäß (3.57)

Analog zur Identifizierung einer scharfen Relation mit der Menge der Paare, für die sie erfüllt ist, kann man nun eine unscharfe Relation mit der *unscharfen Menge* identifizieren, mit der die Paare (x, y) bezüglich ihrer Gültigkeit bewertet werden, die im vorliegenden Beispiel also durch die Zugehörigkeitsfunktion $\mu_\approx$ spezifiziert ist.

Nach diesem Muster kann man die *scharfe* Relation $\leq$ („kleiner oder gleich")

$$R_\leq : \{(x, y) : x \leq y\}, \tag{3.58}$$

die der Menge *über und auf* der Winkelhalbierenden $x = y$ entspricht, durch die *unscharfe* Relation $R_{\leq\approx}$ („im wesentlichen kleiner als") ersetzen. Da „im wesentlichen" hier offenbar bedeuten soll, daß geringe *Unterschreitungen* graduell *toleriert* werden können, wird die Halbebene nach unten mit einem „Unschärfesaum" versehen. Eine analoge Spezifizierung zu (3.56) wäre

$$\mu_{\leq\approx}(x, y) = \begin{cases} [1 - a|x - y|]^+ & \text{für} \quad x > y \\ 1 & \text{für} \quad x \leq y. \end{cases} \tag{3.59}$$

Eine andere Deutung einer Relation erhält man, wenn man die Koordinatenachsen als Wertebereiche zweier reeller Variabler u, v auffaßt, die in der betrachteten Relation stehen sollen. Wird für eine der Variablen dann ein fester Wert eingesetzt, z.B. $v = y_0$, dann wirkt die Relation $\mathcal{R}_{\leq\approx}$ als eine *unscharfe Schranke* $\mathcal{S}_u$ für die andere Variable, hier für u, mit der Zugehörigkeitsfunktion $\mu_u(x) = \mu_{\leq\approx}(x, y_0)$. Diese Bildungen werden gebraucht, wenn man zu unscharfen Versionen der mathematischen Optimierung gelangen will, bei denen Schranken für die Lösungen gewöhnlich eine große Rolle spielen. (Eine

Darstellung der unscharfen Optimierung findet sich z.B. in ROMMELFANGER 1994.)

Eine unscharfe Relation gibt also an, *zu welchem Grad* zwei Elemente eines Universums (oder je eins aus einem Paar von Universen) in dieser Relation stehen.

Bezüglich der *Ähnlichkeit* von Objekten ist eine solche Abstufung allgemein üblich: *sehr ähnlich, wenig ähnlich*, mit den extremen Einschätzungen: *nicht unterscheidbar, total verschieden*. Eine Relation, die eine solche Beziehung ausdrückt, nennt man *Ähnlichkeitsrelation*. Man erwartet von einer solchen Relation $\mathcal{R}$, daß sie *reflexiv* ist (jedes Element ist von sich selbst nicht unterscheidbar: $\mu_R(x,x) = 1$) und daß sie *symmetrisch* ist (jedes Element x ist zu jedem anderen y zum gleichen Grade ähnlich, wie dieses y zu x: $\mu_R(x,y) = \mu_R(y,x)$).

Innerhalb der *scharfen* Relationen betrachtet man besonders die sogenannten *Äquivalenzrelationen*, die das Universum in elementfremde Teilmengen jeweils äquivalenter Elemente zerlegen. Diese haben neben den beiden oben genannten Eigenschaften der Reflexivität und Symmetrie noch die Eigenschaft der *Transitivität*: sind zwei Elemente jeweils zu einem dritten äquivalent, so sind sie auch untereinander äquivalent. Dies gilt bezüglich der Ähnlichkeit bekanntlich nicht mehr, sie kann im Laufe von Zweiervergleichen immer geringer werden, wie man sich etwa an den Körperhöhen einer in Linie angetretenen militärischen Einheit klarmachen kann. Man versucht nun, die *Transitivität* für *unscharfe* Relationen neu zu definieren, um daraus wieder zu Zerlegungen zu kommen, wie man sie von den scharfen Äquivalenzrelationen kennt (siehe dazu Weiteres z.B. in BANDEMER/GOTTWALD 1993). Ähnlichkeitsrelationen werden besonders in der unscharfen qualitativen Datenanalyse im 6. Kapitel eine große Rolle spielen.

Bei der Entwicklung *unscharfer Regler* aus verbal formulierten Regelbasen, bei der diese Regeln durch die relationale Verknüpfung $\mathcal{R}$ linguistischer Variabler (für den unscharfen Input $\mathcal{A}_i$ und den unscharfen Output $\mathcal{B}_i$ der Regelung) dargestellt werden,

$$\mathcal{B}_i = \mathcal{A}_i \circ \mathcal{R}; \quad i = 1, \ldots, n \,, \tag{3.60}$$

geht es um die Lösung dieses Systems von Relationalgleichungen. Dies ist der Ausgangspunkt für das, was gemeinhin, nicht ganz zutreffend, als *fuzzy logic* bezeichnet wird. Einige Hinweise auf die mittlerweise sehr umfangreiche Literatur zur unscharfen Reglung enthält z.B. BANDEMER/GOTTWALD 1993.

4 Erfassung und Verwendung der ungewissen Variabilität

Im vorangehenden Kapitel wurden zwei wichtige Formen der Ungewißheit behandelt. Zuerst wurde die *Ungenauigkeit* in den mathematischen Größen betrachtet: es war *ungewiß, was genau vorlag* (gemessen oder beobachtet wurde). Zur Behandlung dieser Ungewißheit dienten die Intervallarithmetik und die Spezifizierung unscharfer Mengen. Dann wurde aber auch der Fall betrachtet, daß die Ungewißheit aus der *verbalen* Formulierung der Befunde (Beobachtungen, Einschätzungen) herrührt, aus der *Vagheit* der Sprache: es war *ungewiß, was genau gemeint war*. Auch hier bot sich die Spezifizierung unscharfer Mengen an, der Werte sogenannter *linguistischer Variabler*.

In beiden Fällen war die unmittelbar vorliegende Situation der Gegenstand der Behandlung. Aussagen über zukünftige *ähnliche* Situation waren nur durch die allgemeine wissenschaftliche Schlußweise: *Ähnliche Ergebnisse in ähnlichen Situationen* begründet. Nun soll die *Ungewißheit in der Zukunft* Gegenstand der Untersuchung werden: es ist (gegenwärtig) *ungewiß, was sein wird*. Dies ist die Domäne der *Stochastik*, der Theorie von den Gesetzen der Variabilität, deren grundlegende Begriffe der *Zufall* und die *Wahrscheinlichkeit* sind, die im ersten Abschnitt vorgestellt werden sollen.

4.1 Zufall und Wahrscheinlichkeit

4.1.1 Modellvorstellungen für den Zufall

Einmalige Ereignisse in der Vergangenheit oder in der Zukunft sind mehr Gegenstand der Interpretation und Spekulation als der Theorienbildung und Prognose. Daher sind es die häufigen Ereignisse, die „Massenerscheinungen", die sich zur systematischen Behandlung, zur Ableitung von „Gesetzmäßigkeiten", eignen und Hoffnungen erwecken auf Prognosen für ihr zukünftiges Auftreten.

Die Gesetzmäßigkeiten beziehen sich also nicht auf den konkreten Einzelfall, sondern auf große Anzahlen „gleichartiger" Fälle, wie es für den Würfelwurf allgemein bekannt ist: Das Ergebnis des nächsten Wurfs ist vorher nicht angebbar, aber man erwartet, daß ein (fairer) Würfel alle sechs Möglichkeiten der Augenzahl gleich häufig als Ergebnis liefert.

Um die Aussagen *wissenschaftlich* zu fundieren, müssen die im vorigen Absatz in Anführungszeichen gesetzten Begriffe mathematisch *präzisiert* werden. Diese Präzisierungen werden die Bedeutung gewisser Wörter und Formulierungen der Alltagssprache in ihrem Sinn *verändern*. Gewöhnlich, besonders in der Routinesoftware, wird hierauf *nicht* explizit hingewiesen. Hier ist die Quelle für zahlreiche und umfangreiche Fehlinterpretationen der Verfahren und Ergebnisse, die gelegentlich zu unsinnigen Anwendungen und widersinnigen Resultaten führen. Daher wird der Diskussion der philosophischen und mathematischen Grundannahmen an dieser Stelle verhältnismäßig viel Raum gegeben.

Wenn Massenerscheinungen betrachtet werden sollen, muß zuerst für die *Vergleichbarkeit* der einzelnen Erscheinungen gesorgt werden:

Was soll bei der Betrachtung als *wesentlich und fest* angesehen werden ?

Dazu wird der Begriff des *mathematischen Versuchs* eingeführt, angelehnt an die Sprechweise in der Physik und in der Chemie: Ein mathematischer Versuch ist durch seine *festgelegten Bedingungen* gegeben und definiert. (Man spricht sogar von den „Versuchsbedingungen".)

Diese Bedingungen sollen beliebig oft (wegen der mathematischen Theorie!) realisierbar, der Versuch also damit (beliebig oft) *wiederholbar* sein.

Die Wiederholung des Versuchs besteht also in der Realisierung der festgelegten Bedingungen und in der Registrierung der mit ihm verbundenen Erscheinungen, des *Ergebnisses.*

Damit der Versuch überhaupt „beobachtungswürdig" ist, muß es für ihn *mehrere mögliche* verschiedene Ergebnisse geben. Wenn es aber *mehrere* mögliche Ergebnisse gibt, dann können die festgelegten Versuchsbedingungen das Ergebnis noch *nicht eindeutig* bestimmen!

Die mathematische *Modellvorstellung* besteht nun darin, alle Bedingungen, die *nicht* festgelegt wurden, aber *Einfluß* auf das Ergebnis des Versuches haben, als das *Wirken des Zufalls* zu erklären.

Die Formulierung des Begriffs *Zufall* weicht also wesentlich vom normalen Sprachgebrauch ab. Er hat hier *nicht* den Beigeschmack des Seltenen und Unerwarteten, sondern ist schlichter Ausdruck des *Ungewissen* darüber, welche Einflüsse in der *Zukunft* über das genaue Ergebnis entscheiden werden.

Ein weiterer Aspekt des Begriffs *Zufall* im Rahmen der mathematischen Theorie und ihrer Anwendung ist unbedingt zu beachten: Durch die Festlegung der Bedingungen *entscheidet* der Anwender, *was* er im gegebenen Fall als das Wirken des *Zufalls* ansehen *will.* Dabei kann es der Ausdruck des *Nichtwissenkönnens* (die weiteren Bedingungen sind einer Festlegung nicht zugänglich) oder des *Nichtwissenwollens* sein (die weiteren Bedingungen sollen z.B., aus Kostengründen, nicht festgelegt werden, *oder*, die Bedingungen sollen „zufällig" variieren, damit die Schlußfolgerungen aus der mathematischen Untersuchung dafür „allgemeingültig" sind).

Die Begriffsbildung hat also zentrale Bedeutung für die gesamte Anwendung und spielt eine große Rolle bei der Gewinnung von aussagefähigen Daten für die mathematischen Untersuchungen.

Als nächster Schritt wird festgelegt, was als Ergebnis des speziellen Versuches angesehen werden soll. Alle für die Untersuchung interessanten Erscheinungen oder Ergebnisse und Mengen von solchen Ergebnissen werden *zufällige Ereignisse* genannt und zur Unterscheidung mit verschiedenen Buchstaben $A, B, C, \ldots$ bezeichnet. Die Menge *aller möglichen* Ergebnisse zusammengenommen bildet das sogenannte *sichere Ereignis* Ω, die *leere* Menge von Ergebnissen das sogenannte *unmögliche Ereignis* $\emptyset$. Diese Begriffsbildung ermöglicht die mathematische Darstellung von interessanten Sachverhalten zwischen den Ereignissen.

Alle zufälligen Ereignisse und die beiden vorstehend genannten extremen Ereignisse bilden zusammen das Ereignisfeld A des Versuches, das damit alles enthält, was an dem Versuch interessiert.

Dieses Ereignisfeld wird in der Regel als ein System von Mengen gedeutet, in dem Ω die umfassende Menge und $\emptyset$ die leere Menge darstellt und die zufälligen Ereignisse aus *Elementarereignissen* $\omega \in \Omega$ oder aus gröberen disjunkten Teilmengen von Ω, sogenannten *Atomen*, gebildet werden. (Die Menge Ω entspricht dem *Universum* bei der Definition der unscharfen Mengen. Die Bezeichnung mit Ω ist aber in der Stochastik traditionell und soll daher in diesem Zusammenhang beibehalten werden, um den Zugang aus der Lehrbuchliteratur (z.B. STORM 1995, BEYER u.a. 1995) zu erleichtern.)

Die üblichen Verknüpfungen von Mengen lassen sich jetzt in der Sprache der entsprechenden Ereignisse deuten:

Der *Durchschnitt* zweier Ereignisse $(A \cap B)$ bedeutet, daß beide Ereignisse *gleichzeitig* eintreten.

Die *Vereinigung* zweier Ereignisse $(A \cup B)$ bedeutet, daß *wenigstens eines* der beiden Ereignisse eintritt.

Das *Komplement* A^c von A bezüglich Ω bedeutet, daß das Ereignis A *nicht* eintritt.

Schließlich meint das *Enthaltensein* $(A \subseteq B)$, daß mit dem Ereignis A auch das Ereignis B eintritt: A also B nach sich zieht.

4.1.2 Wahrscheinlichkeit

Historisch gesehen die erste Erfassung der Zukunftsungewißheit zufälliger Ereignisse betrachtete Fälle, in denen die endlich vielen Elementarereignisse alle die *gleiche* Chance für ihr Auftreten in einer zukünftigen Versuchswiederholung haben. Statt der Elementarereignisse wurden auch Atome A_i eines das sichere Ereignis ausschöpfenden Systems $(\Omega = \cup_i A_i)$ mit der gleichen Eigenschaft betrachtet. Eine Normierung auf das Chancenmaß 1 für das sichere Ereignis führt dann auf die bekannte klassische Definition der *Wahrscheinlichkeit* als einem *normierten Chancenmaß*:

Die *Wahrscheinlichkeit* $P(B)$ *eines Ereignisses* B ist gleich der *Anzahl* der Atome A_i, die dieses Ereignis B nach sich ziehen, *dividiert* durch die *Anzahl aller* das sichere Ereignis ausschöpfenden Atome.

Diese Regel zur Bildung der Wahrscheinlichkeit gilt also nur im Fall, daß ein *endliches* System von disjunkten, das sichere Ereignis ausschöpfenden Atomen (oder Elementarereignissen) vorliegt, von denen jedes die *gleichen* Chancen hat. Die Anwendungen dieser Regel bei der Untersuchung des Würfelspiels, des Zahlenlottos und der Statistischen Qualitätskontrolle sind bekannt (siehe z.B. STORM 1995, BEYER u.a. 1995 oder ein anderes Lehrbuch).

Behält man die Annahme der *gleichen* Chancen bei, läßt aber als Elementarereignisse alle Punkte eines Kontinuums zu, zum Beispiel eines Flächenstücks, dann erhält man in Verallgemeinerung der klassischen die *geometrische Wahrscheinlichkeit* :

Die *Wahrscheinlichkeit* $P(B)$ *eines Ereignisses* B ist gleich dem *Flächeninhalt* seiner Elementarereignisse dividiert durch den zu Ω gehörenden *Flächeninhalt*.

Dies ist der Ausgangspunkt der *Stochastischen Geometrie*, die sich der zufällig beeinflußten räumlichen Verteilung und geometrischen Gestalt von Objekten, z.B. in der Medizin und den Geowissenschaften, widmet (siehe z.B. STOYAN/MECKE 1983).

Im allgemeinen Fall hat man weder eine atomare Struktur noch das Prinzip der Chancengleichheit. In diesem Fall wurde von VON MISES 1919 vorgeschlagen, den Grenzwert der relativen Häufigkeit $W_n(B)$ bei n Versuchen als Wahrscheinlichkeit zu wählen :

$$P(B) = \lim_{n \to \infty} W_n(B) \,. \tag{4.1}$$

Dazu mußten noch einige theoretische Annahmen über die Art der Seriendurchführung der Versuche zur Sicherung und Interpretation des Grenzwertes gemacht werden, die die forschenden Mathematiker von Zeit zu Zeit noch beschäftigen, im gegenwärtigen Zusammenhang aber nicht interessieren dürften.

Diesen Problemen machte KOLMOGOROV 1933 ein Ende, indem er einfach einige Eigenschaften der relativen Häufigkeit für die Definition der Wahrscheinlichkeit *axiomatisierte* und sie damit als normiertes additives Maß über dem Versuchsbereich einführte. Neben der Normierung $P(\Omega) = 1$ ist es vor allem die *Additionsregel* für unvereinbare Ereignisse (d.h. die *nicht* gleichzeitig auftreten können: $A \cap B = \emptyset$):

$$A \cap B = \emptyset \Rightarrow P(A \cup B) = P(A) + P(B) \,, \tag{4.2}$$

die die damit geschaffene *Wahrscheinlichkeitstheorie* beherrscht. Aus ihr lassen sich zahlreiche Rechengesetze herleiten, von denen hier nur die *allgemeine Additionsregel* erwähnt sei:

$$P(A \cup B) = P(A) + P(B) - P(A \cap B) \,. \tag{4.3}$$

Sehr fruchtbar erweist sich auch das Konzept der *bedingten* Wahrscheinlichkeit, die nach der Wahrscheinlichkeit eines Ereignisses B fragt, falls ein anderes Ereignis A bereits eingetroffen gedacht wird

$$P(B|A) = \frac{P(A \cap B)}{P(A)} \,, \tag{4.4}$$

wobei natürlich $P(A) \neq 0$ vorauszusetzen ist.

Bei den bisherigen Definitionen spielt die Vorstellung eine Rolle, daß die *Wahrscheinlichkeit* eine Vorausschau auf die zu *erwartende Häufigkeit* des Ereignisses in einer hinreichend langen Reihe von Versuchswiederholungen darstellt, also einen *objektiven* Sachverhalt reflektiert. Man nennt dies die *frequentistische Deutung* der Wahrscheinlichkeit.

Bereits sehr früh (LEIBNIZ 1703) in der Behandlung der Ungewißheit (siehe die genauen Quellen z.B. in SCHNEIDER 1989) wurde die Wahrscheinlichkeit auch als Grad des Glaubens, der Vermutung, des Zweifels, der Ungewißheit und des

Mißtrauens verwendet. Dann aber ist die Wahrscheinlichkeit eine Angelegenheit eines „Individuums", das glaubt, vermutet oder für möglich hält. Diese *subjektivistische Deutung* der Wahrscheinlichkeit als eines Maßes *des Gefühls der Ungewißheit* hat ebenfall ihre Anhänger (u.a. DEFINETTI 1937, SAVAGE 1972).

Das verbleibende Problem ist dann immer noch die explizite *Spezifizierung*, das heißt, die subjektive Festlegung der Werte $P(A)$ für die interessierenden Ereignisse A. Dafür schlägt SAVAGE vor, das *Wettverhalten* des Individuums auszunutzen. Der vom Individuum zu bestimmende Zahlenwert für die Wahrscheinlichkeit $P(A)$ ist dann proportional zu der Summe festzulegen, die das Individuum zu zahlen bereit ist, wenn das Ereignis A *nicht* eintritt. Natürlich muß man annehmen, daß eine solche Summe angegeben werden kann. Auf dieser Basis zeigen die Vertreter der subjektivistischen Deutung, daß die Axiome von KOLMOGOROV die einzige „vernünftige" Grundlage für die Bewertung der subjektiven Ungewißheit sind, wenn sich das Individuum gewissen Regeln eines „rationalen Verhaltens", vor allem der Regel der Kohärenz, unterwirft.

Diese Auffassung ist sowohl vom philosophischen als auch vom praktischen Standpunkt hinterfragt worden.

So scheint es schwer zu rechtfertigen, daß jedes Urteilen unter Ungewißheit den Wettregeln gehorcht. Das notwendige Engagement, das einen wesentlichen Teil der Modellvorstellung ausmacht, kann ein Individuum durchaus davon abhalten, den wahren Zustand seiner Kenntnis bekanntzumachen, aus Furcht vor einem finanziellen Verlust. So wird ein professioneller Spieler seine Einsätze in irgendeiner Weise gleichmäßig verteilen, wenn er weiß, daß alle Optionen, auf die er setzt, die gleiche „Schärfe" besitzen. Der Neuling, ohne jegliche Information, wird genau das Gleiche tun, da es die umsichtigste Strategie zu sein scheint. Der Zugang der subjektiven Wahrscheinlichkeit erlaubt keine Unterscheidung dieser beiden Kenntnisstände und scheint auch wenig an Situationen angepaßt, wo diese Kenntnis nur spärlich ist. Dies wird später in diesem Abschnitt beim Problem der Erfassung sogenannter a-priori-Wahrscheinlichkeit näher beleuchtet werden.

Vom praktischen Standpunkt ist es ziemlich klar, daß die von einem Individuum angegebenen Zahlen, die zum Beispiel seinen Kenntnisstand beschreiben sollen, als das angesehen werden müssen, was sie sind: nämlich *näherungsweise* Befunde. Dies wird sogar von SAVAGE explizit zugegeben. Trotzdem wird verlangt, daß ein rational vorgehendes Individuum in der Lage sein muß, *genaue* Zahlen zu liefern, wenn es *korrekte* Verfahren zu deren Bestimmung benutzt.

Ohne in diese Kontroversen eingreifen zu wollen, scheint es für den Anwender in jedem Falle ratsam, die subjektiv festgelegten Wahrscheinlichkeiten als (eventuell sogar nur grobe) Näherungen zu betrachten, deren Näherungscharakter sich natürlich auf die daraus zu ziehenden Schlußfolgerungen, etwa über Rechenregeln für Wahrscheinlichkeiten, überträgt.

Eine wichtige Strategie zur Anpassung von unsicherem Wissen oder Meinen an gegebene experimentelle Befunde ist die Verwendung der BAYESschen Formel. Der gedankliche Hintergrund dazu ist die Annahme, daß es für eine Zerlegung des sicheren Ereignisses (ein System unvereinbarer Ereignisse, z.B. $A_1, A_2, \ldots, A_N$) für jedes der Ereignisse eine Einschätzung von dessen Wahrscheinlichkeit gibt: $P(A_i); i = 1, \ldots, N$, die die Wahrscheinlichkeit oder einfach nur den subjektiv spezifizierten Kenntnisstand *vor* der gegenwärtig durchgeführten Untersuchung reflektiert. Man nennt sie daher *a-priori*-Wahrscheinlichkeit. Man denkt sich nun den Versuch durchgeführt, zu dem diese Ereignisse gehören, und erhält ein *realisiertes* Ereignis B. Dieses Ergebnis enthält Information bezüglich des Versuches und damit auch bezüglich der Ereignisse A_i. Wie soll man nun deren Wahrscheinlichkeiten *nach* dem erhaltenen Ergebnis einschätzen? Antwort darauf gibt die bekannte BAYESsche Formel

$$P(A_i|B) = \frac{P(B|A_i)P(A_i)}{\sum_{j=1}^{N} P(B|A_j)P(A_j)} , \tag{4.5}$$

die die *a-posteriori*-Wahrscheinlichkeiten $P(A_i|B)$ der Ereignisse A_i definiert. Wegen der relativ einfachen Herleitung vergleiche man ein Lehrbuch (z.B. STORM 1995, BEYER u.a. 1995).

Da man diese Formel sequentiell, d.h. wiederholt nach jedem weiteren Versuchsergebnis, anwenden kann, stellt sie die Grundlage einer *Lerntheorie* dar, wie sie gegenwärtig durch den Typ der probabilistischen *neuronalen Netze* praktiziert wird (siehe dazu auch Abschnitt 6.1.5). Als Entscheidungsgrundlage dient sie auch in der *Informationstheorie*. Dort geht man davon aus, daß gegebene *Ausgangssignale* A_i durch einen *verrauschten Kanal K* nach dem Wahrscheinlichkeitsgesetz $P(B_j|A_i)$ (der sogenannten Kanaleigenschaft) in *Eingangssignale* B_j verändert werden. Die *maximale* a-posteriori-Wahrscheinlichkeit $P(A_i|B_j)$ ist dann das Kriterium für das anzunehmende Ausgangssignal A_i zum empfangenen B_j. In der BAYESschen *Entscheidungstheorie* werden die *nach* der Beobachtung zu treffenden Entscheidungen anhand einer Verlustfunktion mit diesen a-posteriori Wahrscheinlichkeiten bewertet (siehe z.B. BERGER 1985 und Abschnitt 4.3).

In jedem Anwendungsfall ist aber unbedingt zu beachten, daß die a-priori-Wahrscheinlichkeiten nur recht grobe Angaben darstellen, eine große numerische Genauigkeit beim rechnerischen Umgang mit ihnen, etwa in der BAYESschen Formel, nicht sinnvoll ist. Man prüfe stets auch die Sinnhaftigkeit der erhaltenen Ergebnisse im praktischen Umfeld.

Von der Formulierung der bedingten Wahrscheinlichkeit (4.4) leitet sich ein anderer zentraler Begriff der Stochastik ab, die *Unabhängigkeit* zweier Ereignisse A und B. Er geht davon aus, daß das Eintreffen des einen Ereignisses *keinen* Einfluß auf die Wahrscheinlichkeit des anderen hat, daß also sowohl $P(A|B) = P(A)$ als auch $P(B|A) = P(B)$ ausfällt. Zusammen ergeben beide Formeln die wesentlich einfachere

$$P(A \cap B) = P(A) \cdot P(B) \,, \tag{4.6}$$

die man deshalb auch zur Definition der Unabhängigkeit zweier Ereignisse gewählt hat. Sie wird für die probabilistische Inferenz aus Stichproben (siehe Abschnitt 4.2) eine wichtige Rolle spielen, gerade in der Anwendung.

4.1.3 Zufallsgrößen und ihre Verteilungen

Wie im vorangehenden Abschnitt bereits bemerkt, lassen sich die zufälligen Ereignisse als *Mengen*, genauer als Teilmengen des sicheren Ereignisses Ω, deuten. Für die Modellvorstellung wie für die Handhabung ist es sehr günstig, wenn dafür Mengen auf der reellen Zahlenachse gewählt werden können. Dabei ist es für die Anwendung recht bedeutungslos, ob diese Mengen als direkte Entsprechungen oder als Abbildungen (des Ereignisfeldes $\mathcal{A}$) verstanden werden. Für die theoretische Behandlung ist die Abbildungsvorstellung dagegen nützlich. Meist ist mit der Darstellung der Ereignisse auf der Zahlenachse eine Vorstellung über die *Genese* des Zufalls verbunden, wie ein einfaches Beispiel zeigen soll.

Es wird der einfachste Versuch betrachtet, bei dem nur ein einziges zufälliges Ereignis A von Interesse ist. Das Ereignisfeld $\mathcal{A}$ hat also die Form $\{\emptyset, A, A^c, \Omega\}$. Dieser Versuch wird n-mal *unabhängig* wiederholt. Der Unabhängigkeitsbegriff muß dazu gegenüber der paarweisen Unabhängigkeit zweier Ereignisse im Sinne von (4.6) *verallgemeinert* werden. So muß für jede beliebige Auswahl je eines Ereignisses aus m der Ereignisfelder $m = 2, 3, \ldots, n$ die Wahrscheinlichkeit des gleichzeitigen Auftretens dieser Ereignisse gleich dem Produkt der Einzelwahrscheinlichkeiten sein (siehe in der Lehrbuchliteratur unter dem Begriff der *Unabhängigkeit in Gesamtheit*).

Sodann wird gezählt, *wie oft* das Ereignis A in diesen n Wiederholungen auftritt. Diese Anzahl X ist *zufällig*, denn sie hängt von den zufälligen Ergebnissen der einzelnen Versuche ab. Man nennt sie daher eine *Zufallsgröße*. Sie kann offenbar *jeden* der Werte $0, 1, \ldots, n$ aus ihrem *Wertebereich* annehmen, natürlich für jede Serie von n der einfachen Versuche *zufällig*. Es sei die Wahrscheinlichkeit für A bei *einer* der Versuchswiederholungen p. Dann kann man durch kombinatorische Überlegungen und Benutzung der Unabhängigkeitsannahme die Wahrscheinlichkeiten für einzelne Werte von X ausrechnen, denn $X = i; i = 1, \ldots, n$, sind ja zufällige Ereignisse:

$$P(X = i) = \binom{n}{i} p^i (1 - p)^{n-i} \,. \tag{4.7}$$

Die Zufallsgröße X kann nur die $n + 1$ Werte $i = 0, \ldots, n$ annehmen. Die zufälligen Ereignisse $X = i$ sind nicht gleichzeitig möglich, also unvereinbar. Ihre Vereinigung ist das sichere Ereignis. Daher ist die Summe aller ihrer Wahrscheinlichkeiten gleich 1. Die Wahrscheinlichkeit 1 des sicheren Ereignisses wird also auf die Wahrscheinlichkeiten der Einzelereignisse $X = i$ *verteilt*. Man nennt daher eine Wahrscheinlichkeitszuweisung an die Werte einer Zufallsgröße eine *Wahrscheinlichkeitsverteilung*, oder kürzer einfach eine *Verteilung*.

Wenn die Zufallsgröße X, wie im vorliegenden Beispiel, nur endlich viele *diskrete* Werte annehmen kann, nennt man sie eine *diskrete* Zufallsgröße und ihre Verteilung eine *diskrete* Verteilung. Dies bleibt offensichtlich noch sinnvoll, wenn die Zufallsgröße *abzählbar unendlich* viele Werte, etwa alle natürlichen Zahlen, annehmen kann.

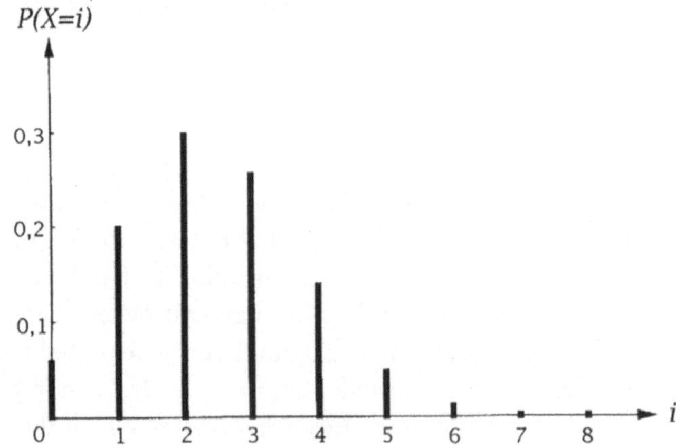

Bild 4.1 Binomialverteilung mit $p = 0,3$ und $n = 8$

Die Verteilungstypen tragen meist mehr oder weniger einprägsame Namen. So heißt die vorstehende Beispielsverteilung eine *Binomialverteilung*, wegen des in der Bildungsformel vorkommenden Binomialkoeffizienten. Natürlich hängen die Zahlenwerte der Wahrscheinlichkeiten in (4.7) noch von der Wahrscheinlichkeit p des Basisereignisses A und der Anzahl n der Versuchswiederholungen ab. Man nennt p und n die *Parameter* der Verteilung. Es ist beliebt, für festgelegte Parameterwerte die Wahrscheinlichkeiten graphisch darzustellen, wie es z.B. das Bild 4.1 zeigt.

Die in einigen Lehrbüchern übliche Verbindung der Spitzen der Wertestrecken durch einen Streckenzug ist widersinnig, da die Wahrscheinlichkeit *für Zwischenwerte* offensichtlich keinen Sinn macht.

Neben der Binomialverteilung, die besonders in der Statistischen Qualitätskontrolle verwendet wird, gibt es noch eine ganze Reihe für die Anwendung interessanter Typen diskreter Verteilungen, wie die *Hypergeometrische Verteilung*, die z.B. die Wahrscheinlichkeit von Gewinnkombinationen beim Zahlenlotto angibt, und die *Poissonverteilung*, eine Grenzverteilung der Binomialverteilung, wenn n gegen unendlich und p gleichzeitig gegen 0 strebt, die besonders bei Ereignissen mit sehr kleiner Wahrscheinlichkeit, aber zahlreichen Versuchswiederholungen eine Rolle spielt:

$$P(\mathsf{X} = i) = \frac{\lambda^i}{i!}e^{-\lambda} \quad \text{mit} \quad i = 0, 1, 2, \ldots \tag{4.8}$$

Anwendungsdomänen der Poissonverteilungen sind vor allem der Atomzerfall, Bedienungsprozesse mit hohen Kundenzahlen und Partikelstrukturen in Materialien der Ingenieurwissenschaften und der Medizin.

Bei weiteren Vorschlägen für Verteilungen in Lehrbüchern und in Software kümmere man sich vor allem um die den Verteilungsformeln zu Grunde liegenden Modellvorstellungen über die Entstehung der entsprechenden Zufallsgrößen in den angenommen „Standardsituationen", da sie wesentliche Hinweise auf deren Verwendbarkeit in praktischen Sachverhalten und die dabei zu beachtenden „Versuchsbedingungen" enthalten.

Natürlich gibt es in *jedem* praktischen Sachverhalt jeweils nur *endlich viele* voneinander unterscheidbare Ergebnisse. Im Prinzip würde es also genügen, nur *diskrete* Zufallsgrößen zu betrachten. Jedoch kann dies, besonders bei Meß- und Beobachtungsvorgängen mit verhältnismäßig und vielleicht nötiger hoher Genauigkeit, zu recht unübersichtlichen und umfangreichen Darstellungen führen. Weiterhin läßt sich vorhandenes Wissen über die Vorgänge, und damit über die zufallsbeeinflußte Entstehung der Meß- und Beobachtungswerte, nicht übersichtlich genug einbringen. Daher nimmt man in diesen Fällen an, daß die betrachtete Zufallsgröße Werte aus einem *Kontinuum* annehmen kann. Dies läßt sich vielfach auch objektiv begründen, wenn es sich um Größen wie die *Zeit*, die *Länge*, den *Ort*, die *Temperatur*, den *Druck* und die *Masse* handelt.

Aber selbst bei hinreichend hohen Geldbeträgen ist die Stetigkeitsannahme im Pfennigbereich wohl nicht abwegig.

Zufallsgrößen mit einem solcherart kontinuierlichen Wertebereich nennt man *stetige* Zufallsgrößen. Die Wahrscheinlichkeit für einen Einzelwert wird dann in der Regel verschwinden, ohne daß dieser damit unmöglich wird. Man beachte, daß zwar die Wahrscheinlichkeit des unmöglichen Ereignisses den Wert 0 hat, daß aber, bei kontinuierlichem Wertebereich, ein Ereignis mit verschwindender Wahrscheinlichkeit nicht unmöglich sein muß. Wegen der eingangs erwähnten und bereits früher betrachteten Beobachtungsunschärfe (siehe Abschnitt 3.1) sind jedoch sowieso nur *Intervalle* von Interesse. Statt der Ereignisse $\mathsf{X} = i$ sind es nun Ereignisse der Form $\mathsf{X} \in I$ (die Zufallsgröße X nimmt einen Wert aus dem Intervall I an), deren Wahrscheinlichkeit angegeben werden muß.

Man nimmt dazu die Existenz einer Funktion f an, die die „Intensität" der Wahrscheinlichkeit mißt, so daß auf ein „infinitesimales" Intervall $[x, x + dx]$ die infinitesimale Wahrscheinlichkeit $f(x)dx$ fällt. Für ein endliches Intervall $I = [a, b]$ erhält man dann die Wahrscheinlichkeit

$$P(a \leq \mathsf{X} \leq b) = \int_a^b f(x)\mathrm{d}x \tag{4.9}$$

für jedes Intervall, selbst wenn ein oder beide Enden des Intervalls im Unendlichen liegen sollten. Natürlich muß die Funktion f, die man *Wahrscheinlichkeitsdichte* oder kurz *Dichte* nennt, einige naheliegende Eigenschaften haben: sie darf nicht negativ sein, sie muß sich integrieren lassen, und das Integral über die ganze Achse, die dem sicheren Ereignis Ω entspricht, muß den Wert 1 haben. Da die Wahrscheinlichkeit eines Einzelwertes bei stetigen Zufallsgrößen stets 0 ist, bleibt es gleichgültig, ob man für das Ereignis in der Klammer von (4.9) einen oder beide Endpunkte des Intervalls hinzunimmt oder nicht.

Das bekannteste Beispiel einer stetigen Verteilung ist der Vorschlag von GAUSS, die sogenannte *Normalverteilung*

$$f(x) = \frac{1}{\sigma\sqrt{2\pi}} \exp\left\{ -\frac{(x - \mu)^2}{2\sigma^2} \right\} \tag{4.10}$$

mit den Parameters μ, σ (Beispiel siehe Bild 4.2).

Sie entstammt einer Grenzüberlegung, auf die in Abschnitt 4.1.4 zurückgekommen wird.

Lange Zeit nahm man an, daß *alle* zufallsbeeinflußten Meß- und Beobachtungsvorgänge Wahrscheinlichkeitsverteilungen dieses Typs zeigen. Dies ist in der Tat nicht der Fall, vielfach bleibt jedoch die Normalverteilung eine brauchbare

Näherung. Man macht sich schnell klar, daß die Normalverteilung *in jedem Fall* eine Näherung ist. Nicht nur wegen der stets vorhandenen Beobachtungsunschärfe, sondern auch, weil sie Intervallen *überall* auf der Achse eine *positive* Wahrscheinlichkeit zuordnet, also z.B. *negativen* Meßwerten für Masse und Länge bei der Messung. Allerdings spielt das in der praktischen Anwendung kaum eine Rolle, da die Verteilung die Wahrscheinlichkeit von $0,9973$ auf das Intervall $[\mu - 3\sigma, \mu + 3\sigma]$ legt, wobei von den beiden Parametern μ gewöhnlich als der „*wahre*" *Meßwert* und σ als ein *Maß für die Genauigkeit der Messung* bezeichnet wird.

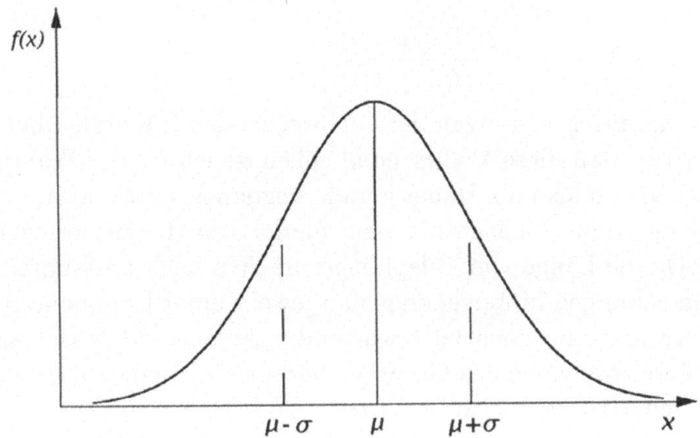

Bild 4.2 Dichte der Normalverteilung

Eine weitere angenehme Eigenschaft der Normalverteilung ist es, daß bei einer Veränderung des Nullpunktes und des Maßstabes der Zufallsgröße die Eigenschaft, normalverteilt zu sein, erhalten bleibt. So kann man eine Zufallsgröße X *normieren*, indem man

$$Y = \frac{X - \mu}{\sigma} \tag{4.11}$$

bildet. Die Zufallsgröße Y hat dann die Parameter $\mu = 0, \sigma = 1$.

Als man feststellte, daß die Normalverteilung nicht alle zufallsbeeinflußten Messungen und Beobachtungen hinreichend gut darstellte, ging man zu Funktionen der Zufallsgröße über, in der Hoffnung, hierfür eine bessere Approximation durch eine Normalverteilungen zu erhalten. Von diesen Funktionsbildungen hat sich die logarithmische Normalverteilung als sehr brauchbar erwiesen.

Daneben haben sich, hauptsächlich aus interessanten Anwendungsfällen, noch weitere Typen stetiger Verteilungen etabliert. Man ziehe dazu die Lehrbuchliteratur heran und sehe sich vor allem die diesen Bildungen zu Grunde liegenden Modellvorstellungen an. Als Beispiel sei hier noch lediglich die *Exponentialverteilung* mit der einfachen Dichte

$$f(x) = \lambda \exp(-\lambda x) \, , \tag{4.12}$$

mit dem Parameter λ und dem Wertebereich $(0, \infty)$ erwähnt. Sie hat eine bemerkenswerte Eigenschaft. Nimmt man sie nämlich als Modell für eine zufällige Dauer T und fragt nach der bedingten Wahrscheinlichkeit dafür, daß diese nach einer gegenwärtigen Dauer von t Einheiten noch *weitere* s Einheiten anhalten wird, d.h.

$$P(\mathsf{T} \geq t + s | \mathsf{T} \geq t) = \frac{P(\mathsf{T} \geq t + s)}{P(\mathsf{T} \geq t)} \, , \tag{4.13}$$

dann erhält man durch Einsetzen der entsprechenden Integrale über die einfache Dichte (4.12), daß diese Wahrscheinlichkeit gleich ist der Wahrscheinlichkeit $P(\mathsf{T} \geq s)$, als ob also die Dauer gerade begonnen hätte. Man nennt daher diese Verteilung „ohne Gedächtnis", sie merkt sich die bisherige Länge der Dauer nicht. Da die Länge von Telephongesprächen nach umfangreichen praktischen Untersuchungen hinreichend genau jeweils einer Exponentialverteilung genügt, könnte man die noch zu erwartende Länge *nicht besser* abschätzen, wenn man wüßte, wie lange das Gespräch bereits läuft, eine interessante Frage für einen wartenden Gesprächsteilnehmer.

Weiterhin gibt es einen nützlichen Zusammenhang zwischen einer poissonverteilten und einer exponential verteilten Zufallsgröße. Betrachtet man „punktförmige" Ereignisse (etwa Ankunftszeiten) auf einer Zeitachse und stellt man fest, daß deren Anzahlen für Zeitintervalle *fester Länge* einer Poissonverteilung genügen, so sind die Zeitabstände solcher (aufeinanderfolgender) punktförmiger Ereignisse exponential verteilt. Man kann also nach Bequemlichkeit der Erfassung wählen, ohne Information zu verlieren.

Wegen der Beobachtungsunschärfe ist es in praktischen Anwendungsfällen *nicht* sinnvoll, Wahrscheinlichkeiten mit hoher numerischer Genauigkeit zu behandeln. Wenn solche Angaben auftreten, sollte man sie skeptisch hinterfragen und auf ein vernünftiges Maß runden.

Zu einer einheitlichen Darstellung der Wahrscheinlichkeitsverteilungen für diskrete *und* stetige Zufallsgrößen hat man die *Verteilungsfunktion* $F_X(x)$ eingeführt, die angibt, wie groß die Wahrscheinlichkeit für das zufällige Ereignis $-\infty < \mathsf{X} < x$ ist. Für *stetige* Zufallsgrößen erhält man das Integral

$$F_X(x) = \int_{-\infty}^{x} f(x)\mathrm{d}x \tag{4.14}$$

und für *diskrete* Zufallsgrößen die entsprechende Summe

$$F_X(x) = \sum_{a_i < x} P(\mathsf{X} = a_i) \,, \tag{4.15}$$

wobei die a_i den Wertebereich von X durchlaufen.

Mit weiteren mathematischen Begriffen lassen sich diese Darstellungen weiter vereinheitlichen und sogar sogenannte Mischverteilungen (mit diskretem und stetigem Anteil: z.B. Lebensdauerverteilungen mit Totgeburtenanteil) erfassen. Die Verteilungsfunktion ist offenbar monoton nicht abnehmend (von 0 zu 1) und linksseitig stetig, d.h., bei einem Sprung ist das *untere* Ufer der Funktionswert. Für diskrete Verteilungen ist die Verteilungsfunktion eine *Treppenfunktion* mit den Sprunghöhen $p_i = P(\mathsf{X} = a_i)$. Wegen weiterer Einzelheiten wird auf die Lehrbuchliteratur verwiesen.

Bei langen Versuchsserien ist das arithmetische Mittel der Ergebnisse eine interessante Größe. Handelt es sich etwa um den mittleren Gewinn bei einem zufallsbeeinflußten Spiel, so kann man ihn als (die langfristige durchschnittliche) Gewinn*erwartung* ansehen und ihn z.B. dem Einsatz bei jedem Spiel gegenüberstellen. Sind die beiden Zahlenwerte gleich, würde man das Spiel als *fair* bezeichnen, anderenfalls wirft es für einen der Spieler einen ständigen *Gewinn* ab (die Differenz zwischen Gewinnerwartung und Einsatz pro Spiel). Im nächsten Abschnitt wird u.a. das Verhalten der relativen Häufigkeit bei *unendlich* langen Versuchsserien betrachtet, was ja bereits von VON MISES zur Definition der Wahrscheinlichkeit benutzt hat. Damit kann man zeigen, daß das arithmetische Mittel sich einem „Verteilungsmittelwert" annähert, den man zur Definition von *Erwartungswerten* für die Verteilung benutzt. Für stetige Verteilungen ergibt sich

$$\mathsf{E}\,\mathsf{X} = \int_{-\infty}^{\infty} x f(x)\mathrm{d}x \tag{4.16}$$

und für diskrete Verteilungen entsprechend

$$\mathsf{E}\,\mathsf{X} = \sum_i a_i p_i \,, \tag{4.17}$$

wobei die p_i die zu a_i gehörenden Wahrscheinlichkeiten sind.

Natürlich muß vorausgesetzt werden, daß das Integral und die Summe (bei abzählbar vielen Werten) überhaupt einen endlichen Wert liefern.

In entsprechender Weise kann man auch Erwartungswerte für Funktionen $g(\mathsf{X})$ der Zufallsgröße bilden, wenn man x bzw. a_i in den Formeln durch die Funktionswerte $g(x)$ bzw. $g(a_i)$ ersetzt.

Als wichtiger Spezialfall sei die Funktion

$$g(x) = (x - \mathsf{E}\,\mathsf{X})^2 \tag{4.18}$$

betrachtet, die die quadratische Abweichung der Zufallsgröße X von ihrem Erwartungswert $\mathsf{E}\,\mathsf{X}$ bewertet. Man beachte, daß $\mathsf{E}\,\mathsf{X}$ keine Zufallsgröße, sondern eine von X abhängige *Konstante* ist, eine Kenngröße der Zufallsgröße X. Der Erwartungswert von $g(x)$ gemäß (4.18)

$$\mathsf{E}\,g(\mathsf{X}) = \mathsf{E}\,(\mathsf{X} - \mathsf{E}\,\mathsf{X})^2 = \mathsf{D}^2\mathsf{X} \tag{4.19}$$

heißt die *Varianz* von X und ist ein Maß für die Variablität der Zufallsgröße und der Streuung ihrer Realisierungen.

Für die Anwendungen wichtig ist das sogenannte *Gesetz über die Addition der Varianzen*. Bildet man nämlich die Varianz einer Summe von Zufallsgrößen, im einfachsten Falle von $\mathsf{Z} = \mathsf{X} + \mathsf{Y}$, so ergibt sich mit einfacher Rechnung, wegen der Linearität der Summen und Integrale in den Erwartungswerten, für $\mathsf{D}^2\mathsf{Z}$

$$\mathsf{D}^2\mathsf{Z} = \mathsf{D}^2\mathsf{X} + \mathsf{D}^2\mathsf{Y} + 2\mathsf{E}\big[(\mathsf{X} - \mathsf{E}\,\mathsf{X})(\mathsf{Y} - \mathsf{E}\,\mathsf{Y})\big]\,. \tag{4.20}$$

Falls nun für X und Y der dritte Summand auf der rechten Seite wegfällt, d.h. X und Y *unabhängig* oder *unkorreliert* sind, dann *addieren* sich die Varianzen. Dabei bedeutet die Unkorreliertheit weniger als die Unabhängigkeit, nämlich nur den Wegfall des dritten Summanden in der obigen Summe. Dabei können die Zufallsgrößen im Sinne der Wahrscheinlichkeitstheorie durchaus abhängig sein. Diese Argumentation gilt auch im Falle der *Differenz* $\mathsf{X} - \mathsf{Y}$, denn das Minuszeichen erscheint nur vor dem (wegfallenden) dritten Summanden.

Dies wird beim sogenannten *Fehlerfortpflanzungsgesetz* benutzt, um den Einfluß von kleinen Fehlern in den Argumenten einer Funktion zu bewerten und abzuschätzen.

Ausgangspunkt ist der Linearanteil einer Taylor-Entwicklung in mehreren Variablen, z.B.

$$\mathrm{d}f \;=\; \frac{\partial f}{\partial x}\mathrm{d}x + \frac{\partial f}{\partial y}\mathrm{d}y + \frac{\partial f}{\partial z}\mathrm{d}z + \cdots \tag{4.21}$$

$$=\; a\,\mathrm{d}x + b\,\mathrm{d}y + c\,\mathrm{d}z + \cdots \tag{4.22}$$

Ersetzt man die Differentiale durch entsprechende Zufallsgrößen $\mathsf{F}, \mathsf{X}, \mathsf{Y}, \mathsf{Z}, \ldots$, die nun die (zufälligen) endlichen Abweichungen von den „wahren" Funktions- bzw. Argumentwerten f, x, y, z bedeuten sollen, und nimmt man an, daß die

Abweichungen $X, Y, Z, \ldots$ paarweise unabhängig oder wenigstens im oben genannten Sinne unkorreliert sind, dann erhält man für ihre Varianzen

$$D^2F = a^2 D^2 X + b^2 D^2 Y + c^2 D^2 Z + \cdots \qquad (4.23)$$

Die Varianzen der Argumente werden dann aus den experimentellen Befunden geschätzt (siehe Abschnitt 4.2.2), z.B. durch die entsprechenden Stichprobenstreuungen $s_X^2, s_Y^2, s_Z^2, \ldots$, und liefern dann für die Abweichung s_F im Funktionswert das sogenannte *Fehlerfortpflanzungsgesetz* von GAUSS

$$s_F = \sqrt{a^2 s_X^2 + b^2 s_Y^2 + c^2 s_Z^2 + \cdots}, \qquad (4.24)$$

wobei für eine Aussage an der Meßwertstelle $(x, y, z, \ldots)$ für $a, b, c, \ldots$ die Werte der partiellen Ableitungen $\frac{\partial f}{\partial x}, \frac{\partial f}{\partial y}, \frac{\partial f}{\partial z}, \ldots$ zu setzen sind (siehe z.B. ZURMÜHL 1984). Trotz des mit dem Namen GAUSS verbundenen wissenschaftlichen Anspruchs dieses Vorgehens handelt es sich im Grunde doch nur um eine nützliche Heuristik.

Auf die Betrachtung von *Zufallsvariablen*, z.B. Vektoren von Zufallsgrößen, wird in Abschnitt 4.2.1 eingegangen; man informiere sich auch in der Lehrbuchliteratur.

4.1.4 Asymptotische Aussagen

Eingangs dieses Kapitels wurde die Stochastik auch als mathematisches Hilfsmittel zur Untersuchung der Gesetzmäßigkeit von Massenerscheinungen vorgestellt. Dies beinhaltet natürlich auch die Betrachtung von *unendlichen* Folgen von Zufallsgrößen $X_n; n = 1, 2, \ldots$ und deren Verhalten beim Grenzübergang $n \to \infty$. Die Ergebnisse lassen sich dann für umfangreiche Datenmengen nutzen, von denen man annehmen darf, daß sie aus solch einer Folge erhalten wurden.

Die Stochastik unterscheidet verschiedene Arten der *Konvergenz* solcher Folgen: *fast sichere Konvergenz*, wenn die Konvergenz bezüglich aller Elementarereignisse die Wahrscheinlichkeit 1 hat; *im quadratischen Mittel*, wenn die Erwartungswerte der quadratischen Abweichungen von einer festen Zufallsgröße (dem Grenzwert) gegen Null streben, und schließlich *in Wahrscheinlichkeit*, wenn die Wahrscheinlichkeit der absoluten Abweichung vom Grenzwert für jedes Elementarereignis und jede noch so kleine Abweichung gegen 0 geht. Unter gewissen Bedingungen sind diese drei Konvergenzbegriffe sogar äquivalent. Ihr Verhältnis untereinander und möglichst schwache und allgemeine Voraussetzungen für das Eintreten und die Geschwindigkeit der Konvergenz sind ein umfangreiches Forschungsgebiet der in der Stochastik arbeitenden Mathematiker. Für den Anwender, der sowieso nur selten in der Lage sein wird, die zum Teil recht unübersichtlichen mathematischen Bedingungen zu überprüfen oder auch nur aus vorliegenden Sachbezügen zu überlegen, dürfte es genügen zu wissen, daß viele der in der Software angebotenen Verfahren auf solchen asymptotischen Untersuchungen beruhen und nur für hinreichend umfangreiches Datenmaterial, speziell für Stichproben großen Umfangs, einen Sinn erhalten. (Zum Begriff der Stichprobe siehe den nächsten Abschnitt.)

Einige der in dieser Hinsicht benutzten Begriffe und Aussagen sollen nun vorgestellt werden. Zu weiteren Einzelheiten wird auf die Lehrbuchliteratur verwiesen (siehe z.B. STORM 1995, BEYER u.a. 1995).

Eine Folge von Zufallsgrößen $\{X_n\}$ genügt einem *Gesetz der Großen Zahlen*, wenn die Folge der Differenzen ihrer arithmetischen Mittel und der arithmetischen Mittel der Erwartungswerte in einem der oben genannten Sinne gegen 0 strebt

$$\frac{1}{n} \sum_{i=n}^{n} X_i - \frac{1}{n} \sum_{i=1}^{n} \mathsf{E}\,X_i \to 0 \; . \tag{4.25}$$

Wenn speziell alle X_i den *gleichen* Erwartungswert $\mathsf{E}\,X$ haben, bedeutet dies, daß das arithmetische Mittel gegen diesen Erwartungswert konvergiert.
Weiterhin kann man auch die relative Häufigkeit eines Ereignisses A als arithmetisches Mittel einer Zufallsgröße X mit den Werten 1 (das Ereignis A ist eingetreten) und 0 (es ist nicht eingetreten) auffassen. Dann bedeutet das Gesetz der Großen Zahlen, daß die relative Häufigkeit gegen die Wahrscheinlichkeit konvergiert. Während VON MISES dies als definierenden *Ausgangspunkt* der Wahrscheinlichkeit benutzt, ergibt es sich hier als Schlußfolgerung aus den Axiomen von KOLMOGOROV.

Noch weiterreichende Aussagen erhält man, wenn man einen Begriff der *Konvergenz von Verteilungsfunktionen* (mittels sogenannter charakteristischer Funktionen) einführt. Damit kann man zeigen, daß sich bei geeigneter Normalisierung der Teilsummen $Z_n = \sum_{i=1}^{n} X_i$, z.B. mit

$$Z_n^* = \frac{Z_n - \mathsf{E}\,Z_n}{\sqrt{D^2 Z_n}} \; , \tag{4.26}$$

die Verteilung von Z_n^* unter gewissen Bedingungen immer mehr einer normierten *Normalverteilung* ((4.10) mit $\mu = 0$ und $\sigma^2 = 1$) annähert. Man nennt solche Aussagen dann *Grenzwertsätze* (nach dem jeweils betrachteten Gültigkeitsgebiet *lokal* oder *global*). Speziell ergibt sich, daß man sogar eine (diskrete) Binomialverteilung für großes n sehr gut durch eine (stetige) Normalverteilung mit den Parametern $\mu = np$ und $\sigma^2 = np(1 - p)$ approximieren kann.

Die Eigenschaft der Normalverteilung, unter gewissen, z.T auch einschneidenden Bedingungen *Grenzverteilung* geeignet normierter Summen von Zufallsgrößen zu sein, wird in der probabilistischen Inferenz mit großem Vorteil benutzt und unterstreicht die Sonderrolle dieser Verteilung. Die *Poissonverteilung* hat eine ähnliche Stellung unter den diskreten Verteilungen bei deren asymptotischer Betrachtung. Weitere Hinweise entnehme man z.B. MÜLLER 1991.

4.2 Probabilistische Inferenz

Aussagen aus Datenmengen werden eher und besser möglich, wenn man über ihre Entstehung plausible oder fachwissenschaftlich fundierte Annahmen machen kann. Wenn diese Annahmen zu einem *Wahrscheinlichkeitsmodell* führen, dann lassen sich die Schlußfolgerungen aus den vorliegenden Daten im Rahmen dieses Modells ziehen. Ein Wahrscheinlichkeitsmodell läßt sich als ein (mathematischer) Versuch formulieren, indem man die Versuchsbedingungen festlegt, die man für wesentlich hält. Gleichzeitig damit werden bekanntlich alle anderen Einflüsse, die auf das Ergebnis einwirken, als zufällige eingestuft. In der Regel definiert man so eine Zufallsvariable, meist eine Zufallsgröße X. Kennt man deren Verteilung *genau*, dann hat man, unter den gegebenen Versuchsbedingungen, *alle verfügbare Information* über das Versuchsergebnis erfaßt, weitergehende Aussagen sind nicht möglich. Als naheliegendes Beispiel dient der Würfel: unter den Versuchsbedingungen, daß es sich um einen fairen Würfel handelt, kann nicht mehr ausgesagt werden, als daß beim nächsten Wurf jede Augenzahl die gleiche Chance hat.

In der Regel jedoch ist die Wahrscheinlichkeitsverteilung einer praktisch definierten Zufallsgröße *nicht genau* bekannt. Man kann aus einer Modellvorstellung etwa den *Typ* der Verteilung erschließen, bei einem Meßvorgang vielleicht die Normalverteilung und bei der Statistischen Qualitätskontrolle die Binomialverteilung, aber deren Parameter kennt man nicht. Auf der anderen Seite hat man Datenmaterial, daß in Beziehung zu dem Versuch und zu der Zufallsgröße steht und daher Information über die unbekannten Parameter enthalten kann. Mit diesem *Parameterschätzproblem* beschäftigt sich Abschnitt 4.2.2.

Ein anderes Problem behandelt den Fall, daß ein Versuch vorgegeben ist, dessen Zufallsgröße einer ebenfalls vorgegeben Verteilung genügen soll. Anhand des vorliegenden Datenmaterials soll entschieden werden, ob dies auch *tatsächlich* der Fall ist. Solche Fälle treten speziell bei der Statistischen Qualitätskontrolle und bei der Prozeßüberwachung auf. Auf Probleme dieser Struktur wird in Abschnitt 4.2.3 eingegangen.

Zuerst aber ist das wichtige Anwendungsproblem zu klären, wie ein Datenmaterial gewonnen oder beschaffen sein muß, um solche Fragen über die Verteilung einer Zufallsgröße zu beantworten. Der zentrale Begriff dazu ist die *Stichprobe*.

4.2.1 Stichproben

Die in der gängigen Software implementierten Methoden der *mathematischen Statistik*, wie die probabilistische Inferenz landläufig genannt wird, beruhen auf einigen Annahmen, bei deren Nichterfülltheit die erhaltenen Aussagen zweifelhaft, ja irreführend und widersinnig werden können. Daher sollen sie in diesem Unterabschnitt sehr ausführlich vorgestellt werden.

Ein einzelnes spezielles Ergebnis eines Versuches oder den Wert, den eine Zufallsgröße X im konkreten Fall *tatsächlich* angenommen hat, nennt man eine *Realisierung*. Wenn zum Beispiel etwa mit einem Würfel eine 4 geworfen wurde oder bei einer zufallsbeeinflußten Messung das Ergebnis $17,3$ erhalten wurde, so sind dies Beispiele für Realisierungen des Würfelwurfes bzw. der Zufallsgröße, die die Messung modelliert.

Eine Anzahl solcher Realisierungen $x_1, x_2, \ldots, x_n$ einer Zufallsgröße X nennt man eine *konkrete Stichprobe*.

Da ein statistisches Verfahren *allgemein* verwendbar sein soll, muß man dafür *alle möglichen* konkreten Stichproben betrachten. Dazu deutet man sie als Punkte $\mathbf{x} = (x_1, x_2, \ldots, x_n)$ in einem $n-$dimensionalen Raum, dem *Stichprobenraum*. Damit man angeben kann, wie groß die Wahrscheinlichkeit dafür ist, daß eine ganz spezielle Stichprobe $\mathbf{x_0}$ auftritt oder in einem bestimmten Bereich des Stichprobenraums liegt, wird der Zufallsvektor $\mathbf{X} = (\mathsf{X}_1, \mathsf{X}_2, \ldots, \mathsf{X}_n)$ eingeführt. Die konkrete Stichprobe $\mathbf{x}$ (eine n-malige Realisierung von X) wird nun als (einmalige) Realisierung dieses Vektors $\mathbf{X}$ gedeutet. Es ist also x_1 eine Realisierung von X_1, x_2 von X_2, $\ldots$, x_n von X_n. Da alle Realisierungen x_i von der *gleichen* Zufallsgröße stammen sollen, müssen alle die X_i die *gleiche* Verteilung haben, man spricht für die X_i von *Exemplaren* von X. Soweit handelt es sich nur um einen Wechsel der Blickrichtung, der die Denkgewohnheiten des n-dimensionalen Raumes zur Vereinfachung der Sprechweise nutzt.

Will man jedoch die Wahrscheinlichkeitsverteilung von $\mathbf{X}$ berechnen, aus der man die gewünschten Wahrscheinlichkeiten für die Stichproben bestimmen kann, bedarf es einer *zusätzlichen* Annahme, um aus der Verteilung von X auf die von $\mathbf{X}$ zu schließen. Die mathematisch *einfachste* derartige Annahme ist die der *Unabhängigkeit* der Komponenten X_i des Vektors $\mathbf{X}$. Dann nämlich erhält man die Verteilung von $\mathbf{X}$ durch Multiplikation der Verteilungen von X_i. Es seien z.B. $f_i(x_i)$ die Dichten der entsprechenden Zufallsgrößen X_i für $i = 1, 2, \ldots, n$, dann ist die Dichte $f(\mathbf{x})$ der Verteilung von $\mathbf{X}$

$$f(\mathbf{x}) = \prod_{i=1}^{n} f_i(x_i) \ . \tag{4.27}$$

Einen Vektor $\mathbf{X}$ aus n *unabhängigen* Zufallsgrößen $\mathsf{X}_i; i = 1, \ldots, n$, die alle die *gleiche* Verteilung besitzen, nennt man daher (mathematische) *Stichprobe*. Die Anzahl n heißt *Umfang* der Stichprobe. Die Zufallsgröße X, die die Stichprobe liefert, heißt *Grundgesamtheit* .

Natürlich ist die Behandlung von Problemen der Statistik auch möglich ohne die Voraussetzung der Unabhängigkeit, jedoch sind die dann erforderlichen Verfahren in aller Regel wesentlich komplizierter, erfordern andere Annahmen über den stochastischen Zusammenhang der Komponenten X_i oder sind in ihrer Aussagekraft wesentlich eingeschränkt. Ein eindrucksvolles Beispiel dafür liefert die Betrachtung von stochastischen Feldern, z.B. in der Geostatistik (siehe z.B. CRESSIE 1991).

Das wichtige Anwendungsproblem der *Datenqualität* manifestiert sich also hier in den Fragen: Welche Konsequenzen haben die Festlegungen bei der Definition der Stichprobe auf die Organisation der Datengewinnung? Wann kann man mit gegebenen Daten sinnvoll Methoden der mathematischen Statistik anwenden? Wie müssen die Ergebniswerte gewonnen werden, um als Realisierung einer Stichprobe zu gelten? Diese Fragen müssen natürlich *vor* der Betrachtung oder Gewinnung der Daten überlegt werden!

Dabei wird hier zuerst nur der gewöhnliche Fall behandelt, daß die Daten (die Realisierungen von X) *scharfe* Werte sind. Die zusätzliche Berücksichtigung der Datenunschärfe erfolgt im Abschnitt 4.2.4.

Der Stichprobe liegt *eine* Zufallsgröße zu Grunde, d. h. ein (mathematischer) Versuch mit *festgelegten* Versuchsbedingungen; alle *anderen* Einflüsse werden als zufällig angenommen. Daraus ergeben sich zwei notwendige Kontrollmechanismen:

Kontrolle 1. Sind bei *jeder* Versuchsdurchführung (Realisierung der Zufallsgröße) alle festgelegten Versuchsbedingungen *tatsächlich* erfüllt?

Es ist also stets zu empfehlen, daß der wissenschaftliche Bearbeiter sich hierüber ein genaues Bild verschafft, auch wenn und gerade wenn er die entsprechenden Messungen oder Beobachtungen nicht selbst durchführt.

Muß die Frage verneint werden, dann besteht die Gefahr, daß (einige) Ergebnisse registriert werden, die *nicht* von der betrachteten Zufallsgröße stammen.

In manchen Fällen liegen diese dann *außerhalb* des Gros der anderen Realisierungen und werden von Datenanalyseprogrammen als *Ausreißer* bezeichnet. Es ist ratsam, sich *nicht* auf die „Entscheidung" socher Programme zu verlassen und diese Ergebnisse einfach zu eliminieren. Es ist durchaus normal, daß sich auch abwegige Werte im Gros verstecken und abgesondert liegende Werte zur betrachteten Zufallsgröße gehören. Eine fachwissenschaftlich gestützte Sichtung der Ergebnisse ist in jedem Fall zu empfehlen, die in der individuellen Entscheidung über jede einzelne Realisierung münden sollte. Hat man die Möglichkeit, Situationen mit Ausreißerwerten zu wiederholen, dann sollte man es tun. Bei einer Bestätigung des Wertes können sich neue Einsichten zum praktischen Problem ergeben.

Weiterhin kann es vorkommen, daß sich nur Realisierungen in einem bestimmten beschränkten Bereich beobachten lassen, Realisierungen außerhalb des Bereiches zwar vorkommen, aber unentdeckt bleiben. Beispiele hierfür sind Lebensdaueruntersuchungen, bei denen nicht alle untersuchten Objekte bis zum Beobachtungsende ausgefallen sind, und Beobachtungswerte, die durch Steuereingriffe während der Untersuchung verhindert werden (z. B. durch Einschaltung von Zusatzaggregaten bei Annäherung an gefährliche Bereiche). In solchen Fällen spricht man von einer *Stutzung* der Stichprobe, die ein fachwissenschaftlich geschultes Auge bei der datenanalytischen Betrachtung der Stichprobe in der Regel erkennt. Es sind dann geeignete Maßnahmen zu ergreifen, um diese Stutzung entweder durch Annahmen zu entschärfen oder bei den Schlußfolgerungen zu berücksichtigen.

Schließlich sind Sachverhalte in Betracht zu ziehen, die die Verwendung der Daten für eine mathematisch-statistische Auswertungen wertlos machen können. Hat nämlich der Datenerfasser, der mit der Beobachtung oder Messung Beauftragte, ein Interesse daran, welche speziellen Realisierung er feststellt (z.B. weil sein Einkommen oder sein Prestige davon abhängt), oder ist es ihm völlig gleichgültig, was er eigentlich registriert (z.B. weil eine Sorgfalt nicht verlangt oder honoriert wird), dann kommt es zu einer *Manipulation* der Daten; die Schlußfolgerungen hieraus sind dann nicht mehr objektiv, manchmal nicht einmal sinnvoll. Eine gesunde Skepsis bei zu guten oder sinnlosen Ergebnissen ist also gleichermaßen angezeigt.

Kontrolle 2. Noch schwieriger zu erkennen, aber mindestens genauso folgenschwer ist der häufige Fall, daß *außer* den festgelegten Versuchsbedingungen noch *weitere* Bedingungen bei allen Realisierungen *festgehalten* wurden. Sie werden dann automatisch Teil der Versuchsbedingungen, die die Grundgesamtheit definieren, und *alle* aus der Stichprobe gezogenen Schlüsse gelten dann *nur* unter diesen zusätzlich festgehaltenen Bedingungen. Dies ist offenbar eine *Einschränkung* des angenommenen Wirkens des Zufalls, an der man in vielen Fällen nicht interessiert ist. Bekannte Sachverhalte, in denen so etwas vorkommt, sind Untersuchungen mit ungewollten Einschränkungen, z.B. Auswahl des Teilbetriebs, der Jahreszeit, des Wochentags und der Tageszeit bei betriebswirtschaftlichen Untersuchungen; Wahl der Lage des Versuchsfeldes bei landwirtschaftlichen Versuchen; Auswahl der Bearbeiter bei technischen Untersuchungen, bei denen es auf Erfahrung und Sorgfalt ankommt. Damit die Schlüsse für die Gesamtheit der in Frage kommenden Objekte (Teilbetriebe, Jahreszeiten, Wochentage, Tageszeiten, Feldlagen, Bearbeiter) gelten, muß man dafür sorgen, daß deren Einfluß *zufällig* wird. Dies geschieht in praktischen Fällen dadurch, daß man sie in *zufälliger Weise* in die Untersuchung einbezieht, man nennt dies *Randomisierung*.

Bekannte Beispiele für ein solches Vorgehen bieten die sogenannten *Mehrfeldertafeln* für Feldversuche und die *Zufallszahlengeneratoren* zur Auswahl von Objekten für die Statistische Qualitätskontrolle, die Probenahme für die Analytik von Haufwerk, der Prozeßkontrolle, der Kunden- und Wählerbefragung. Man denkt sich die in Frage kommenden Objekte in irgendeiner Weise numeriert und realisiert dann aus dem Zufallszahlengenerator (mit gleichverteilten Ziffern) die erforderliche Anzahl von Zufallszahlen. Die Objekte mit diesen Zahlen als Nummern werden dann in die Auswahl genommen. Mit diesem Verfahren sichert man, daß jedes der möglichen Objekte die *gleiche* Chance hat, für die Untersuchung ausgewählt zu werden.

Schließlich verlangt die Definition der Stichprobe, daß die Realisierungen *unabhängig* voneinander gewonnen werden müssen. Im konkreten Fall heißt das, daß ein beliebiges erhaltenes Ergebnis x_i keinen Einfluß auf die Wahrscheinlichkeit darauf haben darf, welche Werte die anderen Realisierungen x_j mit j verschieden von i haben. Die Erfüllung dieser Forderung kann man zum einen mit Betrachtung und Überlegung des Verfahrens der Gewinnung der Realisierung kontrollieren. Gibt es z.B. die Möglichkeit, daß bei einem zeitlich ablaufenden Verfahren der Gewinnung von Realisierungen das bereits erhaltene Ergebnis auf die noch ausstehenden Einfluß nimmt? Zum Beispiel besteht bei der Gewinnung von Sammelproben aus Haufwerk die Gefahr, daß der mit der Sammlung beauftragte Fachmitarbeiter in Anbetracht des bisherigen Sammelergebnisses mit *gezielt* gewählten Sammlungsobjekten das Gesamtergebnis zu „korrigieren" sucht. Eine weitere Strategie zur Kontrolle der Unabhängigkeitsforderung ist der Einsatz von Datenanalyseprogrammen zur Auffindung von Korrelationen und funktionalen Beziehungen. Allerdings sind an das Ergebnis strenge Maßstäbe für deren Relevanz anzulegen, da es wohl immer gelingen dürfte, *irgendeinen* schwachen Zusammenhang zu finden, der aber „zufällig" entstanden sein kann und mit der Unabhängigkeitsforderung durchaus verträglich ist.

Die zufällige Auswahl von Objekten in komplexeren Situationen und mit dem Anspruch, dabei einerseits mit relativ wenigen Auswahlobjekten auszukommen und gleichzeitig andererseits dabei die Variabilität des gesamten verfügbaren Objektmaterials zu erfassen und widerzuspiegeln, ist Gegenstand einer sehr weit ausgebauten Stichprobentheorie (siehe z.B. COCHRAN 1957).

Der Stichprobenvektor $\mathbf{X}$ ist der Ausgangspunkt und die Basis der gesamten probabilistischen Inferenz oder mathematischen Statistik.

Das *Histogramm* und die *empirische Verteilungsfunktion* (siehe Lehrbuchliteratur) leiten sich aus der konkreten Stichprobe ab und geben ein erstes grobes Bild der Verteilung (der Einzelwahrscheinlichkeiten oder der Dichte) beziehungsweise der Verteilungsfunktion selbst. Für wachsenden Stichprobenumfang n wird die Annährung an die entsprechenden Größen der Verteilung der Grundgesamtheit immer besser (Gesetz der Großen Zahlen). Für kleines n sind sie jedoch wenig aussagekräftig, von Schlußfolgerungen aus ihnen sollte man in diesem Falle absehen.

4.2.2　Parameterschätzung

Eine der beiden Grundaufgaben der mathematischen Statistik ist die Schätzung unbekannter Verteilungsparameter. Dabei geht man davon aus, daß man den *Verteilungstyp* der Grundgesamtheit bereits kennt. Die Bezeichnung „Verteilungstyp" wird durch den Begriff der *Verteilungsfamilie* mathematisch präzisiert. Eine solche Familie besteht aus allen Verteilungen, deren mathematische Darstellung sich nur durch spezielle Werte von Parametern unterscheidet. Als Beispiele dienen hier die bekannte Familie der Normalverteilungen

$$f(x; \mu, \sigma^2) = \frac{1}{\sigma\sqrt{2\pi}} \exp\{-\frac{(x-\mu)^2}{2\sigma^2}\} \tag{4.28}$$

mit dem Parameterbereich

$$\Theta = \{\vartheta = (\mu, \sigma) : -\infty < \mu < \infty; 0 < \sigma < \infty\} \tag{4.29}$$

und die Familie der Poissonverteilungen

$$P_\lambda(\mathbf{X} = k) = \frac{\lambda^k}{k!} \exp(-\lambda) \tag{4.30}$$

mit dem Parameterbereich

$$\Theta = \{\vartheta = \lambda : 0 < \lambda < \infty\} . \tag{4.31}$$

In dieser Form werden die Verteilungstypen in den Lehrbüchern und der Software gewöhnlich auch angegeben.

Die *Hauptannahme* der Schätztheorie ist es nun, daß es einen speziellen Parameterwert ϑ^* gibt, zu dem die Grundgesamtheit und damit die vorliegende Stichprobe gehört. Das Erfülltsein dieser Annahme wird gewöhnlich in die Formulierung gekleidet: die Verteilungsfamilie ist ein *wahres Modell*. Stimmt diese Annahme im konkreten Fall also *nicht*, dann kann das Ergebnis der Schätzung möglicherweise sinnlos werden.

Das Schätzproblem entsteht nun dadurch, daß dieses (wahre) ϑ^* *unbekannt* ist. Diesen Wert (näherungsweise) zu bestimmen, macht das Schätzproblem aus.

Ein *Schätzverfahren* muß jeder möglichen Stichprobe aus der Grundgesamtheit einen passenden Schätzwert *zuordnen*, der als Näherungswert gelten soll. Jedem Element des Stichprobenraumes $\mathbf{x}$ muß also ein Element des Parameterbereichs $\hat{\vartheta}$ entsprechen, nicht notwendig eineindeutig. Dies bezeichnet man auch recht anschaulich als eine Abbildung des Stichprobenraumes auf den Parameterbereich:

$$\hat{\vartheta} = \hat{\theta}(x_1, \ldots, x_n) \, . \tag{4.32}$$

Vor der Realisierung ist die Stichprobe ein Zufallsvektor $\mathbf{X} = (\mathsf{X}_1, \ldots, \mathsf{X}_n)$, und damit wird auch der Schätzwert zufällig, denn er hängt von der zufälligen Realisierung der (mathematischen) Stichprobe ab. Dementsprechend betrachtet man die Zufallsvariable $\hat{\theta}(\mathsf{X}_1, \ldots, \mathsf{X}_n)$ als die (durch die Stichprobe zufällige) *Schätzung* des unbekannten wahren Parameterwertes ϑ^*. Da das Schätzverfahren für jeden beliebigen wahren Parameterwert anwendbar sein muß, läßt man den Stern gewöhnlich wieder weg, nachdem man die Bedeutung der Existenz eines solchen Wertes betont hat.

Als Beispiel sei die Familie der Normalverteilungen betrachtet. Zur Schätzung des Erwartungswertes μ eignet sich das arithmetische Mittel $\bar{\mathsf{X}}_n = \frac{1}{n} \sum_{i=1}^{n} \mathsf{X}_i$, das für wachsendes n gegen diesen Erwartungswert strebt (siehe Abschnitt 4.1.4).

Wegen der konkreten Schätzverfahren für die verschiedenen Familien von Verteilungen informiere man sich in der Lehrbuchliteratur (z.B. STORM 1995, BEYER u.a. 1995) oder in den Softwareunterlagen.

Von Interesse ist die Bedeutung der eventuell angegebenen *Eigenschaften* der empfohlenen Schätzungen. Da die Schätzwerte im konkreten Fall Realisierungen von Zufallsvariablen $\hat{\theta}$ (Beispiel: Bild 4.3) sind, kann man deren Eigenschaften auch nur für diese Zufallsvariablen beschreiben.

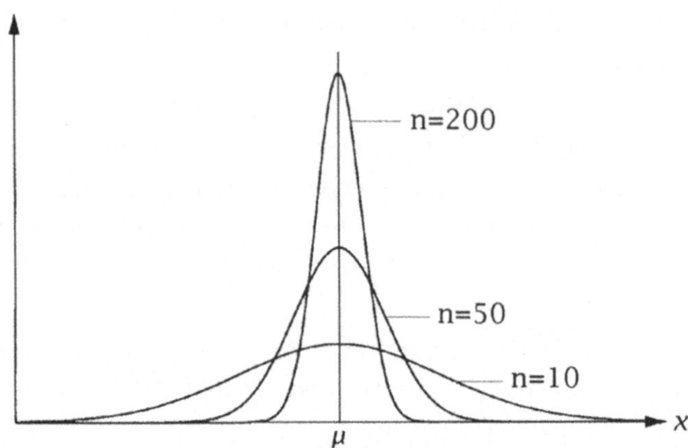

Bild 4.3 arithmetischer Mittelwert als Schätzung des Erwartungswertes für verschiedenen Stichprobenumfang

Wählt man die *frequentistische* Interpretation der Wahrscheinlichkeit, dann bedeutet die *Erwartungstreue* einer Schätzung, daß die Schätzwerte bei häufiger Durchführung der Schätzung für jeweils zufällig erhaltene Realisierungen der Stichprobe um den „wahren" Wert des Parameters streuen werden (er ist der Erwartungswert der Schätzung). Eine *nicht* erwartungstreue Schätzung hätte eine *systematische* mittlere Abweichung von diesem wahren Wert.

Die *Effektivität* einer erwartungstreuen Schätzung mißt man an ihrer Varianz, der erwarteten quadratischen Abweichung vom wahren Wert. Je kleiner diese Varianz, je höher ist die Effektivität der Schätzung; die Streuung um den wahren Wert wird also geringer.

Von der *Konsistenz* einer Schätzung spricht man im Zusammenhang mit ihrem Verhalten, wenn der Stichprobenumfang beliebig groß wird. Wird dann die Schätzung immer effektiver oder in einem anderen Sinne immer besser (zieht sie sich gewissermaßen auf den wahren Wert zusammen), dann nennt man sie konsistent. Es handelt sich also hierbei um eine asymptotische Aussage.

Alle Eigenschaften beziehen sich also auf spezielle *Mengen* zufällig erhaltener Schätzwerte. Wegen genauerer Definitionen und weiterer Eigenschaften vergleiche man die Lehrbuchliteratur.

Im *einzelnen* konkreten Fall kann man über die *Nähe* des Schätzwertes zum wahren Wert *überhaupt nichts* aussagen.

Diese verbleibende Ungewißheit führte auf das Konzept der *Bereichsschätzungen*. Jeder konkreten Stichprobe **x** wird dabei nicht ein einziger Parameterwert ϑ, sondern ein ganzer Bereich $B \subseteq \Theta$ zugeordnet. Im eindimensionalen Fall

$\Theta \subseteq (-\infty, \infty)$, der im folgenden der einfachen Darstellung halber betrachtet werden soll, wäre dies aus praktischen Gründen ein Intervall I. Dieses Intervall hängt dann von der Stichprobe ab, $\mathsf{I}(\mathsf{X}_1, \ldots, \mathsf{X}_n)$, und wird damit ein *zufälliges Intervall*. Seine Realisierung für eine konkrete Stichprobe ist dann ein festes Intervall $I(x_1, \ldots, x_n)$. Von diesem Intervall wird dann *angenommen*, daß es den „wahren" Parameterwert ϑ *überdeckt*. Diese Annahme kann im einzelnen konkreten Fall natürlich *richtig* oder *falsch* sein. Wird dieses Schätzintervall ständig angewendet (frequentistische Deutung!), dann soll die Annahme möglichst häufig richtig sein. Die unscharfe Formulierung „möglichst häufig" bedarf der Präzisierung im Rahmen der Stochastik. Dazu betrachtet man das zufällige Intervall und die Wahrscheinlichkeit für den Fall, daß ϑ der wahre Wert ist. Diese Annahme wird durch den Index an P deutlich gemacht. Weiterhin soll das Zeichen $\ni$ andeuten, daß die davor stehende Menge *variabel* und das dahinter stehende Element *fest* sein soll (beim gewöhnlichen $\in$ steht das *variable* Element *davor* und die *feste* Menge *dahinter*). Für die erwartete Häufigkeit einer *richtigen* Entscheidung, d.h., der wahre Wert wird tatsächlich überdeckt), wird eine untere Schranke $1 - \alpha$ vorgegeben. Die (kleine) Zahl α ist also die Wahrscheinlichkeit dafür, daß eine Fehlentscheidung getroffen wird, also das zufällige Intervall den wahren Wert *nicht* überdeckt. Ein Zufallsintervall $\mathsf{I}(\mathsf{X}_1, \ldots, \mathsf{X}_n)$ heißt *Bereichsschätzung* oder Vertrauensintervall zur Vertrauenswahrscheinlichkeit $1 - \alpha$, wenn

$$P_\vartheta(\mathsf{I}(\mathsf{X}_1, \ldots, \mathsf{X}_n) \ni \vartheta) \geq 1 - \alpha \tag{4.33}$$

für alle ϑ aus dem Parameterbereich Θ gilt. Die Länge des Intervalls ist dann ein Maß für die *Genauigkeit* der Schätzung, und die Wahrscheinlichkeit $1 - \alpha$ gibt offensichtlich die *Sicherheit* der Schätzung an.

Ein Beispiel soll den Zusammenhang verdeutlichen.

Betrachtet wird eine normalverteilte Zufallsgröße X mit den Parametern μ und σ. Der Parameter σ, der die Genauigkeit der Meßmethode angibt, sei bekannt. Der Parameter μ, der den wahren Meßwert bezeichnet, sei zu schätzen: $\mu = \vartheta$. Es bezeichne $u_{1-\alpha/2}$ das $(1 - \alpha/2)$-Quantil der normierten Normalverteilung, d.h.

$$F_Z(u_{1-\alpha/2}) = \frac{1}{\sqrt{2\pi}} \int_{-\infty}^{u_{1-\alpha/2}} \exp\{-\frac{x^2}{2}\}\mathrm{d}x = 1 - \alpha/2 \tag{4.34}$$

für die normiert normal verteilte Zufallsgröße Z (mit $\mu = 0$ und $\sigma = 1$). (Allgemein gibt ein *Quantil* u_β die Stelle auf der x-Achse an, an der die Wahrscheinlichkeit $P(\mathsf{X} \leq u_\beta)$ einer stetigen Zufallsgröße X gerade den Wert β erreicht.) Dann wird als ein gutes Vertrauensintervall zur Vertrauenswahrscheinlichkeit

$1 - \alpha$ empfohlen

$$\bar{X} - u_{1-\alpha/2}\frac{\sigma}{\sqrt{n}} \leq \vartheta \leq \bar{X} + u_{1-\alpha/2}\frac{\sigma}{\sqrt{n}} \, . \tag{4.35}$$

Die Länge dieses Intervalls als Genauigkeit der Schätzung ist

$$l(\mathrm{I}) = 2u_{1-\alpha/2}\frac{\sigma}{\sqrt{n}} \tag{4.36}$$

und hängt offensichtlich von der Genauigkeit des zu Grunde liegenden Meß-verfahrens σ und der Anzahl der Messungen n ab. Weiterhin geht aber auch die Sicherheit $1 - \alpha$ über die Größe $u_{1-\alpha/2}$ ein. Daraus lassen sich einige praktisch wichtige Schlüsse ziehen. Die Genauigkeit der Schätzung ist proportional zur Genauigkeit der Einzelmessung. Die Anzahl der Meßwiederholungen wirkt längenverkürzend, also schätzgenauigkeitssteigernd, aber nur über ihre Wurzel. Es lohnt sich also nicht, sehr viele Wiederholungen zu praktizieren, vor allem wenn sie Zeit oder Geld kosten. Von einer gewissen Zahl ab bringen sie keinen nennenswerten Genauigkeitszuwachs. Schließlich wirkt eine Erhöhung der Sicherheit der Schätzung über $u_{1-\alpha/2}$ vergrößernd auf die Länge des Intervalls und damit erniedrigend auf die Genauigkeit. Es gilt also so etwas wie eine *Unschärferelation*: Man kann aus einer Stichprobe entweder eine recht genaue Schätzung mit geringer Sicherheit oder eine recht ungenaue Schätzung mit hoher Sicherheit erhalten. Mit der Wahl von α, dem Risiko für einen Irrtum bei der Überdeckung des wahren Parameters, entscheidet man über den Kompromiß zwischen Sicherheit und Genauigkeit. Natürlich bleibt es im einzelnen konkreten Fall weiterhin *ungewiß*, ob das angegebene konkrete Intervall den wahren Parameterwert überdeckt, aber man hat mit α wenigstens eine Abschätzung für das eingegangene Risiko bei der ständigen Verwendung dieser Methode.

Im allgemeinen ist die Länge des Vertrauensintervalls selbst wieder zufällig, und eine so klare Darstellung ist nicht mehr möglich. Die Grundaussagen über den Zusammenhang von Genauigkeit und Sicherheit jedoch bleiben auch in diesem allgemeinen Fall richtig.

4.2.3 Testen von Hypothesen

Die zweite Grundaufgabe der mathematischen Statistik betrachtet den Fall, daß für einen Sachverhalt ein wahrscheinlichkeitstheoretisches Modell gefunden wurde, von dessen Richtigkeit man überzeugt ist. Das Modell wird durch eine Zufallsvariable dargestellt, dessen Verteilung *genau bekannt* ist. Mit einer Stichprobe soll nun entschieden werden, ob die Annahme über die Richtigkeit des Modells (noch) stimmt oder ob es Grund für berechtigte Zweifel dagegen gibt.

Zwei klassische Beispiele seien hier genannt.

Eine Lieferung von billigen Kleinteilen, für die ein Ausschußanteil von $p_0\%$ vertraglich ausgehandelt wurde, soll auf Einhaltung der Vertragsbedingung geprüft werden. Dies ist ein bekannter Sachverhalt der Statistischen Qualitätskontrolle.

Die Anzahl X_n der Ausschußstücke in einer Stichprobe von n zufällig ausgewählten Probestücken ist bekanntlich *binomialverteilt* mit dem Erwartungswertparameter $p/100$, dem Ausschußanteil der Lieferung. Der Lieferant hat sich an den Vertrag gehalten, wenn $p \leq p_0$ ausfiele. Diese *Hypothese* wird dem Ergebnis, der Anzahl x der Ausschußstücke in der Stichprobe, gegenübergestellt. Ist dieses Ergebnis unter der Hypothese zu wenig wahrscheinlich, dann soll sie verworfen werden, was in praktischen Fällen zu Sanktionen gegen den in den Verdacht des Vertragsbruchs geratenen Lieferanten führen würde. Da das Ergebnis der Stichprobe dem Zufall (der zufälligen Auswahl der Probestücke) unterworfen ist, sind auch recht unwahrscheinliche Ergebnisse möglich, auch wenn die Hypothese richtig ist. Daher ist eine *immer richtige Entscheidung* prinzipiell *unmöglich*.

Für den Empfänger der Lieferung gibt es bei jeder seiner beiden Optionen ein Risiko:

Die Hypothese nach der Stichprobe zu verwerfen, obwohl sie eigentlich richtig ist (nur das Ergebnis der speziellen Stichprobe war ungünstig). Dies führt zu vermeidbaren Querelen mit dem Lieferanten.

Die Hypothese nach der Stichprobe für akzeptabel zu erklären, obwohl sie falsch ist (es ist wesentlich mehr Ausschuß darin als vereinbart). Dies führt zu einem Verlust beim Verbrauch der Lieferung.

Eine Lösung dieses Dilemmas ist mit ökonomischen Überlegungen möglich, bei denen die beiden Verlustarten quantitativ erfaßt und gegeneinander, etwa über ihre Erwartungswerte, abgewogen werden (UHLMANN 1970, 1982).

Gewöhnlich aber betrachtet man nur den Fehler *erster* Art, die Lieferung zu reklamieren, obwohl sie vertragsgemäß ist. Dies wird für den Geschäftsverkehr als unangenehmer empfunden als der Fehler *zweiter* Art, bei dem eine Lieferung angenommen wird, obwohl der Ausschußanteil höher als vertragsgemäß ist. Dies läßt sich jedoch beim Verbrauch der Lieferung feststellen und bei den *künftigen* Geschäftsbeziehungen berücksichtigen.

Ein anderer klassischer Fall der Hypothesenprüfung ist die einfachste Prozeßüberwachung. Die qualitätsbestimmende Kenngröße eines Erzeugnisses darf in einem gegebenen Toleranzintervall variieren. Es wird angenommen, daß sie einer Normalverteilung genügt, bei der die Überschreitungswahrscheinlichkeiten des Toleranzintervalls gerade dem tolerierten Ausschußanteil entsprechen. Während der Zeit der Produktion vieler Erzeugnisse treten Veränderungen der Parameter der Normalverteilung ein, etwa durch Dejustierung oder durch Nachlassen der genauigkeitsbestimmenden Prozeßgrößen. Die vorgegebenen Parameterwerte der Produktionsverteilung, eventuell mit kleinen sie umgebenden Intervallen, bilden die *Hypothese* in diesem Fall. Durch regelmäßige Stichprobennahme aus der laufenden Fertigung soll entschieden werden, wann der Prozeß zur Rejustierung oder zur Neubestückung angehalten werden soll. Hier manifestiert sich das Entscheidungsdilemma in den beiden möglichen Fehlentscheidungen:

Der Prozeß wird gestoppt, obwohl die Stichprobe nur zufällig ungünstige Erzeugnisse erfaßt hat („falscher Alarm"). Der Verlust besteht im (vermeidbaren) Ausfall der Erzeugung während des Stops.

Der Prozeß wird *nicht* gestoppt, obwohl es eigentlich nötig gewesen wäre, aber die Stichprobe war noch günstig. Der Verlust besteht hier im (vermeidbaren) höheren Ausschuß durch die Weiterproduktion („übersehenes Auswandern") .

In den beiden vorstehend genannten wie in anderen Anwendungsfällen wird aus den Ergebnissen der Stichprobe der Wert einer sogenannten *Testgröße* berechnet, deren genaue Verteilung man unter der Voraussetzung kennt, daß die Hypothese *richtig* ist. Liegt der berechnete Wert in einem sogenannten *kritischen Bereich*, dann wird die Hypothese verworfen. Ein Verwerfen oder Nichtverwerfen einer Hypothese auf der Grundlage einer Stichprobe sagt *nichts* über deren Richtigkeit. Sie kann in jedem Fall richtig oder falsch sein.

Wenn man das Verwerfen einer richtigen Hypothese als die unangenehmere Fehlentscheidung ansieht, dann gibt man eine *Irrtumswahrscheinlichkeit* α vor, die die Wahrscheinlichkeit für ein solches Ereignis nach oben beschränken soll. Dieses α bestimmt dann die Größe des kritischen Bereichs der Testgröße. Seine Lage wird auch durch die Festlegung der sogenannten Alternativhypothese festgelegt. Näheres zu den Einzelheiten entnehme man der Lehrbuchliteratur (z.B. STORM 1995, BEYER u.a. 1995).

Im einzelnen Fall ist, wie bei den Vertrauensschätzungen, keine Aussage möglich, ob die Entscheidung über die Hypothese nun richtig oder falsch war. Erst beim *längeren Gebrauch* des Testverfahren lassen sich, aus frequentistischer Sicht, Aussagen über die *Häufigkeit* von Fehlentscheidungen machen. Daher sind die oben genannten Entscheidungssituationen klassische Beispiele.

Die Anwendung der Testkonzeption auf mehr oder weniger unikale Ereignisse,
wie es in den Naturwissenschaften und der Betriebswirtschaft, aber auch in
der Medizin häufig vorkommt, kann mit der frequentistischen Deutung nichts
anfangen. Andererseits führt die subjektivistische Deutung der Wahrscheinlichkeit zu Formulierungen, mit deren Deutung die anwendende Wissenschaft
wohl Probleme bekommen könnte: „Die Chancen stehen 80 zu 20, daß diese
Hypothese richtig ist."

Schließlich wird gelegentlich noch die *Wahrscheinlichkeit* dafür bestimmt, daß
die Hypothese nach der Stichprobe gerade abgelehnt wird, was man auch als
Chancenabschätzung interpretieren würde (siehe z.B. SACHS 1992).

4.2.4 Probleme mit ungenauen Daten

In den Lehrbüchern und den Softwareunterlagen wird in aller Regel angenommen, daß die betrachteten Realisierungen der Stichproben *exakt* angegeben
sind, als reelle oder natürliche Zahlen. Der Fall, daß die Realisierungen als
andere Symbole, z.B. Buchstaben, vorliegen, ordnet sich hier dadurch ein, daß
dann nur Häufigkeiten in die statistische Auswertung eingehen.

Bei der Übergabe an den Rechner werden die Daten zu *Rechnerzahlen* ver-
schärft, in denen sich die Beobachtungsunschärfe *nicht* mehr widerspiegelt (wie
etwa in der Stellenzahl der Originaldaten). Diese *pseudo-exakten* Daten werden
nun dem numerisch formulierten statistischen Auswerteverfahren unterworfen, um z.B. einen Schätzwert für einen Verteilungsparameter zu bestimmen.
Damit sind die Ergebnisse der Rechnung zusätzlich der *Verfahrensungenauigkeit* unterworfen. Da die Rechner ihre Resultate in der Regel mit einer festen
Stellenzahl auswerfen, ist der Anwender *nicht* in der Lage, den Einfluß von
Datenverschärfung und Verfahrensungenauigkeit auf die Sinnhaftigkeit dieser
Stellenzahl einzuschätzen. Die Lehrbücher und Softwarehandbücher gehen die-
ser Kalamität aus dem Wege, indem sie einfache, übersichtliche numerische
Beispiele ohne praktischen Hintergrund konstruieren, bei denen alles „klar"
erscheint, auch wenn sie zuweilen praktisch „eingekleidet" werden.

In den praktischen Anwendungen ist es aber schon wichtig zu wissen, wie numerisch genau die Ergebnisse der statistischen Inferenz ausfallen und wie sich
Beobachtungsunschärfe und Datenverschärfung auf das Ergebnis auswirken.

Falls eine direkte Verfolgung der Unschärfe und die Untersuchung der Verfahrensungenauigkeit als unmöglich oder unangemessen erscheinen, so ist doch zu
raten, sich einen Eindruck darüber zu verschaffen.

Eine sehr einfache Möglichkeit dazu ist, die Originaldaten im Rahmen der Beobachtungs- oder Meßgenauigkeit geringfügig zu variieren, indem man die letzte beobachtete oder gemessene Stelle innerhalb der Rundungsintervalle zufällig variiert und die Auswertung mehrfach ausführen läßt. Dies kann mit Rechnerunterstützung sehr einfach realisiert werden und sollte eigentlich zum Softwarestandard gehören. Durch einen visuellen Vergleich der so gefundenen Resultate sieht man, welche der Stellen in ihnen bei der Variation der Eingabedaten stabil geblieben sind, und dann kann das Ergebnis hierauf sinnvoll gerundet werden. Speziell bei Bereichsschätzungen sollte diese Rundung immer *nach außen* erfolgen; z.B. darf ein Schätzintervall bei der Rundung nicht kleiner werden, denn bei der Überdeckung möchte man ja auf der sicheren Seite liegen, um die Überdeckungswahrscheinlichkeit nicht zu senken.

Bei Testen spielt die numerische Zuverlässigkeit der Bestimmung des Testgrößenwertes besonders dann eine Rolle, wenn dieser in der Nähe des kritischen Wertes liegt. In diesem Fall ist die Verlockung groß, die Irrtumwahrscheinlichkeit nachträglich zu verändern. Dies ist jedoch bedenklich, wenn man sich der frequentistischen Deutung der statistischen Hypothesentestung angeschlossen hat.

Ist man in der Lage, die Unschärfe jedes Elementes der Stichprobe zu erfassen, z.B., indem man aus den pseudo-exakten Daten *unscharfe Zahlen* macht, dann kann man den Einfluß wenigstens dieser Unschärfe auf das Resultat einschätzen. Das Erweiterungsprinzip von ZADEH liefert dann einen *unscharfen* Wert für das Ergebnis der Inferenz (VIERTL 1990).

Es sei (siehe (4.32)) $\hat{\vartheta} = \hat{\theta}(x_1, x_2, \ldots, x_n)$ die Schätzung des Parameters ϑ aus der konkreten Stichprobe $x_1, x_2, \ldots, x_n$. Hat man für die Stichprobenkomponenten entsprechende unscharfe Zahlen $\mathcal{A}_1, \mathcal{A}_2, \ldots, \mathcal{A}_n$ über der reellen Achse spezifiziert, dann erhält man aus der naheliegenden Verallgemeinerung des Erweiterungsprinzips (3.33) die unscharfe Menge Θ mit der Zugehörigkeitsfunktion $\mu_\Theta(\vartheta)$

$$\mu_\Theta(\vartheta) = \sup_{\vartheta = \hat{\theta}(x_1, x_2, \ldots, x_n)} \min_i \mu_{A_i}(x_i) \, , \tag{4.37}$$

wobei angenommen wurde, daß die Unschärfe der einzelnen Stichprobenkomponenten sich nicht gegenseitig beeinflußt, in der Sprache der Theorie unscharfer Mengen: nicht interaktiv ist.

Natürlich bleibt hier die Verfahrensungenauigkeit unberücksichtigt, die bei der Abarbeitung der durch das obige Erweiterungsprinzip vorgelegten Optimierungsprobleme erheblich höher sein kann als bei der ursprünglichen Bestimmung eines Funktionswertes der Schätzfunktion.

Bei der analogen Behandlung des Problems der Bereichsschätzung, bei dem ein *unscharfer* Schätzbereich berechnet wird, muß bemerkt werden, daß zwar der scharfe Kern des Bereiches eine Vertrauensschätzung zur vorgegebenen Vertrauenswahrscheinlichkeit darstellt, daß aber die sinnvolle Übertragung des Konzepts der *Überdeckung* des unbekannten Parameterwertes durch einen *unscharfen* Bereich noch aussteht, etwa: Welche Stellung haben die durch das Erweiterungsprinzip gefundenen unscharfen Bereiche in der Menge *aller möglichen* unscharfen Schätzbereiche und wie sind die echt unscharfen Teile der Bereiche im Sinne der frequentistischen Deutung der Überdeckungswahrscheinlichkeit zu bewerten.

Einen Eindruck vom Einfluß der Beobachtungsunschärfe auf die Aussagen der mathematischen Statistik liefert die Verwendung des Erweiterungsprinzips auf jeden Fall. Eine direkte Behandlung der Unschärfe in der Stichprobe, die sich besonders bei sehr unscharfen Ausgangsdaten lohnt, wurde von KRUSE/MEYER 1987 vorgelegt (siehe auch Abschnitt 5.3.1).

4.3 BAYESsche Methoden

In der probabilistischen Inferenz, wie sie im vorangehenden Abschnitt dargestellt wurde, wird gewöhnlich davon ausgegangen, daß als Information über den zu schätzenden Parameter *nur* die erhaltene Stichprobe vorliegt. Die Vorkenntnisse über den Sachverhalt erschöpfen sich also in einer vernünftigen Annahme über den Verteilungstyp der Grundgesamtheit.

Es gibt jedoch Situationen, in denen über den Wert des unbekannten Parameters schon „gewisse Kenntnisse" verfügbar sind, die aber den notwendigen Ansprüchen an eine Schätzung, bezüglich Genauigkeit und Verläßlichkeit, noch nicht genügen. Diese ungefähren Vorstellungen enthalten Information über den unbekannten Parameter, ihre Einbeziehung in die Inferenz erweckt Hoffnung auf deren Verbesserung.

Die drei wesentlichen Quellen für diese *Vorkenntnisse* sind die anwendende Fachwissenschaft, die etwas vagere praktische Erfahrung und schließlich Datenmaterial aus früheren Untersuchungen.

Die Fachwissenschaft gibt zumeist Hinweise darauf, daß gewisse Teilbereiche für die Parameter aus sachlichen Gründen nicht möglich sind, obwohl sie im statistischen Modell nicht ausgeschlossen worden sind. Diese Schranken lassen sich dann in geeigneter Weise in das statistische Verfahren einpassen.

Bei vorliegenden Erfahrungen, die sich nicht in solch scharfer Form ausdrücken lassen, wählt man häufig ihre Formulierung als *Wahrscheinlichkeitsaussagen*.

Dazu werden sogenannte a-priori-Verteilungen für die unbekannten Parameter spezifiziert. Da es sich dabei in der Regel um *subjektive* Festlegungen handeln muß, gilt für sie das im Abschnitt 4.1.2 über solche subjektiven Wahrscheinlichkeiten Gesagte: Es sind ungefähre Befunde, bei denen an ihre numerische Genauigkeit und sachliche Zuverlässigkeit keine hohen Ansprüche gestellt werden dürfen.

Schließlich läßt sich in gewissen Fällen aus Datenmaterial früherer Untersuchungen mit entsprechendem Fingerspitzengefühl eine a-priori-Verteilung gewinnen, indem man die daraus geschätzten Parameter mit Wahrscheinlichkeitsverteilungen umgibt, die die Schätzungenauigkeiten und die möglichen Abweichungen in den Bedingungen von den seinerzeitigen zu den aktuellen Untersuchungen widerspiegeln. In gewissen Fällen lassen sich die früheren Daten sogar als zusätzliche Stichprobenelemente einführen, jedoch ist hier gesunde Skepsis anzuraten, vor allem dann, wenn über die Umstände von deren seinerzeitigen Gewinnung wenig bekannt ist.

Die beiden zuletzt genannten Möglichkeiten der Formulierung von a-priori-Verteilungen bilden den Ausgangspunkt der sogenannten BAYESschen Statistik, die der Gegenstand des nächsten Unterabschnitts ist. Eine sehr vernünftige Darstellung auch der Probleme bei der Anwendung dieses Zugangs findet sich in BERGER 1985.

4.3.1 BAYESsche Inferenz

Die Zusammenführung der Information aus der a-priori-Verteilung mit der in der Stichprobe über den Parameter enthaltenen geschieht über die BAYESsche Formel (4.5), die sich im Falle einer a-priori-Verteilung $\pi(\vartheta)$ und einer stetig verteilten Grundgesamtheit X mit der Verteilungsdichte $f_X(x|\vartheta)$, deren Abhängigkeit vom Parameter ϑ explizit angegeben wird, etwas komplizierter darstellt. Die a-posteriori-Verteilung $\pi(\vartheta|\mathbf{x})$ des unbekannten Parameters ϑ nach dem Beobachten der Stichprobe $\mathbf{x} = (x_1, \ldots, x_n)$ hat die Gestalt

$$\pi(\vartheta|\mathbf{x}) = \frac{f(\mathbf{x}|\vartheta)\pi(\vartheta)}{\int_\Theta f(\mathbf{x}|\lambda)\pi(\lambda)\mathrm{d}\lambda} , \tag{4.38}$$

wobei $f(\mathbf{x}|\vartheta) = \prod_{i=1}^n f(x_i|\vartheta)$ die Verteilung der mathematischen Stichprobe ist.

Mit dieser a-posteriori-Verteilung kann man für künftige Realisierungen eine sogenannte *Prädikativverteilung* berechnen, die im Falle stetiger Zufallsgrößen durch die *Prädikativdichte*

$$f(x|\pi, \mathbf{x}) = \int_\Theta f(x, \vartheta)\pi(\vartheta|\mathbf{x})\mathrm{d}\vartheta \tag{4.39}$$

gegeben ist, in der die Information über die stochastische Modellvorstellung, die a-priori-Dichte und die Beobachtungsergebnisse zusammengefaßt ist (siehe Viertl 1990).

Aus der a-posteriori-Verteilung für den Parameter lassen sich nun Punkt- und Bereichsschätzungen gewinnen. So wird z.B. der Erwartungswert der a-posteriori-Verteilung benutzt und als *a-posteriori*-Bayes*Schätzer* bezeichnet.

An die Stelle des Vertrauensbereiches $I(X_1, \ldots, X_n)$, der den wahren Parameter mit der Wahrscheinlichkeit $1 - \alpha$ überdecken soll, tritt nun ein sogenannter HPD-Bereich (höchster a-posteriori-**D**ichte-Bereich) Θ^*. Dieser Bereich ist als eine Menge der Parameter ϑ definiert, für die die a-posteriori-Verteilung $\pi(\vartheta|\mathbf{x})$ mindestens den Wert $k(\alpha)$ erreicht. Dabei ist $k(\alpha)$ die *größtmögliche* Konstante, für die gleichzeitig

$$\int_{\Theta^*} \pi(\vartheta|\mathbf{x})\mathrm{d}\vartheta = 1 - \alpha \tag{4.40}$$

gilt. Die Elemente von Θ^* müssen also eine gewisse Mindestwahrscheinlichkeit zeigen, und außerdem muß der gesamte Bereich die Vertrauenswahrscheinlichkeit haben (siehe Viertl 1990). Im Gegensatz zum Vertrauensbereich (siehe (4.33)), von dem angenommen wird, daß er den unbekannten wahren Parameter ϑ *überdeckt*, wird der HPD-Bereich als ein Bereich gedeutet, der den, nun als Zufallsgröße gedeuteten Parameter Θ mit der Wahrscheinlichkeit $1 - \alpha$ *enthält*.

Gelegentlich wird die Problematik auch im Rahmen einer *Entscheidungstheorie* betrachtet, bei der der wahre unbekannte Parameter als Zustand einer *Natur* angesehen wird. Als Natur wird dabei all das verstanden, was vom *Entscheider*, dem „Gegenspieler" der Natur, nicht beeinflußt werden kann. Das Schätzproblem wird nun als der Versuch des Entscheiders gewertet, diesen wahren Parameterwert aus dem Stichprobenergebnis zu treffen. Es seien also ϑ der wahre Wert und $\hat{\vartheta}(\mathbf{x})$ der aus der Stichprobe geschätzte Wert; dann wird der Entscheider mit einem Verlust der Höhe $L(\vartheta, \hat{\vartheta})$ bestraft. Da er das Schätzen als Verfahren betreibt, sind seine Schätzwerte Realisierungen der Schätzung, einer Zufallsgröße $\hat{\theta}(\mathbf{X})$, einer Funktion der mathematischen Stichprobe $\mathbf{X}$. Damit wird auch der Verlust eine Zufallsgröße

$$L(\vartheta, \hat{\theta}(\mathbf{X})) \, . \tag{4.41}$$

Bei ständiger Benutzung des Verfahrens ist der *mittlere* Verlust von Interesse, d.h. dessen Erwartungswert, den man als *Risiko R* bezeichnet, also

$$R(\vartheta, \hat{\theta}) = \mathsf{E}_{\mathbf{X}} L(\vartheta, \hat{\theta}(\mathbf{X})) \, . \tag{4.42}$$

Die Abhängigkeit des Risikos vom unbekannten wahren Wert ϑ kann man nun beseitigen, wenn man über eine a-priori-Verteilung $\pi(\vartheta)$ verfügt. Den Erwartungswert von R bezüglich dieser Verteilung nennt man das BAYESsche Risiko

$$\rho(\pi,\hat{\theta}) = \mathsf{E}_\pi \mathsf{R}(\vartheta,\hat{\theta}) \ . \tag{4.43}$$

Die beste Schätzung in diesem Sinne, bezüglich der Verlustfunktion L und der a-priori-Verteilung π, ist nun diejenige, die dieses BAYESsche Risiko *minimiert*. Das für die Anwendung wichtigste mathematische Ergebnis dieses Zugangs ist die Aussage, daß man einen Schätzwert nach dieser besten Schätzung dadurch erhält, wenn man für die konkrete Stichprobe $\mathbf{x}$ den a-posteriori zu erwartenden Verlust minimiert:

$$\mathsf{E}_{\pi(\vartheta,\mathbf{x})} \mathsf{L}(\theta,\hat{\vartheta}) = \min_{\hat{\vartheta}} \ , \tag{4.44}$$

dabei ist θ hier die Zufallsgröße, bezüglich derer der Erwartungswert zu bilden ist. Für eine quadratische Verlustfunktion $(\vartheta - \hat{\vartheta})^2$ ist dies gerade der Erwartungswert der a-posteriori-Verteilung.

Der hier am Beispiel der Punktschätzung demonstrierte entscheidungstheoretische Zugang läßt sich auf viel allgemeinere Entscheidungssituationen anwenden.

Ausgehend vom Standpunkt der Anwendung der Mathematik hat diese Entscheidungstheorie den Vorteil, daß sich viele statistische Verfahren mit praktischen Bewertungen versehen lassen, sei es die finanzielle Quantifizierung des Risikos, sei es die Einschätzung des Wertes von Vorkenntnissen (siehe dazu z.B. BAMBERG 1972, FERGUSON 1967).

Diese Vorteile sind in vielen Fällen jedoch nicht auszunutzen, denn neben der Spezifizierung der a-priori-Verteilung π ist es vor allem die Festlegung einer realistischen Verlustfunktion, was in praktischen Fällen Probleme bereitet. Bei der Verwendung von Aspekten der Entscheidungstheorie in der mathematischen Statistik greift man daher in der Regel auf mathematisch gut handhabbare Funktionstypen zurück, wie die oben genannte quadratische Verlustfunktion. Bei mehrdimensionalen Parametern, in der Regression (siehe Abschnitt 7.1), sind auch matrixwertige Verlustfunktionen sehr beliebt. In all diesen Fällen geben die Verlustfunktionen nur eine qualitative Vorstellung von den Konsequenzen möglicher Fehlschätzungen und damit theoretische Einsicht in das Verhalten der Schätzungen.

4.3.2 Hierarchische Inferenz und Robustheit

Die problematische *genaue* Festlegung der a-priori-Verteilung, wie man sie für die Anwendung der BAYESschen Formel und der anderen im vorangehenden

Unterabschnitt genannten Verfahren benötigt, läßt sich dadurch umgehen, daß man für die Parameter dieser a-priori-Verteilung wiederum eine Verteilung annimmt, deren Parameter dann eventuell wieder durch Wahrscheinlichkeitsverteilungen spezifiziert werden und so fort. Dies nennt man den hierarchischen BAYESschen Ansatz. Natürlich wird man die Hierarchie auf einer passenden Stufe, in der Regel auf der zweiten, abbrechen, weil der Einfluß der Festlegungen, wenn sie aus dem Problemumfeld sinnvoll gewonnen wurden, mit der Hierarchiestufe abnimmt. Spezifizierungen auf einer höheren Stufe lassen sich leicht auf die unterste Stufe zurückführen. Es seien etwa $\pi_1(\vartheta|\lambda)$ eine a-priori-Verteilung mit dem noch freien Parameter λ und $\pi_2(\lambda)$ eine Verteilung zweiter Stufe für dieses λ mit der Dichte $f_2(\lambda)$; dann erhält man die resultierende a-priori-Verteilung für ϑ über

$$\pi(\vartheta) = \int_\Lambda \pi_1(\vartheta|\lambda) f_2(\lambda) \mathrm{d}\lambda \ . \tag{4.45}$$

Dieser Zugang kann jedoch eine Versuchung werden, er verleitet sehr leicht zu Phantasien, die vom Problem wegführen. Für die BAYESianer ist er jedoch ein wichtiges Argument für die *universelle* Einsetzbarkeit ihrer Methoden.

Ist über die Parameter *zu wenig bekannt*, um eine plausible a-priori-Verteilung festzulegen, dann wird in der Regel empfohlen, eine *nicht-informative* Verteilung zu wählen, die keinen der Parameterwerte bevorzugt. Sehr häufig wird dies eine *Gleichverteilung* sein oder eine uneigentliche Gleichverteilung, d.h. die konstant über dem (unendlichen) Parameterbereich ist, aber daher keine Verteilung mehr darstellt.

Bei mehrdimensionalen Parametern ist die unmittelbare Festlegung einer a-priori-Verteilung häufig sehr oder sogar zu kompliziert. Darf man annehmen, daß die als Zufallsgrößen gedachten Parameterkomponenten *unabhängig* voneinander sind, dann kann man die a-priori-Verteilungen komponentenweise festlegen und anschließen für den Vektor multiplizieren. Geht das nicht oder nicht für alle Komponenten, dann lassen sich häufig *bedingte* Verteilungen spezifizieren, die nach den üblichen Regeln für diese kombiniert werden.

Andererseits sind die Schlußfolgerungen mit dem BAYESschen Zugang sehr häufig nur sehr wenig vom Verteilungstyp der a-priori-Verteilung abhängig. Es genügt vielfach, vor allem auf höheren Stufen der Hierarchie, die Parameter (ungefähr) festzulegen. Diese *Robustheit* ist für die Anwendung sehr angenehm. Dabei versteht man unter Robustheit, wie auch allgemein in der Mathematik, daß sich die Schlußfolgerungen nicht wesentlich ändern, wenn die Annahmen und Vorgaben im vernünftigen Rahmen variiert werden, ob es sich hier dabei um die a-priori-Verteilung oder die Verlustfunktion oder schließlich um den

Verteilungstyp für die Stichprobe handelt. Entsprechende *Sensitivitätsuntersuchungen* lassen sich durchführen, wenn man die entsprechenden Vorgaben vom Typ oder von den Parametern her leicht verändert und die Untersuchung wiederholt. Andererseits kann man durch geeignete (willkürliche) Wahl der a-priori-Verteilung und der Verlustfunktion aus der Stichprobe zu jeder gewünschten Schlußfolgerung kommen, und mag sie noch so unsinnig sein.

Besonders bei den sogenannten linearen Zusammenhangsmodellen (siehe Abschnitt 7.1.5) wird die Robustheit des BAYESschen Vorgehens bezüglich der Verteilungstypen vorteilhaft ausgenutzt.

Ein weiterer Vorteil BAYESscher Methoden ist ihre Verwendbarkeit bei *sequentiellen Verfahren*. Ausgehend von einer a-priori-Verteilung wird aus einer Grundgesamtheit eine Stichprobe geringen Umfangs realisiert und die a-posteriori-Verteilung berechnet. Sind die daraus erhalten Aussagen, z.B. für eine Parameterschätzung oder eine Vorhersage, noch unbefriedigend bezüglich ihrer Genauigkeit und Zuverlässigkeit, dann wird die a-posteriori-Verteilung als *neue* a-priori-Verteilung erklärt und eine weitere Stichprobe geringen Umfangs realisiert und das Vorgehen wiederholt. Der Stichprobenumfang hängt von praktischen Umständen ab, z.B. von den Kosten und den Möglichkeiten der kurzfristigen Realisierung, und kann durchaus in jedem Schritt eine *einzige* Realisierung der Grundgesamtheit bedeuten. Daher ist das sequentielle BAYESsche Vorgehen bei sogenannten *lernenden* Verfahren sehr beliebt und bei probabilistischen *Neuronalen Netzen* ein Standard (siehe Abschnitt 6.1.5).

Für eine einfache Durchführung solcher sequentiellen Verfahren empfiehlt es sich, als a-priori-Verteilung einen zur Verteilung der Stichprobe *konjugierten* Verteilungstyp zu wählen, dessen Parameter geeignet angepaßt worden sind. Es sei $F(\mathbf{x}|\vartheta)$ die Verteilung der Stichprobe, dann ist die Familie von *a-priori-Verteilungen* $\pi(\vartheta; \lambda)$ eine konjugierte Familie zu $F(\mathbf{x}|\vartheta)$, wenn die damit gebildete *a-posteriori-Verteilung* $\pi(\vartheta|\lambda)$ wieder zu ihr gehört. Wurde also $\pi(\vartheta|\lambda_0)$ als a-priori-Verteilung gewählt, dann gibt es ein λ_1 für die a-posteriori-Verteilung des gleichen Typs. Damit hat man beim nächsten Schritt des sequentiellen Verfahrens wieder die gleiche Ausgangssituation, nur mit einem anderen Wert für λ.

4.3.3 Numerische Probleme

Wie schon im Abschnitt 4.1 bemerkt, sind a-priori-Verteilungen numerisch wenig genau, d.h., eine übertriebene numerische Genauigkeit bei der Bestimmung der a-posteriori-Verteilungen und den aus ihnen gezogenen Schlußfolgerungen ist also wenig sinnvoll. Dies ist besonders bedeutungsvoll, wenn die

Bestimmung der a-posteriori-Verteilung nur *numerisch* erfolgen kann. Die in der BAYESschen Formel auftretenden Integrale, vor allem wenn sie über mehrdimensionale Bereiche erstreckt sind, lassen sich häufig nur noch mit Monte-Carlo-Simulation näherungsweise ausrechnen. Man kann dann mit sehr wenigen wesentlichen Stellen im Ergebnis zufrieden sein, was den Rechenaufwand, auch bezüglich Rechnertyp und Zeit, wesentlich senken kann.

Zuweilen wird die Voraussetzung eingeführt, daß die Verteilung der Stichprobe und die a-priori-Verteilung *unabhängig* voneinander sind, weil dies das Arbeiten mit ihnen wesentlich vereinfacht. Streng genommen ist dies fast nie der Fall, denn die Modellwahl und die zu diesem Zweck vorgenommene Sichtung der Daten definieren ja erst, was als Parameter ϑ aufgefaßt werden soll. Darüber hinaus werden durch die vorangehende Datenanalyse Vorstellungen über die möglichen Werte von ϑ inspiriert. Solche Unabhängigkeitsvoraussetzungen gelten also höchstens näherungsweise und sind daher auch so zu betrachten.

Ein weiteres Problem bei der Arbeit mit dem BAYESschen Zugang ist die Subjektivität bei der Spezifizierung der a-priori-Verteilung (und eventuell auch der Verlustfunktion). Man überlegt sich aber leicht, daß auch die Wahl des Modells eine *subjektive* Entscheidung ist, wenn sie auch manchmal scheinbar objektiv einem automatischen Verfahren aus der Software überlassen zu sein scheint. Aber bereits die implementierten Alternativen sind Ausdruck einer subjektiven Entscheidung (des Softwareherstellers). Schließlich sei daran erinnert, daß bereits bei der Definition des *Zufalls* selbst (siehe Abschnitt 4.1.1) festgestellt wurde, daß durch die Wahl der wesentlichen Versuchsbedingungen (subjektiv) entschieden wurde, was im gegebenen Fall als das Wirken des Zufalls angesehen werden soll.

Abschließend soll die Frage beleuchtet werden, was zu tun ist, wenn es zwischen den durch die a-priori-Verteilung gegebenen Vorstellungen über die Lage von ϑ und den Resultaten $\mathbf{x}$ der aktuellen Stichprobe *Diskrepanzen* oder vielleicht sogar *Widersprüche* gibt. Ein erster Ratschlag dazu ist immer, die aus der a-posteriori-Verteilung erhaltene Schlußfolgerung, z.B. den aktuellen Schätzwert, der Schlußfolgerung gegenüberzustellen, die *allein* aus der Stichprobe gezogen wurde. Natürlich sind Unterschiede zwischen beiden durch die zusätzliche a-priori-Information begründet. Bei sehr großen Diskrepanzen sollte man wohl eher der *nicht zu kleinen* Stichprobe trauen als der a-priori-Verteilung. Zumindest sollen offensichtliche Widersprüche ein wichtiger Grund sein, sowohl die Spezifizierung der a-priori-Verteilung als auch die Datenqualität (siehe Abschnitt 4.2.1) der Stichprobe zu überprüfen.

5 Erfassung der Vagheit von Aussagen über Mengen

Im Unterschied zu den vorangehenden Kapiteln, bei denen das Vorhandensein einer reichhaltigen Software vorausgesetzt werden konnte, werden nun einige Zugänge zur mathematischen Behandlung gewisser Formen der Ungewißheit vorgestellt, bei denen dies zur Zeit noch nicht der Fall ist. Daher wird die Darstellung hier auf die Erläuterung der Vorstellungen und Gedankengänge beschränkt, damit der Leser erst einmal erfährt, was er mit der sich hierzu entwickelnden generellen Software für seine praktischen Probleme anfangen könnte.

5.1 Unscharfe Maße

5.1.1 Die Idee des unscharfen Maßes

Eine Funktion, die jeder *Menge* einer bestimmten Art einen Wert zuordnet, nennt man eine Mengenfunktion oder ein *Maß*. Dies ist einleuchtend, wenn man, z.B., an die Längenangabe für eine Strecke oder die Gewichtsangabe für eine Tüte Mehl denkt: es wird *gemessen*. Aber es müssen nicht immer materielle Maßangaben sein, die Sinn machen.

So könnte man rein theoretisch ein bestimmtes Element x_0 des Universums U auch dadurch eindeutig beschreiben, daß man für *jede mögliche Teilmenge* des Universums angibt, ob das Element x_0 darin liegt oder nicht. Die Menge aller Teilmengen von U nennt man ihre Potenzmenge $I\!P(U)$, und die vorstehende Angabe wäre das *Lokalisierungmaß* g_{x_0}, das jeder Menge $A \in I\!P(U)$ den Wert 1 zuweist, wenn $x_0 \in A$, und 0, wenn dies nicht der Fall ist. Dieses Vorgehen setzt jedoch voraus, daß man *genau weiß*, wo x_0 lokalisiert ist, und deshalb ist es praktisch sinnlos. Der Zugang wird aber in dem Augenblick wieder bedeutungsvoll, wenn man das interessierende Element x_0 (noch) *nicht exakt* lokalisieren kann, wie z.B. die Ursache einer Krankheit, den Täter einer kriminellen Handlung oder die genaue Artenzugehörigkeit eines aufgefundenen Fossils. Dies ist der Ausgangspunkt für eine *unscharfe Beschreibung* dieses Elements, nicht durch eine unscharfe Menge in U, sondern durch eine Bewertung der scharfen Mengen in $I\!P(U)$ durch Angabe eines entsprechenden Zuordnungsgrades zu jeder dieser Mengen. Damit erhält man ein *unscharfes Maß g*. Für die Funktion

$$g : I\!P(U) \to [0, 1] \tag{5.1}$$

ist es offenbar sinnvoll zu fordern, daß

$$g(\emptyset) = 0 \quad \text{und} \quad g(U) = 1 \tag{5.2}$$

gilt und weiterhin

$$A \subseteq B \Rightarrow g(A) \leq g(B)\,, \tag{5.3}$$

d.h., der Zuordnungsgrad kann nicht fallen, wenn die Menge vergrößert wird. Oder, mit anderen Worten, wenn $A \subseteq B$, dann ist die Aussage „$x \in A$" weniger sicher als die Aussage „$x \in B$".

Für endliche Universen genügen diese Eigenschaften bereits, um mit solchen unscharfen Maßen eine sinnvolle Theorie und Anwendung zu machen. Für nichtendliche Universen fordert man noch die Stetigkeit bezüglich der Mengeninklusion, d.h., wenn sich eine Folge ineinanderliegender wachsender Mengen einer Grenzmenge nähert, dann soll auch die Folge der entsprechenden Werte des unscharfen Maßes gegen den Wert des Maßes dieser Grenzmenge konvergieren.

Im Abschnitt 4.1.1 war dargelegt worden, daß sich zufällige Ereignisse durch entsprechende Mengen darstellen lassen. So mißt, z.B., die *Wahrscheinlichkeit* die Chancen dafür, daß die Zufallsgröße ein Ereignis realisiert, das der Menge A entspricht, oder, anders gesagt, daß die Realisierung in A liegt. Also liefern Wahrscheinlichkeitverteilungen spezielle Maße. Typisch für alle solchen *Wahrscheinlichkeitsmaße* ist ihre *Additivität*, wie sie in der Formel (4.2) zum Ausdruck kommt:

$$A \cap B = \emptyset \Rightarrow P(A \cup B) = P(A) + P(B)\,. \tag{5.4}$$

Dies ist übrigens eine Eigenschaft, die die Wahrscheinlichkeit mit allen Massen- und Längenmaßen teilt. Da die geforderte Monotonie direkt aus der Additivität folgt, sind Wahrscheinlichkeitsmaße auch spezielle *unscharfe Maße*.

Was nun die Wahrscheinlichkeit angeht, so kann man sie auch als Aussage über die Lage eines *noch nicht lokalisiertes Elements* aus der Menge der möglichen Elemente (dem Universum U) für jede der möglichen Mengen aus der Potenzmenge $I\!P(U)$ deuten. (Daß die Wahrscheinlichkeit gewöhnlich nur für eine Teilmenge von $I\!P(U)$, eine Sigma-Algebra $I\!B$, eingeführt wird, spielt in dieser Argumentation offenbar keine Rolle.)

Aussagen über die mögliche Lage eines nicht lokalisierten Elements in allen möglichen Mengen unter den Bedingungen der *Unsicherheit* bilden den Gegenstand dieses Kapitels. Variabilität im Sinne der frequentistischen Deutung der Wahrscheinlichkeit ist bekanntlich jedoch nur *eine* Form der Unsicherheit.

5.1.2   Formen und Eigenschaften unscharfer Maße

Bereits im Abschnitt 4.1 wurden Argumente betrachtet, die die alleinige Benutzung von Wahrscheinlichkeiten zur Beschreibung von Unsicherheit in Frage stellen. Besonders zur Beschreibung des individuellen Kenntnisstandes über eine Angelegenheit ist die Eigenschaft der Additivität der Wahrscheinlichkeit sehr hinderlich. So können zwei Ereignisse bezüglich ihrer *Möglichkeit* durchaus gleichberechtigt erscheinen, obwohl ihre Wahrscheinlichkeiten stark differieren.

Aus der geforderten Monotonie (5.3) folgt unmittelbar

$$g(A \cup B) \geq \max\{g(A), g(B)\} \tag{5.5}$$

und

$$g(A \cap B) \leq \min\{g(A), g(B)\} . \tag{5.6}$$

Der Grenzfall in (5.5) wurde von ZADEH 1978 als Definition für das *Möglichkeits-* oder *Possibilitätsmaß* Poss verwendet:

$$\text{Poss } (A \cup B) = \max\{\text{Poss } (A), \text{Poss } (B)\} . \tag{5.7}$$

Er soll den *Grad der Möglichkeit* bezeichnen, daß ein interessierendes, aber nicht lokalisiertes Element in der jeweilige Argumentmenge liegt.

Falls das Universum U *endlich* ist, läßt sich jedes Possibilitätsmaß Poss über seine Werte auf den Elementen $x \in U$ einführen:

$$\text{Poss } (A) = \max_{x \in A} \pi(x) , \tag{5.8}$$

wobei

$$\pi(x) = \text{Poss } (\{x\}) \tag{5.9}$$

der *Möglichkeitsgrad* des Elements x ist. Man nennt $\pi(x)$ dann eine *Möglichkeits-* oder Possibilitätsverteilung. Wegen der sinnvollen Forderung Poss $(U) = 1$ ist dann $\pi(x)$ normalisiert, d.h., es gibt mindestens ein Element, das den Möglichkeitsgrad 1 hat. Damit hat die Possibilitätsverteilung $\pi(x)$ die Eigenschaft einer normierten Zugehörigkeitsfunktion und läßt sich daher als Zugehörigkeitsfunktion $\mu_B(x)$ einer unscharfen Menge $\mathcal{B}$ deuten, genauer, als Grad der Möglichkeit, daß eine Variable v den Wert $x \in U$ annimmt. Die unscharfe Menge $\mathcal{B}$ wird oft *induzierende* genannt und bei der Angabe des Möglichkeitsgrades einer Variablen mitgeführt:

$$\text{Poss } (\{x\}) = \text{Poss } (v = x|\mathcal{B}) ; \quad \text{Poss } (A) = \text{Poss } (v = A|\mathcal{B}) . \qquad (5.10)$$

So könnte man nach dem Möglichkeitgrad fragen, daß ein guter Student (Element der unscharfen Menge $\mathcal{B}$) in einer bestimmten Klausur eine nur genügende Leistung zeigt, d.h. zur scharfen Menge A derer gehört, bei denen diese Klausur mit 4 bewertet wurde.

Falls U *unendlich* ist, muß eine solche Possibilitätsverteilung nicht notwendig existieren. Selbst falls eine solche existiert, was man in praktischen Fällen in der Regel aber voraussetzen kann, muß die dann zu erhebende Stetigkeitsforderung nicht mehr erfüllt sein, womit das Possibilitätsmaß *kein* unscharfes Maß im obigen Sinne mehr wäre.

Der andere Grenzfall aus (5.6) führt auf sogenannte *Notwendigkeits-* oder *Necessitätsmaße* Nec, die also der Forderung genügen:

$$\text{Nec } (A \cap B) = \min\{\text{Nec } (A), \text{Nec } (B)\} . \qquad (5.11)$$

Das Notwendigkeitsmaß gibt den Grad an, daß ein nichtlokalisiertes Element von U notwendigerweise in der jeweiligen Argumentmenge liegt. Diese Deutung wird klar, wenn man sieht, daß (5.11) äquivalent zu

$$\text{Nec } (A) = 1 - \text{Poss } (A^c) \qquad (5.12)$$

ist, was, zumindest für die Funktionswerte 0 und 1 der eindeutigen Zugehörigkeit, die intuitiv klare Vorstellung widerspiegelt, daß ein Ereignis A *notwendig* sein muß, wenn sein Gegenteil A^c *unmöglich* ist.

Natürlich kann man über den Zusammenhang (5.9) auch das Notwendigkeitsmaß mit einer gegebenen Possibilitätsverteilung bilden.

Da die hier betrachteten Argumentmengen alle *scharfe* Mengen sind, gilt $A \cup A^c = U$ und $A \cap A^c = \emptyset$. Daraus erhält man einige interessante Eigenschaften dieser beiden unscharfen Maße, die ihre Namensgebung motivieren. So folgt

$$\text{Nec } (A) \leq \text{Poss } (A) , \qquad (5.13)$$

denn was notwendig ist, ist erst recht möglich. Weiterhin erhält man

$$\mathrm{Nec}\ (A) > 0 \quad \Rightarrow \quad \mathrm{Poss}\ (A) = 1 \ ; \tag{5.14}$$

was auch nur den geringsten Grad von Notwendigkeit zeigt, ist auch unbeschränkt möglich, und umgekehrt

$$\mathrm{Poss}\ (A) < 1 \quad \Rightarrow \quad \mathrm{Nec}\ (A) = 0 \ , \tag{5.15}$$

was nicht unbeschränkt möglich ist, kann auch nicht notwendig sein.

Diese beiden Maße sind offensichtlich recht extrem in ihren Eigenschaften. Wie man sie trotzdem verwenden kann, vor allem im Wechselspiel mit unscharfen Mengen, findet sich ausführlich in DUBOIS/PRADE 1988.

Vielfach geht es aber lediglich darum, die andererseits ebenfalls harte Forderung der Additivität bei der Wahrscheinlichkeit etwas *aufzuweichen*.

Ein sehr interessanter Vorschlag dazu stammt von SUGENO 1974. Für disjunkte Mengen ($A \cap B = \emptyset$) schlägt er statt der Formel (5.4) die Verknüpfungsformel

$$Q_\lambda(A \cup B) = \min\{Q_\lambda(A) + Q_\lambda(B) + \lambda Q_\lambda(A)Q_\lambda(B), 1\} \tag{5.16}$$

vor, die für $\lambda = 0$ in (5.4) übergeht. Damit ist mit Q_0 die Wahrscheinlichkeit in der Menge dieser sogenannten λ-Maße enthalten. Die Bedingungen, die an ein unscharfes Maß gestellt werden, erfüllen diese Maße für alle $\lambda > -1$. Die entsprechenden Formeln für die weitere Anwendung erhält man aus der Definition unscharfer Maße und der obigen Verknüpfungsformel. So für die komplementäre Menge

$$Q_\lambda(A^c) = \frac{1 - Q_\lambda(A)}{1 + \lambda Q_\lambda(A)} \tag{5.17}$$

und für die Vereinigung beliebiger Mengen

$$Q_\lambda(A \cup B) = \tag{5.18}$$
$$\min\left\{ \frac{\left(Q_\lambda(A) + Q_\lambda(B) - Q_\lambda(A \cap B) + \lambda Q_\lambda(A)Q_\lambda(B)\right)}{\left(1 + \lambda Q_\lambda(A \cap B)\right)}, 1 \right\} \ .$$

Die Anwendung denke man sich so, daß für gewisse Paare von Mengen aus dem Sachumfeld und gemäß der Vorstellung des Anwenders Werte für das Maß der verknüpften Mengen aus den Werten des Maßes für die Einzelmengen spezifiziert werden und dann, näherungsweise, ein λ bestimmt wird, welches diesen Vorstellungen gut entspricht. So erhält man gewissermaßen einen Eindruck, wie stark die Vorstellungen im gegebenen Fall von denen der Wahrscheinlichkeit abweichen.

Für den Spezialfall, daß das Universum U die reelle Achse X ist, kann man Q_λ über eine Funktion h definieren, die die Eigenschaften einer stetigen Verteilungsfunktion für eine Zufallsgröße hat, d.h. monoton wachsend und stetig ist mit den Grenzwerten 0 bzw. 1 (siehe SUGENO 1977). Dann ist für alle Intervalle $[a, b]$

$$Q_\lambda\big([a, b]\big) = \frac{h(b) - h(a)}{1 + \lambda h(a)} \, . \tag{5.19}$$

5.2 Einfache Inferenz mit unscharfen Maßen

Die problematischste, aber auch wichtigste Aufgabe für die Verwendung unscharfer Maße zur Inferenz mit ihnen ist die *Spezifizierung* solcher Maße, d.h. die Festlegung ihrer Werte für die verschiedenen interessierenden Mengen. Im ersten Unterabschnitt wird ein Zugang zu unscharfen Maßen vorgestellt, der sich dem Vokabular der Wahrscheinlichkeitstheorie bedient, um den Kenntnisstand eines Individuums über einen Sachverhalt zu modellieren.

5.2.1 Spezifierung von partieller Ignoranz

Bekanntlich ist eine Wahrscheinlichkeitsverteilung gegeben, wenn die Wahrscheinlichkeiten für alle möglichen Ereignisse eines gegebenen Ereignisfeldes IA bekannt sind. Natürlich kann man diese Wahrscheinlichkeiten aus denen für alle Elementarereignisse ausrechnen. In gewissen praktischen Fällen allerdings lassen sich die Wahrscheinlichkeiten nur für gewisse Ereignisse des Feldes IA sinnvoll festlegen, da einfach noch nicht mehr über das zu Grunde liegende praktische Problem bekannt ist. In manchen Fällen kann man hieraus die noch fehlenden Wahrscheinlichkeitswerte nach den Regeln der Wahrscheinlichkeitstheorie für alle Ereignisse berechnen, in anderen Fällen genügen die Vorgaben hierfür *nicht*. Möglicherweise die erste Erwähnung eines solchen Problems findet man schon in BOOLE 1854, wo der Fall betrachtet wird, daß für zwei Ereignisse A, B nur die Wahrscheinlichkeiten

$$P(A) = p \quad \text{und} \quad P(A \cap B) = q \tag{5.20}$$

gegeben sind. Aus dieser Vorgabe ergeben sich für $P(B)$ nur Schranken

$$q \leq P(B) \leq q + 1 - p \tag{5.21}$$

und damit *keine* eindeutige Festlegung dieser Wahrscheinlichkeit.

Dieses Defizit reflektiert den unzureichenden Kenntnisstand, die sogenannte *partielle Ignoranz*, in diesem Falle.

Für *endliche* Universen U hat SHAFER 1976 ein interessantes Konzept vorgelegt, nach dem man aus solchen unvollständigen Vorgaben *unscharfe Maße* konstruieren kann. Das Gesamtgewicht 1 wird nun auf die Potenzmenge $I\!P(U)$ des Universums ausgebreitet

$$p|I\!P(U) \to [0,1] \quad \text{mit} \quad \sum_{B \in I\!P(U)} p(B) = 1 \tag{5.22}$$

(und nicht, wie bei der Wahrscheinlichkeit, auf die Elemente von U). Dabei soll die leere Menge selbstverständlich das Gewicht 0 erhalten. Die Mengenfunktion p wird *grundlegende Wahrscheinlichkeitszuweisung* genannt, obwohl das irreführend wirken kann. Die Mengen mit positivem Gewicht ($p(A) > 0$) werden als *Herdmengen* von p bezeichnet. Die Menge dieser Herdmengen wird mit supp p abgekürzt, und das Paar (supp p, p) nennt SHAFER Darstellung einer *Evidenzgesamtheit*.

Das Gewicht $p(A)$ läßt sich in verschiedener Hinsicht deuten. Man kann es als einen *Rest* der Wahrscheinlichkeit $P(A)$ auffassen, der sich – beim gegebenen Kenntnisstand – nicht weiter auf Teilerereignisse von A verteilen läßt. Andererseits wird die Größe $p(A)$ auch häufig als ein *relatives Vertrauensniveau* in A betrachtet, als eine Darstellung der verfügbaren Information. Es repräsentiert die „Wahrscheinlichkeit", daß diese Information korrekt und vollständig von $x \in A$ beschrieben wird.

Die Herdmengen müssen weder disjunkt sein noch U überdecken. Selbst U kann Herdmenge sein. Dann bedeutet $p(U)$ den Anteil des Vertrauens, das der Unkenntnis geschuldet ist. *Totale* Unkenntnis oder Ignoranz wird also durch $p(U) = 1$ ausgedrückt. Hier wird deutlich, warum der Ratschlag, bei völliger Unkenntnis über die Wahrscheinlichkeitsverteilung sei die Annahme der Gleichverteilung angezeigt, zu hinterfragen ist.

Diese Interpretation von p kommt aus der Einstellung, daß die Herdmenge A die möglichen Lagen des Wertes einer gewissen Variablen beschreibt, z. B. kann A eine (möglicherweise verbal beschriebene) ungenaue Beobachtung sein. In diesem Zusammenhang wird die Information *disjunktiv* genannt, in dem Sinne, daß der tatsächliche Wert der Variablen eindeutig ist. Die Herdmengen stellen also sich gegenseitig ausschließende mögliche Werte der Variablen dar.

Die Herdmengen und ihre *Evidenzgewichte* p sind in der Regel *subjektiv* spezifiziert, dafür wurde dieser Zugang ja gerade geschaffen. So kann es leicht vorkommen, daß verschiedene Experten in der gleichen Sache unterschiedliche Evidenzgesamtheiten spezifizieren. Von DEMPSTER 1967 (siehe auch DU-

BOIS/PRADE 1988) wurde dazu eine Regel vorgeschlagen, mit der *Diskrepanzen* zwischen den Zuweisungen zu einem gewissen Grade ausgeglichen werden können.

Zur Vorstellung dieser Regel ist ein Zwischenschritt nützlich. Mit p_1 und p_2 seien die Wahrscheinlichkeitszuweisungen zweier Experten bezeichnet. Für alle $A \in I\!\!P(U)$ werde das *formale Produkt*

$$(p_1 \cdot p_2)(A) = \sum_{B \cap C = A} p_1(B) \cdot p_2(C) \tag{5.23}$$

betrachtet. Die Wahrscheinlichkeitszuweisungen dieses Produkts liegen wieder in $[0,1]$, aber die Summe über alle $A \in I\!\!P(U)$ kann kleiner als 1 ausfallen. Die Wahrscheinlichkeitszuweisung an die leere Menge kann positiv sein:

$$(p_1 \cdot p_2)(\emptyset) > 0 . \tag{5.24}$$

Dies widerspiegelt den *Konflikt* zwischen den beiden Zuweisungen p_1 und p_2. Wenn der Fall des *totalen* Konflikts $(p_1 \cdot p_2)(\emptyset) = 1$ sinnvollerweise ausgeschlossen wird, dann läßt sich durch eine Renormierung von $(p_1 \cdot p_2)$ eine konfliktausgleichende Wahrscheinlichkeitszuweisung für alle nichtleeren A erzeugen, die mit $(p_1 \cap p_2)$ bezeichnet werde:

$$(p_1 \cap p_2)(A) = \frac{(p_1 \cdot p_2)(A)}{1 - (p_1 \cdot p_2)(\emptyset)} . \tag{5.25}$$

Dies ist die angekündigte DEMPSTER-Regel. Die Anwendung dieser Regel wird *problematisch*, wenn der Konflikt sehr stark ist, die Zuweisung durch das Produkt an die leere Menge einen erheblichen Wert erreicht. Dann wird die Regel sogar instabil, insofern geringfügige Änderungen in den Zuweisungen der einzelnen Experten große Veränderungen in den Zuweisungen nach dieser Regel nach sich ziehen. In diesem Falle fasse man das Ergebnis nach der Regel als ein Signal auf, über die Angelegenheit und über die Experten nochmals gründlich nachzudenken.

Im allgemeinen bleiben die Wahrscheinlichkeiten der Ereignisse $(P(A))$ selbst durch eine Wahrscheinlichkeitszuweisung p unbestimmt. Man weiß nur, daß die Wahrscheinlichkeit $P(A)$ in einem Intervall $[P_*(A), P^*(A)]$ liegt, wobei

$$P_*(A) \;=\; \sum_{B \subseteq A} p(B) , \tag{5.26}$$

$$P^*(A) \;=\; \sum_{A \cap B \neq \emptyset} p(B) . \tag{5.27}$$

Es wird also $P_*(A)$ berechnet, indem man alle Herdmengen B durchläuft, die das Ereignis A *notwendig* machen (d.h. nach sich ziehen), während bei $P^*(A)$

alle Herdmengen berücksichtigt werden, die das Ereignis A *möglich* machen. Weiterhin existiert zwischen beiden eine Dualitätsbeziehung

$$P^*(A) = 1 - P_*(A^c) \, . \tag{5.28}$$

Jedoch sind P^* und P_* im allgemeinen keine Möglichkeits- bzw. Notwendigkeitsmaße. Dies ist erst dann gesichert, wenn die Herdmengen *ineinander*liegen, dies nennt man den *konsonanten* Fall. Genauer, wenn für die Herdmengen gilt

$$A_1 \subset A_2 \subset \cdots \subset A_s \, , \tag{5.29}$$

dann ist die zugehörige Möglichkeitsverteilung definiert durch

$$\pi(x) = P^*(\{x\}) = \begin{cases} \sum_{j=i}^{s} p(A_j) \, , & \text{falls} \quad x \in A_i; \quad x \notin A_{i-1} \, , \\ 0 \, , & \text{falls} \quad x \in U \backslash A_s \, . \end{cases} \tag{5.30}$$

Falls andererseits alle Herdmengen elementare (oder atomare) Ereignisse und daher *disjunkt* sind, der sogenannte *dissonante* Fall, dann gilt offenbar für alle A der Potenzmenge

$$P_*(A) = P(A) = P^*(A) \, . \tag{5.31}$$

Falls der Kenntnisstand durch eine Evidenzgesamtheit ausgedrückt wird, kann man deutlich sehen, daß Wahrscheinlichkeitsmaße sich an genaue, aber differenzierte Information wenden, während Possibilitätsmaße ungenaue, aber kohärente Information widerspiegeln. So eignen sich also Möglichkeitsmaße gut für subjektive Unsicherheit: man erwartet von einem Informanden keine sehr genauen Daten, aber in seinen Aussagen eine größtmögliche Kohärenz. Andererseits sind genaue, aber variable Daten gewöhnlich das Ergebnis sorgfältiger Beobachtung physikalischer Erscheinungen.

In der Regel ist der Kenntnisstand weder genau noch völlig kohärent, d.h., die P^* und P_* sind weder Wahrscheinlichkeiten noch Möglichkeitsgrade. Daher nennt SHAFER 1976 das durch (5.26) definierte Maß P_*, für endliche Universen U, im allgemeinen Fall den *Glaubwürdigkeitsgrad* von A (credibility)

$$\text{Cr} \, (A) = \sum_{B \subseteq A} p(B) \, . \tag{5.32}$$

Er stellt also das *Evidenzgewicht*, den *Vertrauensgrad*, dar, das sich auf A konzentriert, also auf Ereignisse, die A zur Folge haben. Davon abgeleitet bildet SHAFER mit

$$\text{Pl} \, (A) = 1 - \text{Cr} \, (A^c) = \sum_{A \cap B \neq \emptyset} p(B) \tag{5.33}$$

den *Plausibilitätsgrad*, den Grad des „Einleuchtens", der offensichtlich mit P^* gemäß (5.27) übereinstimmt. Er konzentriert sich auf Ereignisse, die das Auftreten von A *möglich* machen.

Deutet man Cr (A^c) als den Grad, mit dem an der Zugehörigkeit eines nicht lokalisierten Elementes zu A *gezweifelt* wird, dann ist Pl (A) der Grad, zu dem daran *nicht* gezweifelt wird, es also für einleuchtend oder plausibel erachtet wird. Natürlich gilt stets

$$\mathrm{Pl}\,(A) \geq \mathrm{Cr}\,(A)\,. \tag{5.34}$$

Wegen weiterer Eigenschaften und Anwendungsbeispiele siehe BANDEMER/ GOTTWALD 1993 oder 1995 und die darin genannte Literatur, vor allem SMETS 1981.

5.2.2 Possibilistische Inferenz

Während bei der Modellierung der partiellen Ignoranz das Wahrscheinlichkeitsmaß noch den Ausgangspunkt der Spezifizierung und der Inferenz bildet, macht die *possibilistische* Inferenz allein von den Eigenschaften der Possibilität Gebrauch.

Eine *possibilistische Variable* ist analog zum Begriff der Zufallsgröße (siehe Abschnitt 4.1.3) definiert. Sie ist durch eine *Wertemenge* $W \subseteq U$ und eine *Möglichkeitsverteilung* $\pi(x)$ für $x \in W$ gemäß (5.9) gegeben. Als *Realisierung* einer solchen possibilistischen Variablen werde *vorläufig* ein konkretes (scharfes) Element x_0 des Wertebereichs W angesehen.

Eine mögliche Modellvorstellung erhält man, wenn man die Elemente des Wertebereichs als Individuen betrachtet, die teilweise gleiche und teilweise möglicherweise unterschiedliche Grade für die Möglichkeit eines *Durchbruchs* haben und zu einem bestimmten Zeitpunkt der Durchbruch eines solchen Individuums erfolgt und beobachtet wird. Im Unterschied zur wahrscheinlichkeitstheoretischen Modellierung geht es hier also *nicht* um einen faktisch unendlichen Zeitraum, in dem die Individuen ihre Durchbrüche mit unterschiedlichen Häufigkeiten erleben.

Im Unterschied zum Abschnitt 3.2.2 werden die beobachteten Daten selbst hier also (vorläufig) *nicht* als unscharfe Mengen spezifiziert, sondern die Erfassung der Ungewißheit und Unschärfe des Problems erfolgt über die Modellierung der Datengenese, d.h. ihrer Entstehung, oder, wie man häufig zu sagen pflegt, ihrer *Umgebung*.

In der praktischen Anwendung geschieht das z.B. dadurch, daß man die gegebenen pseudo-exakten Daten nimmt wie sie vorliegen oder, wenn die Beobachtungsergebnisse als unscharfe Mengen gegeben sind, indem man sich (vorläufig) auf den (einelementigen) Kern des jeweiligen unscharfen Datums beschränkt.

In Analogie zur Stichprobe bei der probabilistischen Inferenz wird für den Beobachtungsvektor $\mathbf{x}_0 = (x_{10}, \ldots, x_{n0})$ angenommen, daß er eine Realisierung eines Vektors possibilistischer Variabler $\mathbf{X} = (\mathcal{X}_1, \ldots, \mathcal{X}_n)$ ist. An die Stelle der geforderten Unabhängigkeit der Komponenten beim zufälligen Stichprobenvektor tritt hier die Forderung, daß die Komponenten *minimum-verknüpft* sind: Es sei $\pi_i(x_i)$ die Möglichkeitsverteilung der i-ten Komponente, dann sei die Möglichkeitsverteilung des Beobachtungsvektors durch

$$\pi_{\mathbf{X}} = \min\{\pi_1(x_1), \ldots, \pi_n(x_n)\} \tag{5.35}$$

gegeben.

Analog zur probabilistischen Inferenz wird nun angenommen, daß der Typ der Möglichkeitsverteilung bis auf einen (möglicherweise mehrdimensionalen) Parameter c bekannt ist, der aus den gegebenen Beobachtungen *geschätzt* werden soll. Bezeichne $\pi(x; c)$ den gegebenen Typ der Möglichkeitsverteilung (den *Ansatz*) und c den unbekannten Parameter, dann ist jede Schätzung $\mathcal{C}^*$ wieder eine possibilistische Variable, die von der Möglichkeitsverteilung des Beobachtungsvektors abhängt. Gemäß der Äquivalenz einer Möglichkeitsverteilung mit der Zugehörigkeitsfunktion ihrer induzierenden unscharfen Menge (siehe in (5.10)), kann man die Verknüpfungsregeln für unscharfe Mengen auch für Possibilitätsverteilungen anwenden. Für jeden möglichen Parameterwert c erhält man so über das Erweiterungsprinzip die bezüglich dieses Wertes *bedingte Möglichkeitsverteilung* bezüglich der Beobachtungen

$$\pi_{c^*|c}(t) = \sup_{c^*(x_1, \ldots, x_n) = t} \min\{\pi(x_{10}, c), \ldots, \pi(x_{n0}, c)\} \; . \tag{5.36}$$

Hieraus läßt sich nun als ein plausibler Schätzwert c_1^* für c ein Wert ermitteln, der den *höchsten Möglichkeitsgrad* gemäß dieser Verteilung erreicht:

$$c_1^* = \arg\max_c \min\{\pi(x_{10}, c), \ldots, \pi(x_{n0}, c)\} \; . \tag{5.37}$$

Diese Schätzung heißt *Maximum-Possibilitäts-Schätzung* und entspricht der Maximum-Likelihood-Schätzung der probabilistischen Inferenz (siehe zur Maximum-Likelihoodschätzung Lehrbücher wie STORM 1995, BEYER u.a. 1995).

Natürlich ist man nicht gezwungen, gerade diese Schätzung zu verwenden, die sehr empfindlich gegen Ausreißer ist. Es kann nämlich vorkommen, daß das Minimum in (5.37) für alle in Frage kommenden c verschwindet, weil die Beobachtungswerte zu weit „streuen" und immer ein $\pi(x_{i0}, c)$ dabei ist, das gerade für dieses c gleich Null ist. Darum wird man auch andere Schätzer ins Auge fassen, die robuster gegen Ausreißer sind , z.B.

$$c_2^* = \arg\max_c \frac{1}{n} \sum_{i=1}^n \pi(x_{i0}, c) \,, \tag{5.38}$$

$$c_3^* = \arg\max_c \max\{\pi(x_{10}, c), \ldots, \pi(x_{n0}, c)\} \,. \tag{5.39}$$

Wie die Schätzverfahren der probabilistischen Inferenz können auch die Schätzverfahren der possibilistischen Inferenz im Rahmen einer Entscheidungstheorie nach ihren Eigenschaften bewertet werden. Ausführungen hierzu wie auch zu weiteren Einzelheiten des Zugangs finden sich in BANDEMER/NÄTHER 1992, speziell im dortigen Kapitel 7.

Eine Verallgemeinerung der possibilistischen Inferenz auf *unscharfe* Beobachtungen $(\mathcal{A}_1, \ldots, \mathcal{A}_n)$ ist nun einfach durch eine nochmalige Anwendung des Erweiterungsprinzips auf die (scharfen) Schätzformeln (5.37) – (5.39) möglich.

Eine weitere Verallgemeinerung auf die Bewertung funktionaler Beziehungen, bei denen also der mehrdimensionale Parameter c z.B. die Koeffizienten dieser funktionalen Beziehung bedeutet und zu schätzen ist, ist in einfacher Weise möglich, bei möglicherweise stark erhöhtem Rechenaufwand. Der hier angeführte Zugang ist jedoch *grundsätzlich verschieden* von dem im Abschnitt 7.2.2 behandelten datenanalytischen Zugang, bei dem es keine Modellierung der Umgebung gibt, sondern allein die Unschärfe der Beobachtungen in den Parameterraum der Beziehung transferiert wird.

5.3 Wahrscheinlichkeit und Unschärfe

Im vorangehenden Abschnitt wurden *unscharfe Maße* für *scharfe* Mengen eingeführt und sollten den Grad der Möglichkeit, der Notwendigkeit, der Wahrscheinlichkeit, der Glaubwürdigkeit oder der Plausibilität ausdrücken, daß ein nicht lokalisiertes Element sich in der scharfen Argumentmenge befindet oder befinden wird. In den praktischen Anwendungen sind jedoch diese Mengen selbst nur *unscharf* festzulegen, wie etwa die Menge der potentiellen Käufer für ein neu einzuführendes Produkt, die zu einem Klimagebiet gehörenden Orte, die zu einer Krankheit gehörenden Symptome oder die Menge verschlissener Apparaturen, die zur Auswechslung anstehen werden. Die genannten unscharfen Maße lassen sich nun auf diesen Fall verallgemeinern, d.h. mathematisch, sie lassen sich über der Menge $\mathit{IF}(U)$ der Menge aller unscharfen Mengen über dem Universum U definieren.

So kann man für ein Möglichkeitsmaß Poss, für das eine Möglichkeitsverteilung

$\pi(x)$ existiert, die Bildungsformel (5.9) mit der charakteristischen Funktion $\chi_A(x) = 1$ für alle $x \in A$ und $\chi_A(x) = 0$ für $x \notin A$ auch schreiben

$$\text{Poss}\,(A) = \sup_{x \in A} \pi(x) = \sup_{x \in U} \min\{\pi(x), \chi_A(x)\}\,. \tag{5.40}$$

Ersetzt man hierin die charakteristische Funktion durch die Zugehörigkeitsfunktion der nun unscharfen Menge $\mathcal{A}$, dann hat man mit

$$\text{Poss}\,(\mathcal{A}) = \sup_{x \in U} \min\{\pi(x), \mu_A(x)\} \tag{5.41}$$

die gewünschte Verallgemeinerung.

Wegen der Verallgemeinerung für das Glaubwürdigkeits- und das Plausibilitätsmaß wird z.B. auf BANDEMER/GOTTWALD 1993 verwiesen.

Wegen der Wichtigkeit für die Anwendungen wird jedoch die Verallgemeinerung der Wahrscheinlichkeit im folgenden etwas näher betrachtet.

5.3.1   Wahrscheinlichkeit unscharfer Ereignisse

In Analogie zum Vorgehen beim Möglichkeitsgrad wird von dem Fall ausgegangen, daß dem Wahrscheinlichkeitsmaß eine stetige Verteilung mit einer Dichte $f(x)$ zu Grunde liegt. Dann läßt sich die Wahrscheinlichkeit eines *scharfen* Ereignisses bekanntlich als Integral darstellen

$$P(A) = \int_A f(x)\mathrm{d}x = \int_U \chi_A(x) f(x)\mathrm{d}x\,, \tag{5.42}$$

woraus man, durch Ersetzen der charakteristischen Funktion durch die Zugehörigkeitsfunktion, sofort die Wahrscheinlichkeit für ein *unscharfes* Ereignis $\mathcal{A}$ erhält

$$P(\mathcal{A}) = \int_U \mu_A(x) f(x)\mathrm{d}x\,. \tag{5.43}$$

Die analoge Bildung für *diskrete* Wahrscheinlichkeiten ist offensichtlich.

Das Konzept ist für viele Verwendungen tragfähig, aber die gewöhnliche Deutung der Wahrscheinlichkeit als das Maß der Chancen dafür, daß die nächste Realisierung in der *scharfen* Menge A liegen wird, stößt auf erhebliche gedankliche Probleme: die Lage einer *scharfen* Einermenge, der Realisierung, in der *unscharfen* Menge $\mathcal{A}$ wäre nach dem Enthaltenseinsprinzip für unscharfe Mengen nur im *Kern* A_1 von $\mathcal{A}$ möglich. Hier hilft die Deutung von $P(\mathcal{A})$ gemäß (5.43) als *Erwartungswert* der Zugehörigungsfunktion $\mu(\mathsf{X})$, vgl. (4.16)

$$P(\mathcal{A}) = \mathsf{E}_P \mu_A(\mathsf{X})\,, \tag{5.44}$$

wobei der Index P die Verteilung symbolisieren soll, bezüglich der der Erwartungswert zu bilden ist; im obigen Beispiel wäre das die Dichte $f(x)$.

Damit ist die *statistische* Deutung der Wahrscheinlichkeit möglich. Es seien nun $x_1, x_2, \ldots, x_n$ unabhängige Realisierungen einer Zufallsgröße X mit der Verteilung P und X_i die Komponenten der entsprechenden (mathematischen) Stichprobe, dann erhält man unter gewissen, wenig einschränkenden Voraussetzungen, Aussagen, wie man sie aus den Gesetzen der Großen Zahlen kennt (siehe Abschnitt 4.1.4)

$$P(\mathcal{A}) = \lim_{n \to \infty} \frac{1}{n} \sum_{i=1}^{n} \mu_A(\mathsf{X}_i) \, . \tag{5.45}$$

Die Wahrscheinlichkeit für eine unscharfe Menge ist also der *durchschnittliche* Zugehörigkeitsgrad der Elemente einer Stichprobe aus der Grundgesamtheit vom unendlichen Umfang gemäß der Verteilung P.

Dieses Wahrscheinlichkeitsmaß zeigt viele der bekannten Eigenschaften wie die Monotonie ($\mathcal{A} \subseteq \mathcal{B} \Rightarrow P(\mathcal{A}) \leq P(\mathcal{B})$) und die Formel für die verallgemeinerte Addition

$$P(\mathcal{A} \cup \mathcal{B}) = P(\mathcal{A}) + P(\mathcal{B}) - P(\mathcal{A} \cap \mathcal{B}) \, . \tag{5.46}$$

Die Übertragung des Begriffs der *Unabhängigkeit* zweier Ereignisse jedoch ist *nicht* möglich, wenn man an der Verknüpfung des Durchschnitts über das Minimum festhält. Wählt man jedoch das algebraische Produkt und für die Vereinigung die zugehörige algebraische Summe (siehe (3.30) bzw. (3.31)), dann ergibt sich die gewohnte Form

$$\mathcal{A}, \mathcal{B} \quad \text{unabhängig} \quad \Longleftrightarrow \quad P(\mathcal{A} \cdot \mathcal{B}) = P(\mathcal{A}) \cdot P(\mathcal{B}) \tag{5.47}$$

und damit sogar der Einstieg zur Definition von *bedingten* Wahrscheinlichkeiten und Verknüpfungen im Sinne der BAYESschen Theorie.

Die Einführung unscharfer Mengen als Argumente der Wahrscheinlichkeit trägt der häufig in der Praxis anzutreffenden Beobachtungsunschärfe Rechnung und erlaubt sogar, selbst Werte von linguistischen Variablen mit Wahrscheinlichkeiten zu versehen und mit den Methoden der mathematischen Statistik zu behandeln.

Ein anderer Zugang zur Einbeziehung der Beobachtungsunschärfe wird von KRUSE/MEYER 1987 gewählt. Als Ausgangspunkt betrachten sie den Fall, daß die Realisierung einer an sich *scharfen* Zufallsgröße Y nur *unscharf* beobachtet werden kann. Diese Beobachtung wird als Realisierung einer *unscharfen*

Vergröberung definiert, der unscharfen Zufallsgröße Z, aus der auf die Kenngrößen des Originals Y zu schließen ist. Dazu wird mit 𝒴 die Menge aller möglichen Originale Y eingeführt und die unscharfe Zufallsgröße Z als gegeben angenommen. Die Menge aller Originale, die zu diesem Z gehören können, ist eine unscharfe Menge über 𝒴. Läßt sich die Menge der in Frage kommenden Originale parametrisieren, z.B. durch die Annahme eines bestimmten Verteilungstyps, so erhält man eine unscharfe Menge über der Parametermenge. Über ein Erweiterungsprinzip lassen sich dann alle in der Wahrscheinlichkeitstheorie üblichen Formeln fuzzifizieren. Dies funktioniert, wie gewöhnlich vorausgesetzt, am besten, wenn die Realisierungen unscharfe Zahlen oder Intervalle sind. Hierhin gehört dann auch die bereits früher (Abschnitt 4.2.4) erwähnte probabilistische Inferenz aus unscharfen Daten im Sinne von VIERTL 1990. Für weitere Einzelheiten zum KRUSE-Zugang wird auf das Buch KRUSE/MEYER 1987 verwiesen.

Bis jetzt wurde die Wahrscheinlichkeit für unscharfe Mengen betrachtet. Andererseits kann die Wahrscheinlichkeit selbst als unscharfe Menge auftreten. So läßt sich die allgemeine Formulierung „die Zuverlässigkeit ist hoch" äquivalent in der Form bringen: „die Ausfall*wahrscheinlichkeit* in einem Zeitintervall gegebener Länge ist *klein*".

Der Einfachheit halber wird ein Universum mit nur *endlich* vielen (N) Elementen als Elementarereignissen betrachtet. Als Wahrscheinlichkeit muß dann ein Vektor $\mathbf{P}$ von Einzelwahrscheinlichkeiten $\mathcal{P}_i(x_i)$ für die Elementarereignisse $x_i \in U$ spezifiziert werden. Auch wenn diese Wahrscheinlichkeiten unscharf sind, muß doch die Wahrscheinlichkeit für das sichere Ereignis, daß überhaupt ein $x_i \in U$ als Ereignis auftritt (was dem Universum U selbst entspricht) exakt, also *scharf* gleich 1 sein:

$$\sum_{i=1}^{N} \mathcal{P}_i(x_i) = 1 \ . \tag{5.48}$$

Bei der Berechnung der unscharfen Wahrscheinlichkeit für Ereignisse A, die nicht Elementarereignisse sind, nach einem Erweiterungsprinzip muß diese Nebenbedingung beachtet werden.

Das Problem gestaltet sich wesentlich schwieriger, wenn das Universum eine kontinuierliche Menge, etwa ein Intervall, ist. Daher wird hierzu auf das Buch von DUBOIS/PRADE 1980 und die darin dazu genannte Literatur verwiesen.

Bei den bisherigen Überlegungen zur unscharfen Wahrscheinlichkeit waren die zufälligen Ereignisse selbst als *scharf* angenommen worden. Andererseits wird es in einigen Fällen vermutlich als wenig einsehbar empfunden, daß *unscharfen* Ereignissen *scharfe* Wahrscheinlichkeiten zugeordnet werden. So könnte man bei der Untersuchung des Alterungsprozesses von Bauteilen die Aussage erhalten, daß die Wahrscheinlichkeit für das zufällige Ereignis „Bauteil verschlissen" gerade 0,84 beträgt. Eine solche genaue Aussage könnte als artifiziell empfunden werden, während man die Aussage „diese Wahrscheinlichkeit ist hoch" als der Unschärfe des Ereignisses gemäß ansehen würde. Es gibt mehrere theoretische Vorschläge, wie man zu sinnvoll deutbaren unscharfen Wahrscheinlichkeiten für unscharfe Ereignisse kommt, jedoch würde deren explizite Behandlung den gesetzten Rahmen des Buches bezüglich des mathematischen Niveaus sprengen. So genügen hier eine Erwähnung der jeweiligen Grundgedanken und der Hinweis auf die Literatur.

Natürlich kann man beim Übergang zu unscharfen Argumentmengen von der unscharfen Wahrscheinlichkeit aus den Weg über ein Erweiterungsprinzip wählen, wobei die oben erwähnte Nebenbedingung (5.48) zusätzlich zu beachten wäre. Dies führt bereits im diskreten Fall von mehr als zwei Elementarereignissen zur notwendigen Lösung von Optimierungsproblemen (DUBOIS/PRADE 1980).

Ein anderer Weg wird von YAGER 1984 eingeschlagen, der die α-Schnitte der unscharfen Argumentmengen $\mathcal{A}$ betrachtet. Dann wird die unscharfe Wahrscheinlichkeit als unscharfe Menge über den *scharfen* Wahrscheinlichkeiten $P(A_\alpha)$ als

$$\mathcal{P}(\mathcal{A}) : \mu_{P(A)}(P(A_\alpha)) = \alpha \tag{5.49}$$

eingeführt. YAGER bemerkt, daß dies als „Wahrscheinlichkeit einer mindestens zum Grade α vorhandenen Befriedigung der Bedingung A" gedeutet werden kann. Die so definierte Wahrscheinlichkeit wird mit $\mathcal{P}^*(\mathcal{A})$ bezeichnet. Mit $\mathcal{P}_*(\mathcal{A}) = (\mathcal{P}^*(\mathcal{A}^c))^c$ erhält YAGER in der genannten Arbeit schließlich mit

$$\mathcal{P}(\mathcal{A}) = \mathcal{P}^*(\mathcal{A}) \cap \mathcal{P}_*(\mathcal{A}) \tag{5.50}$$

die gewünschte Wahrscheinlichkeit. Wegen der Eigenschaften dieser unscharfen Wahrscheinlichkeit vergleiche man YAGER 1984.

5.3.2 Zufällige unscharfe Mengen

Schließlich kann man die Situation betrachten, daß die unscharfen Mengen selbst *zufällige Objekte* sind (z.B. zufällige Grautonbilder) und damit Werte sogenannter *zufälliger unscharfer Mengen*.

Für die Einschätzung des zufallsbeeinflußten Verschleißgrades Z von Bauteilen mögen, z.B., mehrere Werte einer linguistischen Variablen u über einer „Prozentskala" [0, 100] zur Verfügung stehen: $\mathcal{A}_1 = $ stark verschlissen; $\mathcal{A}_2 = $ mässig verschlissen; $\cdots \mathcal{A}_m =$ unverschlissen. Hierfür seien die Wahrscheinlichkeiten

$$P(u = \mathcal{A}_i) = p_i, \quad i = 1, \ldots, m \,, \tag{5.51}$$

bekannt. Solche Probleme für *diskrete* (wegen der endlichen Anzahl möglicher Werte für Z) zufällige unscharfe Mengen werden von NAHMIAS 1979 behandelt. So wird der mittlere Verschlissenheitsgrad als Erwartungswert E Z berechnet, indem die übliche gewichtete Summe $\sum_{i=1}^{m} p_i A_i$ als Summation unscharfer Zahlen gedeutet und mit einem Erweiterungsprinzip berechnet wird.

Beim Zugang nach PURI/RALESCU 1986 wird das Konzept der zufälligen Mengen (siehe hierzu etwa MATHERON 1975, STOYAN/MECKE 1983) fuzzifiziert. Für die Anwendung ist hiervon interessant, daß die Deutung unscharfer Daten als Realisierungen von zufälligen unscharfen Mengen im Sinne von PURI/RALESCU 1986 Möglichkeiten eröffnet, Methoden der mathematischen Morphologie (siehe SERRA 1982), wie sie für scharfe Mengen in der Bildverarbeitung benutzt werden, auf unscharfe Mengen, d.h. Grautonbilder, zu übertragen. Zur Erosion und Dilation von Grautonbildern mit unscharfen Strukturelementen vergleiche man GOETCHERIAN 1980 und BANDEMER/KRAUT/NÄTHER 1989. Erwähnenswert in diesem Zusammenhang ist, daß die Zugehörigkeitsfunktion einer nicht zufälligen Menge als sogenannter *Projektionsschatten* von zufälligen scharfen Mengen aufgefaßt werden kann (siehe z.B. WANG/SANCHEZ 1982). Genauer formuliert bedeutet dies, daß der Zugehörigkeitsgrad $\mu_A(x)$ als Wahrscheinlichkeit dafür betrachtet werden kann, daß eine zufällige Menge S den Punkt x überdeckt (Einpunktüberdeckungswahrscheinlichkeit):

$$\mu_A(x) = P(x \in S) = \mathsf{E}\mu_S(x) \,. \tag{5.52}$$

Auf der anderen Seite ist jede zufällige Menge S mit einer gewissen unscharfen Menge $\mathcal{A}$ verbunden (siehe hierzu z.B. GOODMAN/NGUYEN 1985). Diese Verbindung zwischen unscharfen und zufälligen Mengen kann bei abgestufter Modellierung der Unsicherheit, Ungenauigkeit und Vagheit in einem konkreten Sachverhalt benutzt werden (siehe dazu BANDEMER/NÄTHER 1992).

6 Lösungsmethoden aus der qualitativen Datenanalyse

Das Beiwort „qualitativ" soll auf den Charakter der Aussagen hinweisen, die mit diesem Zweig der Datenanalyse angestrebt werden. Endziel sind nicht *numerische* Angaben, sondern Gruppierungen der Daten nach qualitativen Gesichtspunkten verschiedenster Art. Welchen Charakter die Daten selbst haben (siehe Abschnitt 2.1.1), ist dabei erst einmal gleichgültig, obwohl der gewöhnliche Ausgangspunkt auch hier numerische oder binäre Daten sind.

Hauptaufgabe ist dabei die Zerlegung der gegebene Datenmenge in Teilmengen (Clusteranalyse) und die Entwicklung von Methoden zur Einordnung künftiger Daten (Klassifikation, Diskriminanzanalyse). Jedes Statistikprogramm verfügt über Verfahren zur Lösung dieser Aufgaben, jedoch wird nur selten der mathematische Modellhintergrund ausgeleuchtet und die Wahl des angegebenen Verfahrens begründet.

In diesem Kapitel werden nicht nur einige Hinweise zur Einschätzung der Ergebnisse der Clusteranalyse gegeben, sondern auch einige neue Ideen vorgestellt, solche Verfahren flexibler zu gestalten und näher an dem fachwissenschaftlichen Kontext zu halten.

6.1 Scharfe Klassifikation scharfer Daten

6.1.1 Das Problem der Clusteranalyse

Das Problem taucht in der Regel bei der Vorbereitung von Aufgaben der Diagnose und Therapie, der Entscheidungsfindung und Steuerung auf.

Eine gegebene Menge $O = \{o_1, \ldots, o_N\}$ unterscheidbarer Objekte oder Sachverhalte soll so in Teilmengen, sogenannte *Cluster*, zerlegt werden, daß die Objekte *innerhalb* einer solchen Teilmenge *möglichst ähnlich* und die aus *ver-*

schiedenen Teilmengen einander *möglichst wenig ähnlich* sind. Diese Möglichkeit zum Erkennen von „Gleichartigkeiten" wird z.B. in der Biologie zur Bildung neuer Arten, in der Medizin und der Technik zur Ursachenforschung und Behandlungsempfehlung, allgemein zum Entdecken kausaler Zusammenhänge genutzt.

Die unscharfe Fomulierung der Aufgabenstellung („möglichst") wird später zu einer Behandlung mit den Methoden der Theorie unscharfer Mengen einladen. In diesem Abschnitt jedoch soll die Behandlung auf „klassischer" Basis erfolgen.

Das Vorgehen bei der Zerlegung der Objektmenge in Cluster muß in der Regel sehr kontextabhängig und heuristisch sein. Es umfaßt gewöhnlich die folgenden drei Stufen (siehe z.B. ANDERBERG 1973, HARTIGAN 1975, BEZDEK 1981):

a) Die Festlegung von *Merkmalen*, die für die Zerlegung wesentlich sein sollen: die *Merkmalsauswahl* .

b) Die Wahl von Aggregierungs- und Umformungsrichtlinien für die Merkmalsausprägungen bei den Objekten und die Darstellung als überschaubare Menge (Punkte, Funktionen, Graphen, Standardformen, u.ä.) sowie Richtlinien für die Entscheidungen der Zuordnung bestimmter Objekte zu bestimmten Teilmengen: die *Clusteranalyse.*

c) Der Konfrontierung des Ergebnisses der Clusteranalyse mit dem praktischen Problem, zur Entscheidung der *Sinnhaftigkeit* der vorgeschlagenen Zerlegung in Cluster: die *Clustervalidierung.*

Schließlich sind im allgemeinen noch Festlegungen erforderlich, wie künftige Objekte den erhaltenen Clustern zugeordnet werden sollen: die *Klassifizierung.*

Wird die Clustereinteilung dann als Diagnoseverfahren genutzt, dann bezeichnet man dies als *Diskriminationsverfahren.*

Die Heuristik der Entscheidungsfindung ist häufig mit Modellvorstellung (z.B. aus der mathematischen Statistik) gestützt oder verbrämt.

Zur mathematischen Behandlung des Zerlegungsproblems muß man es in mathematischer Form darstellen:

Für jedes Objekt o_j der Menge O seien t Merkmale F_i ausgewählt, deren Ausprägungen jeweils durch den „Wert" x_{ij} erfaßt werden. Im allgemeinen können diese „Werte" entsprechend dem Charakter des Merkmals offenbar jede Datenform (siehe Abschnitt 2.1 1) annehmen: kardinal, nominal, quantitativ oder sogar mengenwertig, als Funktion, Fläche oder Bild oder als verbal formulierter Befund.

Die bekannten Verfahren der scharfen Clusteranalyse verlangen jedoch *scharfe* Angaben für die Merkmalswerte x_{ij}, d.h. entweder reelle Zahlen oder qualitative ja-nein-Aussagen (mit „1" für ja und „0" für nein).

Wie man sieht, wird bereits durch die *Auswahl* der in die Betrachtung einzubeziehenden Merkmale und deren *numerische Verschlüsselung* eine wesentliche Entscheidung über den Ausgang der Clusteranalyse getroffen. Der hierdurch entstehende *Informationsverlust* ist auch mit noch so spitzfindigen mathematischen Überlegungen nicht wieder auszugleichen. Im Gegenteil, viele Verfahren der Clusteranalyse verleiten zur „Informationsschöpfung" durch Einführung von Annahmen, die die mathematische Behandlung und Entscheidungsfindung erleichtern, aber nicht durch praktische Befunde gedeckt sind.

Der gewöhnlich angebotene Ausweg, eine Merkmalsauswahl erst im Laufe der Untersuchung zu bestimmen (*Merkmalsdiskrimination*), bezieht sich nur auf die anfänglich bereits einbezogenen Merkmale und kann diese subjektive Auswahl nicht erweitern.

Ausgangspunkt einer Clusteranalyse ist also der sogenannte *Datensatz* oder die *Datenmatrix*

$$\mathbf{X} = ((x_{ij})) \,. \tag{6.1}$$

Nach dieser Datenmatrix sollen die N Objekte o_j in n Cluster $C_1, \ldots, C_n$ zerlegt werden, wobei n vorgegeben ist und jedes Objekt genau *einem* der Cluster zugeordnet werden soll.

6.1.2 Mathematische Fassung des Problems

Wie bei der Beschreibung des Problems bereits gesagt, sind die Objekte nach ihrer *Ähnlichkeit* zusammenzufassen. Dazu ist eine *Ähnlichkeitsrelation R* zu spezifizieren. Auf dem kartesischen Produkt $O \times O$ wird diese (eigentlich unscharfe) Relation mit Werten auf der positiven reellen Achse oder im Intervall $[0, 1]$ erklärt. Man verlangt, daß die Werte mit wachsender Ähnlichkeit wachsen und in der Regel, daß die Relation symmetrisch ist. Zur Abkürzung wird

$$o_j R o_k = s_{jk} \tag{6.2}$$

als *Ähnlichkeitsgrad* zwischen den Objekten o_j und o_k verwendet. Dann ist

$$\mathbf{S} = ((s_{jk})) \tag{6.3}$$

die *Ähnlichkeitsmatrix* der Objektmenge O.

Die Spezifizierung dieser Ähnlichkeitsmatrix hängt stark vom Charakter der gegebenen Daten ab.

In der Taxonomie, z.B., einem Zweig der Biologie, wird nur das Vorhandensein oder Nichtvorhandensein der Merkmale registriert, um eine Gruppierung der Pflanzen und Tiere nach dem Grad der Ähnlichkeit zu erreichen. Bei solchen qualitativen Daten (1, wenn vorhanden, 0, wenn nicht vorhanden) geschieht die Bestimmung der Ähnlichkeit nach den Anzahlen der Übereinstimmungen. So empfiehlt z.B. SNEATH 1957, die Anzahl der bei den beiden Objekten *gleichzeitig* vorhandenen Merkmale durch die Anzahl der bei beiden *überhaupt* vorhandenen Merkmale zu dividieren, um das zugehörige s zu bestimmen.

Wenn die Ausprägungen x_{ij} durch reelle Zahlen gegeben sind, dann wird die Einführung eines geeignet zu definierenden Abstands $d(j, k)$ zwischen den Objekten o_j und o_k empfohlen. Damit wird dann eine *Distanzmatrix* der Objektmenge O

$$\mathbf{D} = ((d_{jk})) \tag{6.4}$$

eingeführt. Da die Ähnlichkeit mit wachsendem Abstand sinkt, nennt man d zuweilen auch *Unähnlichkeitskoeffizient*. Es ist nun in jedem Fall der Übergang vom Abstand d zu einer Ähnlichkeitsrelation mit Werten s möglich, sogar auf vielfältige Art und Weise. Dabei muß lediglich darauf geachtet werden, daß sich die Monotonie umkehrt und $s(0) = 1$ und $s(\infty) = 0$ erreicht wird. Dann hat die Ähnlichkeitsmatrix die Form

$$\mathbf{S} = ((s(d_{jk}))) \, . \tag{6.5}$$

Sind einige der Merkmale nur qualitativ und andere quantitativ festgelegt, dann ist eine gemeinsame Ähnlichkeitsmatrix natürlich rein formal immer bildbar, im einfachsten Fall über eine gewichtete Summe aus den s_{jk} gemäß (6.2) und den $s(d_{jk})$ gemäß (6.5).

Man muß sich aber klar darüber sein, daß die Einführung einer solchen Kombinationsregel das Ergebnis der Clusteranalyse wesentlich beeinflussen wird. Bereits die Wahl einer Bildungsformel für die Ähnlichkeitswerte s_{jk} und noch mehr einer Abstandsfunktion d für *alle Merkmale gemeinsam* ist einer der kritischsten Punkte des gesamten Vorgehens. Auch wenn die Auswahl der möglichen Abstandsfunktionen (siehe dazu etwa BANDEMER/NÄTHER 1992) und die Möglichkeiten für deren merkmalsweise Kombination riesig sind, womit die problemgerechte Adaption gegeben sein müßte, ist die praktische Umsetzung gerade wegen dieser Möglichkeitenvielfalt in der Regel unmöglich. Hinzu kommt ein Hang zu den bekannten Euklidischen Abständen, wie sie aus der mathematischen Statistik gewohnt sind, was durch die übliche Interpretation der Merkmalswerte als Realisierungen von Zufallsgrößen noch verstärkt wird (siehe zu diesem Problemkreis etwa MARDIA/KENT/BIBBY 1979).

Um eine eindeutige Zerlegung der Objektmenge O in Cluster $C_1, \ldots, C_n$ zu erhalten, bedarf es einer Entscheidungsregel hierfür, die die unscharfe Forderung: „möglichst ähnliche Objekte innerhalb der einzelnen Cluster, möglichst wenig ähnliche Objekte in verschiedenen Clustern", in eine von der klassischen Mathematik handhabbare Formulierung bringt. Es handelt sich also um ein *zweikriterielles* Problem.

G sei nun ein Funktional, das die Ähnlichkeit der Objekte jeweils *innerhalb* der Cluster $C_1, \ldots, C_n$ widerspiegelt, es liefert umso kleinere Werte, je ähnlicher die Objekte sind. Also ist zu fordern, daß

$$G(\mathbf{S}; C_1, \ldots, C_n) = \min_{C_1, \ldots, C_n} , \tag{6.6}$$

wobei man vernünftigerweise verlangen kann, daß $G(\mathbf{S}; o_1, \ldots, o_N) = 0$ und $G(\mathbf{S}; O) = \max$ ausfallen. Die Anzahl der gewünschten Cluster wurde hier also noch offen gelassen. Weiterhin wäre es sinnvoll, wenn die *Vereinigung* von Clustern den Funktionalwert erhöht, da ja die Unähnlichkeit im vereinigten Cluster wächst:

$$G(\mathbf{S}; C_1 \cup C_2, C_3, \ldots, C_n) \geq G(\mathbf{S}; C_1, \ldots, C_n) . \tag{6.7}$$

Nun sei H ein Funktional, das die Ähnlichkeit der Objekte jeweils in *verschiedenen* Clustern widerspiegelt; es liefert umso größere Werte, je unähnlicher die Objekte sind:

$$H(\mathbf{S}; C_1, \ldots, C_n) = \max_{C_1, \ldots, C_n} , \tag{6.8}$$

wobei entsprechend $H(\mathbf{S}; o_1, \ldots, o_N) = \max$ und $H(\mathbf{S}; O) = \min$ zu fordern wäre. Weiter wäre es sinnvoll, wenn

$$H(\mathbf{S}; C_1 \cup C_2, C_3, \ldots, C_n) \leq H(\mathbf{S}; C_1, \ldots, C_n) . \tag{6.9}$$

Die beiden Kriterien müssen mit ein und derselben Zerlegung in Cluster $C_1, \ldots,$ C_n *gleichzeitig* erfüllt werden. Gesucht ist also eine Zerlegung in Cluster mit

$$G(\mathbf{S}; C_1, \ldots, C_n) = \min \tag{6.10}$$

und

$$H(\mathbf{S}; C_1, \ldots, C_n) = \max . \tag{6.11}$$

In gewissen Spezialfällen versucht man sie zu vereinigen, etwa durch

$$G(\mathbf{S}; C_1, \ldots, C_n) - H(\mathbf{S}; C_1, \ldots, C_n) \ . \tag{6.12}$$

In jedem Clusterverfahren wird man also diese beiden Komponenten wiederfinden.

6.1.3 Einige Verfahren der scharfen Clusterung

Welcher der Vorschläge für die Ähnlichkeit der Objekte und für die Cluster angenommen werden sollen, hängt weitgehend vom praktischen Problem ab. Streng wissenschaftsmethodisch müßte die Entscheidung in einem Trainingslauf (einer sogenannten *Lernphase*) fallen: Objekte bekannter Zugehörigkeit werden sowohl nach sachlogischen Gesichtspunkten als auch durch verschiedene Clusterkonzepte klassifiziert. Die Ergebnisse werden verglichen, und danach wird über die Zweckmäßigkeit der ausgewählten Konzepte entschieden. Daher ist in neuerer Zeit der Einsatz *neuronaler Netze* für solche Aufgaben auch so beliebt, bei denen die Parameter entsprechender Klassifizierungsverfahren, die in der Form neuronaler Netze spezifiziert sind, in einer Lernphase festgelegt werden. Allerdings ist auch hierfür die Verschlüsselung der einzelnen Objekte durch Zahlenvektoren gleicher Struktur erforderlich. (Siehe zu neuronalen Netzen Abschnitt 6.1.5.)

In vielen konkreten Fällen jedoch würde das Vorschalten einer Lernphase entweder zu unvertretbar hohem Aufwand oder zu nicht eindeutig verwertbaren Aussagen führen. Daher ist man an Vorgehensweisen interessiert, die das mehrkriterielle Optimierungsproblem (6.10), (6.11) *in der Tendenz* zu lösen bestrebt ist, wobei im allgemeinen der *Unterschiedlichkeit* (dem Funktional H) die Priorität gegeben wird.

Mit der sehr starken Einschränkung, daß der Abstand zwischen den Objekten durch den Euklidischen Abstand der Merkmalsvektoren $\mathbf{x_j} = (x_{1j}, x_{2j}, \ldots, x_{tj})$ bestimmt wird, d. h.

$$d_{jk}^2 = (\mathbf{x_j} - \mathbf{x_k})^\tau (\mathbf{x_j} - \mathbf{x_k}) = \sum_{m=1}^{t} (x_{mj} - x_{mk})^2 \ , \tag{6.13}$$

gibt es verschiedene Vorschläge für die Bildung von Clustern. (Die gewöhnlich in (6.13) noch eingeführte Gewichtsmatrix $\mathbf{G}$ wurde der einfachen Darstellung wegen weggelassen, sie ändert am prinzipiellen Vorgehen methodisch nichts.)

Am einfachsten ist die Festlegung einer *Ähnlichkeitsschwelle* s_0, die einem Abstand d_0 entspricht. Alle Objekte, die, jedes von jedem, einen Abstand haben, der kleiner als d_0 ist, werden zu einem Cluster zusammengefaßt (SORENSON 1968).

Gewöhnlich werden jedoch hierarchische Verfahren verwendet. Hier bildet jedes Objekt erst einmal ein Ein-Objekt-Cluster. Die beiden Objekte mit dem kürzesten Abstand werden zu einem Cluster zusammengefaßt. In weiteren Schritten werden jeweils diejenigen beiden Cluster, deren Abstand der entferntesten Objekte (je aus einem) am kleinsten ist, zu einem gemeinsamen Cluster zusammengefaßt. Das Verfahren endet, wenn *alle* Objekte in *einem* Cluster vereinigt sind. Man erhält auf diese Weise im Lauf der Rechnung alle Cluster, die mit dem vorangehenden Vorschlag für beliebige Ähnlichkeitsschwellen erhaltbar sind.

Die so erhaltenen Clustereinteilungen können nun entweder subjektiv nach sachlogischen Gesichtspunkten bewertet werden oder mit den zuvor spezifizierten Funktionalen G und H.

Die vorstehend genannten Vorschläge können nun in verschiedener Richtung modifiziert und verfeinert werden. So kann man z.B. eines der Objekte *zufällig* auswählen und alle Objekte bis zu einem gewissen Höchstabstand davon zu einem Cluster zusammenfassen. Mit den verbleibenden Objekten wird das Verfahren wiederholt (siehe zu weiteren Einzelheiten BONNER 1964).

Das bekannteste dieser Art von Verfahren ist das von BALL/HALL 1965 vorgeschlagene sogenannte ISODATA-Verfahren:

1) Wähle k Objekte zufällig aus (als „Zentren" der Cluster);

2) teile die restlichen $n - k$ Objekte diesen Zentren zu, indem jedes dieser Objekte das „nächstgelegene Zentrum" zugewiesen erhält;

3) bestimme den Schwerpunkte $\bar{x}$ für jedes der so entstandenen *vorläufigen Cluster*;

4) vereinige diejenigen Cluster, für die der Abstand dieser Schwerpunkte unterhalb einer gegebenen Schwelle τ_0 liegt;

5) teile alle solchen Cluster auf, für die die „innere Variation"

$$c_0 \sum_j (\mathbf{x_j} - \bar{\mathbf{x}})^\tau (\mathbf{x_j} - \bar{\mathbf{x}}) \tag{6.14}$$

größer ist als eine vorgegebene obere Schranke. Dabei ist c_0 der Kehrwert der Anzahl der Objekte im Cluster.

Die Schritte 4) und 5) sind so oft wie nötig zu wiederholen.

Es gibt eine Vielzahl ähnlicher Techniken.

Der Hauptgrund für die Popularität des Euklidischen Abstandes ist der intuitiv ansprechende Zusammenhang mit den aus der mathematischen Statistik bekannten Streuungsausdrücken. Es gibt verschiedene Einwände gegen diesen „Minimum-Varianz"-Zugang zur Clusteranalyse. So führt z.B. eine Skalenänderung bei nur einem Merkmal zu einer Änderung der Clustereinteilung. Daher wird allgemein empfohlen, die Daten zu *normalisieren*, d.h. auf einen Mittelwert 0 zu zentrieren und durch einen Faktor zu dividieren, so daß die entsprechende „Varianz" gleich 1 wird. Wünschenswert wäre eine Clustertechnik, die invariant gegenüber den zahlreichen Familien von Skalentransformation bleibt. Diese Forderung wird weitgehend durch den Fuzzy-Zugang erfüllt, siehe dazu Abschnitt 6.3.

Die bisher genannten Verfahren verfolgen das Problem der *optimalen* Auswahl nur *in der Tendenz*, indem sie einige wenige mögliche Clusterungen betrachten, deren Konstruktion sich als günstig empfiehlt. Ist jedoch *ein Kriterium* als problemgerecht erkannt worden, z.B.

$$K(\mathbf{S}; C_1, \ldots, C_m) = K^*(G, H) = \min_{C_1, \ldots, C_m}, \tag{6.15}$$

dann entsteht sofort das Lösungsproblem für diese Optimierungsaufgabe. Dieses Problem ist ein *kombinatorisches* und daher *theoretisch* stets zu lösen, da alle beteiligten Mengen *endlich* sind. Die Methode heißt *vollständige Enumeration* und besteht in der Auflistung aller möglichen Konstellationen. Natürlich ist die Anzahl der zu betrachtenden Fälle bereits für kleine Objektanzahlen enorm. Zum Beispiel müßten für 8 Objekte und 3 mögliche Cluster schon 966 Funktionswerte von K^* berechnet werden. Das Verfahren ist also nur für die Fälle praktikabel, bei denen man die Verhältnisse schon mit dem bloßen Auge und dem Fachverstand übersieht. Daher werden iterative Verfahren der dynamischen und ganzzahligen Optimierung eingesetzt, um wesentlich schneller zu akzeptablen Ergebnissen für realistische Objektanzahlen zu kommen. Dieser Aufwand lohnt sich aber offensichtlich nur, wenn sowohl die gewählten Abstandstypen als auch das Optimierungskriterium eine solide fachwissenschaftlich gestützte Grundlage haben.

Für hierarchische Verfahren, die also eine Folge von Mengen C^s von Clustern erzeugen, z.B. $C^1, C^2, \ldots, C^r = O$, lassen sich die Ergebnisse der Clusterungen bei nicht allzu großer Anzahl N der Objekte sehr anschaulich in graphischer Form darstellen. Abbildung 6.1 zeigt das Beispiel eines *Dendrogramms*, aus dem hervorgeht, wie die Cluster mit abnehmender Ähnlichkeit zusammengefaßt wurden.

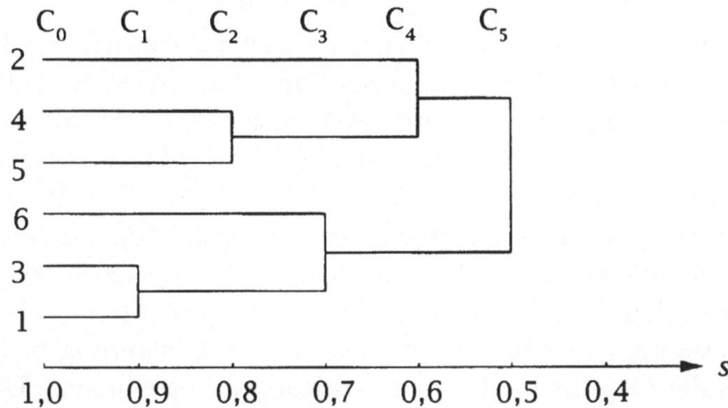

Bild 6.1 Dendrogramm

Die Tabelle 6.1 zeigt eine mögliche zugehörige Ähnlichkeitsmatrix $\mathbf{S}$ zum Dendrogramm in Bild 6.1.

$$
\begin{pmatrix}
1 & 0.5 & 0.9 & 0.5 & 0.5 & 0.7 \\
0.5 & 1 & 0.5 & 0.6 & 0.6 & 0.5 \\
0.9 & 0.5 & 1 & 0.5 & 0.5 & 0.7 \\
0.5 & 0.6 & 0.5 & 1 & 0.8 & 0.5 \\
0.5 & 0.6 & 0.5 & 0.6 & 1 & 0.5 \\
0.7 & 0.5 & 0.7 & 0.5 & 0.5 & 1
\end{pmatrix}
$$

Die Zusammenfassungen selbst können aber auch nach irgendeinem anderen Kriterium geschehen sein.

Speziell bei der Verwendung des Prinzips der Zusammenfassung zum jeweiligen nächsten Nachbarn gibt es auch einen Zusammenhang zur Graphentheorie; in diesem Fall läßt sich das Dendrogramm als *Baum* repräsentieren. (Zu Einzelheiten siehe etwa JARDINE/SIBSON 1971.)

6.1.4 Cluster mit mathematisch-statistischem Hintergrund

Die Lösung des Zerlegungsproblems gestaltet sich natürlich durchsichtiger, wenn es fachlich begründete oder wissenschaftlich plausible Annahmen über die *Genese* der Daten, hier der Merkmalswerte, gibt. Die gewöhnliche Annahme, daß diese Daten Realisierungen von Zufallsvariablen sind, ist jedoch selten wissenschaftlich untersetzt, ja wird in der Regel, vor allem bei der Benutzung von Software, kaum hinterfragt oder transparent gemacht.

Am deutlichsten ist der Bezug zur Wahrscheinlichkeitstheorie bei der *Modalanalyse* nach WISHART 1969. Zur einfachen Darstellung wird der Fall nur eines *einzigen* Merkmals betrachtet. Vorausgesetzt wird, daß die Anzahl der Objekte hinreichend groß ist, so daß ein Histogramm der beobachteten Merkmalswerte bereits, im Sinne der mathematischen Statistik, aussagekräftig ist. Das Verfahren erkundet zuerst, ob die den Daten zugrundeliegende Wahrscheinlichkeitsverteilung multimodal ist, d.h. daß deren Dichte mehrere Maxima zeigt. Daraus wird geschlossen, daß diese Verteilung eine *Mischung* mehrerer gegeneinander genügend abgesetzter Verteilungen ist. Das Ziel der Clusterung bedeutet hier die Zuordnung der Objekte zu diesen verschiedenen Verteilungen. Das Verfahren besteht also darin, zuerst das Histogramm der Merkmalswerte aufzustellen, wobei die Zuordnung zu den Objekten erkennbar bleibt. Sodann werden die Objekte zu erkannten verschiedenen Gebieten mit jeweils hoher Häufigkeit (Modalregionen des Histogramms) verschiedenen Clustern zugeordnet und die Zwischengebiete mit geringer Häufigkeit erst einmal nicht beachtet. Schließlich werden die restlichen Objekte jeweils dem Cluster zugeordnet, dem ihre Merkmalswerte am nächsten liegen. Im Falle mehrerer Merkmale ist diese Methode in der Regel unpraktisch.

Daher schlägt WISHART 1969 einen Schwellen-Algorithmus vor, um Gebiete mit hoher Häufigkeit als Initialcluster zu erkennen. Mit vorgegebener Häufigkeitsschwelle w_0 und Abstandschwelle d_0 wird für jedes Objekt die Häufigkeit w_j aller Objekte mit einem geringeren Abstand als d_0 bestimmt:

$$w_j = \text{Anzahl} \{k \mid d(j,k) \leq d_0\} \,. \tag{6.16}$$

Dann werden alle Objekte erst einmal nicht beachtet, für die $w_j < w_0$ ausfällt. Die verbliebenen Objekte werden zu Clustern zusammengefaßt, indem man geeignete nächste Nachbarn vereinigt. Sodann werden die noch unbeachteten Objekte diesen Clustern zugeordnet, nach irgendeinem brauchbaren Verfahren. Dies ist nur *ein* mögliches Verfahren, das die allgemeine Vorgehensweise zeigen soll. Auch das ISODATA-Verfahren ist ein solches Verfahren, wenn die Merkmalswerte als Realisierungen von Zufallsvariablen angenommen werden.

Die Problemstellung verändert sich nochmals, wenn man annehmen darf, daß die n verschiedenen Verteilungen, die die Mischung für die Verteilung der Merkmalswerte bilden, sämtlich *bekannt* sind. Es kommt dann offensichtlich nur noch darauf an, die einzelnen Objekte den Einzelverteilungen richtig zuzuordnen. Diese Zuordnung spezifiziert dann die verschiedenen Cluster. In diesem Fall ist die *Likelihoodfunktion* der als Stichprobe gedeuteten Merkmalswerte der Ausgangspunkt und das Kriterium für die Clusterzerlegung für alle Objekte.

Die Zuteilung der Objekte zu den Clustern erfolgt dann nach dem vernünftigen Prinzip, die spezielle Verteilung als die richtige anzusehen (und das Objekt dem entsprechenden Cluster zuzuorden), für die die Likelihoodfunktion für den Merkmalswert am größten ist. Falls die Verteilungen alle *Normalverteilungen* sind, bei der die (logarithmierte) Likelihoodfunktion eine quadratische ist, kommt man so zu quadratischen Abständen zurück, wie sie bereits in den Heuristiken der vorangehenden Abschnitte betrachtet wurden. (Siehe zu Einzelheiten für diesen Fall das Buch von MARDIA/KENT/BIBBY 1979.)

Die *Klassifizierung* , d.h. die Zuordnung eines *weiteren* Objekts zu den erhaltenen Clustern, wenn sie als Routineaufgabe aufgefaßt werden soll, heißt bei einem statistischen Hintergrund *Diskriminanzanalyse.* Die dafür im Rahmen der mathematischen Statistik entwickelten und begründeten Verfahren werden auch stillschweigend angewandt, wenn dieser Hintergrund der Datenentstehung nicht gegeben ist; dann bleiben sie natürlich Heuristiken, wie alle im vorangehenden Abschnitt genannten Verfahren.

Das Hintergrundmodell hat die folgende Form: Es wird angenommen, daß der Vektor der Merkmalsausprägungen $\mathbf{x}$ Realisierung eines Zufallsvektors $\mathbf{X}$ ist, dessen Verteilung, in Abhängigkeit vom Objekt o_j, eine von n möglichen Dichten $f_i(\mathbf{x})$ ist. Die Aufgabe der Diskriminanzanalyse ist es nun, eine *gegebene* Realisierung $\mathbf{x}_0$ für ein weiteres Objekt o_0 einer der n Grundgesamtheiten zuzuordnen. Man stellt sich also vor, daß von den Clustern, in irgendeiner sachlich vernünftigen Weise, Grundgesamtheiten abgeleitet wurden. Die *Entscheidung* über die Zuordnung ist nun *so gut wie möglich* auszuführen, was in der mathematischen Statistik als das möglichst seltene Auftreten von *Fehlentscheidungen* gedeutet wird. Eine *Diskriminanzregel* ist also eine Entscheidungsregel, die eine *Zerlegung* des Stichprobenraumes (der Menge aller möglichen Stichprobenvektoren) in Bereiche R_i mit der Anweisung bewirkt: Wenn die gegebene Realisierung $\mathbf{x}_0$ in R_i liegt, dann ordne das zugehörige Objekt o_0 der Grundgesamtheit mit der Dichte f_i zu. Die Aufgabe der mathematischen Statistik ist es nun, in Abhängigkeit von den gegebenen Dichten f_i solche Bereiche R_i zu bestimmen, bei denen die Wahrscheinlichkeit für eine *Fehlzuweisung* möglichst gering ausfällt.

Natürlich ist die Annahme, daß die Dichten *genau bekannt* sind, wenig realistisch. Daher wird gewöhnlich der Fall betrachtet, daß diese Dichten (z.B. über geeignete Parameter) aus vorher bestimmten Clustern *geschätzt* werden. Dies ist eine der oben genannten Methoden zur Verbindung von Clusterproblemen mit Diskriminanzproblemen.

Es gibt auch hier einen BAYESschen Zugang, bei dem a-priori-Wahrscheinlichkeiten für die Zuordnung zu den Grundgesamtheiten vorliegen. Ein typisches Beispiel aus der Medizin ist die Zuordnung von neuen Patienten („Objekten") anhand ihrer Symptome („Merkmale") zu verschiedenen Krankheiten („Grundgesamtheiten"). Die a-priori-Wahrscheinlichkeiten würden hier aus den Auftrittshäufigkeiten der verschiedenen Krankheiten gewonnen. Die Zuordnung erfolgt dann nach der größten a-posteriori-Wahrscheinlichkeit für die Krankheiten bei gegebenem Merkmalsvektor x.

Die Eigenschaften der verschiedenen Diskriminanzregeln werden gewöhnlich über Monte-Carlo-Simulation oder durch Anwendung auf umfangreiche Mengen von Echtdaten untersucht, deren korrekte Zuordnung man kennt. Wurden die Parameter der Grundgesamtheiten lediglich *erschätzt*, dann fallen die darauf gegründeten Schätzungen der Fehlklassifikationswahrscheinlichkeit in der Regel *zu optimistisch* aus.

Eine gesunde Skepsis ist also auch bei der Verwendung der Standardverfahren von Clusteranalyse und Diskriminanzanalyse stets angebracht. Das sollte aber nicht dazu führen, sie generell als ungeeignet abzulehnen; sie bleiben eine vernünftige Unterstützung bei der Übersichtlichmachung von Zerlegungsproblemen bei praktischen Daten.

6.1.5 Grundideen der neuronalen Netze

Für die Zuordnung von Objekten zu gewissen Mengen macht seit einiger Zeit das Konzept der *neuronalen Netze* von sich reden. Eine erste instruktive Darstellung der grundlegenden Gedanken aus dem Gebiet der *künstlichen Intelligenz* enthält das Sammelwerk von RUMELHART 1986. (Wegen eines deutschsprachigen Überblicks siehe z.B. ROJAS 1993 und BRAUSE 1995.) Ausgangspunkt dieser Richtung sind Vorstellungen über die Art und Weise, wie das menschliche Denken „technisch" funktioniert, das in mancher Beziehung den schnellsten Computern überlegen ist. Das Gehirn bildet bekanntlich ein hochkompliziertes *Netz* von *Neuronen* , die sich gegenseitig aktivieren oder deaktivieren können. Dies ermöglicht eine hohe *Parallelität* der Einzelvorgänge und eine starke *Robustheit* gegen Störungen und Ausfälle in gewissen Teilen. Die Arbeit der Neuronen ist vor allem wichtig für *intelligentes* Schließen, dessen Grundlagen das Erkennen und Zuordnen von Sachverhalten sind.

Die Theorie der neuronalen Netze versucht, diese Wirkungsweise des Neuronennetzes im Gehirn in vereinfachter Weise durch mathematische Modellierung und Implementierung auf geeigneten Computern nachzuspielen. Die Menge der

Konzepte ist gegenwärtig kaum noch überschaubar. Im folgenden sollen gewisse einfache grundlegende Ideen als Ausgangspunkt für einige Ratschläge zur Einschätzung und Benutzung entsprechender Denkzeuge vorgestellt werden.

Zuerst soll die praktisch recht uninteressante Informationslage betrachtet werden, daß n Objekte o_j durch jeweils einen (Spalten-)Vektor $\mathbf{v}_j$ von n *exakten* Merkmalswerten charakterisiert sind. Als Zielstellung sei verlangt, daß sie bei ihrem jeweiligen Auftreten in *möglichst einfacher* Weise *wiedererkannt* werden. Weiterhin wird angenommen, daß die n Vektoren im entsprechenden n-dimensionalen Euklidischen Raum $I\!\!R^n$ linear unabhängig sind (daß sich also keiner durch eine Linearkombination der restlichen darstellen läßt). Die Lösung des Problems wird durch eine quadratische Matrix

$$\mathbf{W} = ((w_{kl})) \tag{6.17}$$

gegeben, die die n *Inputvektoren* $\mathbf{v}_j$ auf n zugehörige *Outputvektoren* $\mathbf{u}_j$ abbildet

$$\mathbf{u}_j = \mathbf{W}\mathbf{v}_j \ . \tag{6.18}$$

Die Outputvektoren $\mathbf{u}_j$ könnten zum Beispiel die n Einheitsvektoren sein, die jeweils nur in der j-ten Koordinate eine 1 und in den anderen Koordinaten eine 0 haben. Damit wäre eine einfache Unterscheidung der n möglichen Objekte gewährleistet.

Die Elemente der Gewichtsmatrix $\mathbf{W}$ bestimmen sich in einfacher algebraischer Weise aus den vorgegebenen Input- und Ouputvektoren $\mathbf{v}_j$ und $\mathbf{u}_j$. Besonders einfach wird es, wenn die Inputvektoren *normalisiert* und *orthogonal* sind, d.h. wenn

$$\mathbf{v}_i^T \mathbf{v}_j = \begin{cases} 0 & \text{für} \quad i \neq j \, , \\ 1 & \text{für} \quad i = j \, . \end{cases} \tag{6.19}$$

Für diesen Fall ist die Netzmatrix $\mathbf{W}$

$$\mathbf{W} = \sum_{i=1}^{n} \mathbf{u}_i \mathbf{v}_i^T \, , \tag{6.20}$$

die Summe über die Matrixprodukte der zusammengehörigen Input-Output-Vektorpaare.

Bei der Deutung als neuronales Netz werden die Koordinaten der Vektoren als *Neuronen* gedeutet und ihre momentanen Werte als deren *Aktivierung*; die Elemente der Gewichtsmatrix w_{kl} bewerten dann jeweils die *Verknüpfung* zwischen der k-ten Koordinate des Inputs und der l-ten des Outputs gemäß (6.17).

Die Informationslage wird sofort *praktisch* interessant, wenn man zuläßt, daß die Inputvektoren *variieren* können. Es handelt sich dann um Merkmalsvektoren von Objekten, bei denen nur noch die Zuordnung zu einer *Kategorie* in Frage kommen kann, ein Problem, wie es in leicht veränderter Form schon bei der Clusterung eine Rolle gespielt hat.

Sind die Variabilitätsgrenzen der Inputvektoren in etwa bekannt, dann gelingt es meist durch die Vorgabe einer Funktion für die nachträgliche Modifikation der Koordinaten des berechnenden Outputvektors zu eindeutigen und in der Regel *richtigen* Zuordnungen zu kommen.

So ist z.B. die *Schwellwertfunktion* eine beliebte der sogenannten *Aktivierungsfunktionen*. Dabei wird der Wert jeder Koordinate des Outputvektors, der gewöhnlich *zwischen* 0 und 1 liegt, auf 0 gesetzt, wenn er einen gegebenen Schwellwert nicht erreicht. Dabei können die Schwellwerte von Koordinate zu Koordinate verschieden gewählt werden. Ein anderer Typ von Aktivierungsfunktionen sind die *Sigmoidfunktionen* s, die den originalen Outputwert einer Koordinate u monoton in einen Wert $g(u) \in [0,1]$ verändern, z. B.

$$s(u) = \frac{1}{(1 + \exp\{-cu\})}; \quad c > 0 \, . \tag{6.21}$$

Mit solchen Aktivierungsfunktionen gelingt es z.B., ein gewisses Grundrauschen, geringfügige Veränderungen in den Inputvektoren, bezüglich der Zuordnung der Objekte zu unterdrücken. Man beachte, daß es sich ja nicht um das *Finden* von Mustern (pattern cognition), sondern um das *Wiedererkennen* (pattern recognition) von Mustern (den Kategorien des Inputs) handelt.

Unterliegt die Variation der Inputs *stochastischen Gesetzen*, dann müssen diese bekannt sein, um die Gewichtsmatrix und die Outputs so zu konstruieren, daß trotz dieser Variation eine möglichst richtige Zuordnung auf der Basis dieser Outputs gewährleistet ist. Außerdem kann man gelegentlich sogar eine zeitliche Änderung dieser Gesetzmäßigkeiten berücksichtigen, falls sie bekannt ist, etwa wenn die Wahrscheinlichkeit $p_j(t)$ für das Auftreten von Vertretern der verschiedenen Kategorien als Funktion der Zeit t gegeben ist. Dies wäre zum Beispiel der Fall, wenn gewisse auftretende Tierkategorien, deren Merkmalsvektoren als Inputs beobachtet werden, als *nachtaktiv* bekannt sind. Meist jedoch werden die Auftrittswahrscheinlichkeiten als zeitunabhängig angenommen.

Vorkenntnisse über die Wahrscheinlichkeit des Auftretens von Objekten, die über das neuronale Netz einer Kategorie zugeordnet werden sollen, sind vor allem dann unverzichtbar, wenn man zuläßt, daß die entsprechenden Inputvektoren auch *verstümmelt* auftreten dürfen, wenn also für gewisse Merkmale die entsprechenden Angaben fehlen dürfen. In diesem Fall werden die gegebenen Auftrittswahrscheinlichkeiten für die betrachteten n Kategorien als *a-priori-Verteilung* gedeutet, und über die verstümmelten Koordinaten wird eine Wahrscheinlichkeitsverteilung maximaler Entropie ausgebreitet. Zur Shannonschen Entropie siehe (6.63) und MÜLLER 1991.

Eine Möglichkeit zur weiteren Flexibilisierung neuronaler Netze ist die Einführung von *verdeckten Einheiten* (hidden units). Es kann Neuronen (Einheiten, units) geben, die weder als Träger von Werten der Input- noch der Outputkoordinaten auftreten. Im einfachsten Fall bilden sie eine *zweite Schicht* nach dem Input und vor dem Output.

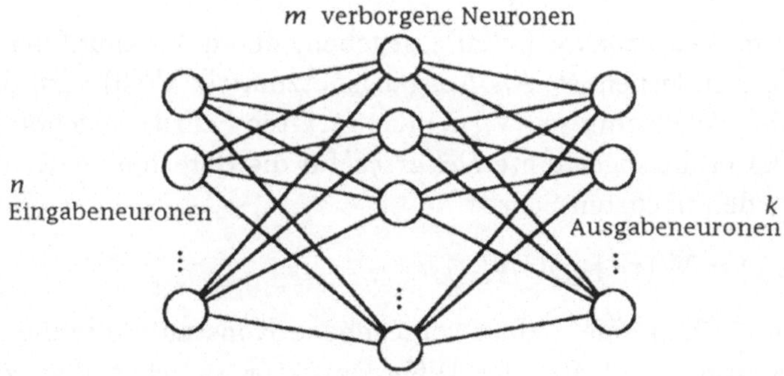

Bild 6.2 Beispiel eines neuronalen Netzes mit einer Schicht verdeckter Einheiten

Einige Koordinaten des Inputs werden zuerst auf diesen „Zwischenoutput" abgebildet, der dann wieder auf den Output des ganzen Netzes wirkt. Diese Zwischenabbildung wird dann z.B. durch eine weitere Matrix dargestellt. Durch die Einführung *mehrerer* Zwischenschichten verdeckter Einheiten kann die Gesamtkonfiguration des neuronalen Netzes vereinfacht und die Anzahl der identifizierbaren Kategorien wesentlich erhöht werden. Der Zusammenhang bleibt auch in diesem Fall *linear*, da sich die Gesamtmatrix des neuronalen Netzes, die die Verbindung von Input und Output darstellt, durch Matrizenmultiplikation aus den Einzelmatrizen erhalten läßt.

Werden allerdings auch die Zwischenoutputs einer Aktivierungsfunktion unterworfen, dann wird das System echt *nichtlinear*. Trotzdem haben solche neuronalen Netze jeweils ein Gebiet, in dem sie sich näherungsweise linear verhalten; man findet daher für diesen Fall gelegentlich die Bezeichnung *semilinear*.

Die Attraktivität neuronaler Netze wird wesentlich von der Möglichkeit gestützt, die Elemente der Netzmatrizen und die Parameter der Aktivierungsfunktionen (z. B. die Schwellenwerte oder die Parameter der verwendeten Sigmoidfunktionen) sequentiell und näherungsweise in einem *Lernvorgang* zu bestimmen.

Das Lernverfahren beginnt damit, daß die gesuchten Größen, die Elemente der Matrizen und die Parameter auf gewisse Werte eingestellt werden. Dann werden dem neuronalen Netz in zufälliger Auswahl und Reihenfolge zueinander gehörige Input-Output-Vektorpaare angeboten und die Ausgangswerte der gesuchten Größen so verändert, daß die Differenz zwischen dem gegebenen Output und dem erhaltenen möglichst klein ist. Zur Demonstration sei der einfachste Fall betrachtet, daß nur eine Netzmatrix $\mathbf{W}$ zu bestimmen ist und keine Aktivierungsfunktion eingesetzt wird.

Es seien die m Vektorpaare $(\mathbf{v}^j, \mathbf{u}^j)$ gegeben, deren Verknüpfung durch das neuronale Netz zu lernen ist. Als Ausgangsnetzmatrix $\mathbf{W}(0)$ wird die Nullmatrix $\mathbf{O}$ gewählt. Weiterhin sei $(\mathbf{v}_i, \mathbf{u}_i)$ das im i-ten Schritt angebotene Vektorpaar, dann lautet die sogenannte *Deltaregel* für die Berechnung der Netzmatrix $\mathbf{W}(i+1)$ für den nächsten Schritt

$$\mathbf{W}(i+1) = \mathbf{W}(i) + \eta\delta(i)\mathbf{v}_i^\tau \ . \tag{6.22}$$

Dabei sind $\eta \in (0,1)$ eine skalare vorgegebene Konstante, die die sogenannte *Lernrate* bestimmt, und $\delta(i)$ der Differenzvektor zwischen dem zugehörigen und dem aktuell berechneten Outputvektor

$$\delta(i) = \mathbf{u}_i - \mathbf{W}(i)\mathbf{v}_i \ . \tag{6.23}$$

Der Wert dieser Lernregel besteht darin, daß man sie auch anwenden kann, wenn die Inputvektoren nicht mehr orthogonal zueinander gewählt sind, also nur noch linear unabhängig sind. Sogar wenn die Inputvektoren mit kleinen zufälligen Störungen überlagert sind, erhält man noch brauchbare Ergebnisse. Auch im Falle, daß die Inputvektoren *nicht* mehr linear unabhängig sind (und nicht sein können, weil die Dimension n der Vektoren kleiner ist als ihre Anzahl m), wird eine Netzmatrix erzeugt, die eine Anpassung im Sinne der Methode der kleinsten Quadrate liefert.

Ein neuronales Netz läßt sich allgemein auch als Darstellung einer Funktion mehrerer Variabler deuten. Ausgehend von m Paaren aus Argumentvektoren $\mathbf{x}_j, y_j$ ist eine Funktion $y = f(\mathbf{x})$ zu „lernen", die am genauesten (im Sinne der Methode der kleinsten Quadrate) die Trainingsoutputwerte y_j den Trainingsinputwerten $\mathbf{x}_j$ zuordnet. Im Spezialfall sind die Abweichungen für die Trainingsmenge gleich Null, und die Approximation wird eine Interpolation. Häufig ist das mit einem Netz erhaltene Ergebnis eine stückweise konstante Funktion (siehe wegen eines Beispiels ROJAS 1993). Andererseits läßt sich über ein geeignetes Netz auch ein Verfahren realisieren, das der (in den Argumenten) linearen Regression entspricht und daher für den Parametervektor die gleiche Berechnungsformel liefert. Für den Ansatz

$$y = b_0 + \sum_{i=1}^{n} b_i x_i \tag{6.24}$$

erhält man mit der Versuchsplanmatrix $\mathbf{X}$, deren Zeilen jeweils aus einer 1 (für die Konstante b_0) und dem Vektor $\mathbf{x}_i^\tau$ bestehen, die Schätzung $\hat{\mathbf{b}}$ für den Spaltenvektor aus den Koeffizienten b_i

$$\hat{\mathbf{b}} = (\mathbf{X}^\tau \mathbf{X})^{-1} \mathbf{X}^\tau \mathbf{y} \,. \tag{6.25}$$

Siehe Abschnitt 7.1.2.

Durch mehrschichtige Netze und die Verwendung von Sigmoiden als Aktivierungsfunktionen lassen sich auch nichtlineare Zusammenhänge als Approximationen (nach dem Kriterium der Methode der kleinsten Quadrate) realisieren, z.B. Ansätze der logistischen Regression

$$y = \frac{1}{1 + \exp\{-\sum_{i=1}^{n} b_i x_i\}} \,. \tag{6.26}$$

Lernverfahren, die die Minimierung der Abweichungen der aktuellen Outputs von vorgegebenen Sollwerten verwenden, werden häufig Backpropagation-Algorithmen genannt (siehe z.B. ROJAS 1993). Backpropagation in Netzen mit mehreren Schichten ist gegenwärtig das populärste Modell für die Lösung von praktischen Problemen. Es wird beispielsweise in der Robotik, bei Sprach- und Mustererkennungsaufgaben und bei Codierungsproblemen eingesetzt. Gemeinsam ist diesen Einsatzgebieten die Zielstellung, anhand einiger weniger empirischer Daten ein Netz zu konzipieren, das die zugrundeliegende Abhängigkeit in einem gewissen Sinn simulieren kann. In vielen Fällen sind die empirischen Abhängigkeiten der Modellvariablen von vornherein unbekannt, oder sie verändern sich im Laufe der Zeit. Man glaubt, daß man mit Backpropagation statistische Regelmäßigkeiten entdecken und ausnutzen kann. Weiterhin lassen sich zeitliche Änderungen durch Anpassung der Netzparameter (durch permantes Lernen) berücksichtigen.

Die Backpropagation in mehrschichtigen Netzen ist nur *eine* Richtung der Entwicklung in der Theorie und Praxis neuronaler Netze. Ähnliche Anwendungsfelder, wie Bildverarbeitung, Cluster- und Diskriminanzanalyse, werden angeführt, und auf jedem Gebiet wird auf erfolgreiche Anwendungsfälle verwiesen.

Dies hat in weiten Kreisen, besonders bei Anwendern, zu der euphorischen Einschätzung geführt, man hätte mit dem Konzept der neuronalen Netze ein *Faktotum* („mach alles!") gefunden, mit dem sich, in einheitlicher und natürlicher Weise, *jedes* Problem der Anwendung lösen läßt. Jedoch werden die Probleme bei der Behandlung numerischer Aufgaben der Interpolation, Approximation, der Clusterung und Diskrimination durch ihre Einkleidung in die Sprache der neuronalen Netze *nicht* beseitigt, sondern nur verdeckt und aus dem Bewußtsein verdrängt. Dies ist die *größte* Gefahr bei der allgemeinen Anwendung von neuronalen Netzen für den anwendenden Praktiker: die notwendige kritische Sicht auf die jeweilige Methode, die Inputvektoren und die erhaltenen Ergebnisse wird durch Faszination und festen Glauben an die Güte ersetzt.

Dabei kann man sogar davon absehen, daß sich viele der mit neuronalen Netzen realisierten Verfahren als „gute alte Bekannte" herausstellen. So entspricht z.B. die Berechnungsvorschrift für Hopfield-Netze der in der Physik seit vielen Jahren eingeführte Relaxationsmethode (siehe COURANT/FRIEDRICHS/LEWY 1928 und ROJAS 1993). Ähnliche Bemerkungen lassen sich auch bei einigen der vorgeschlagenen Cluster- und den Approximationsverfahren machen.

Es gab auch schon sehr früh kritische Überlegungen zu Problemen der neuronalen Netze (siehe MINKY/PAPERT 1969), aber gegenwärtig ist es recht schwierig, aus dem Massenchor der Publikationen über neuronale Netze kritische Stimmen herauszuhören.

Die für die Einzelbehandlung der praktischen Probleme in diesem Buch gemachten Ausführungen behalten *auch* für die neuronale Netze ihre Gültigkeit.

So ist bekanntlich bereits die Spezifizierung der Daten für den Input als Vektoren binärer Werte oder reeller Zahlen eine Quelle von Unsicherheit und Willkür.

Für das Lernverfahren mit „gestörten" Inputs werden in der Regel explizit keine Annahmen über Art und eventuelle Gesetzmäßigkeit der Störungen gemacht, obwohl diese für die Einschätzung der Arbeit des Netzes *nach* der Trainingsphase von Bedeutung sind.

Schließlich ist es dem Anwender in der Regel unmöglich, den Weg gewisser Unsicherheiten des Input durch das Netz zu verfolgen und das numerische Verhalten innerhalb des Netzes einzuschätzen.

Wenn sich Trainings- und Arbeitsphasen regelmäßig ablösen sollen, wie es in den praktischen Anwendungen häufig der Fall ist, dann wird die „Konvergenz" des Lernverfahrens mit Kriterien (z.B. Veränderung aufeinanderfolgender Trainingsläufe) eingeschätzt, die auch bei den normalen sequentiellen Verfahren nicht unproblematisch sind.

Es scheint daher angeraten, auch bei neuronalen Netzen auf eine begleitende kritische Sicht nicht zu verzichten. Die Qualität der Daten sollte geprüft und das Verhalten des neuronalen Netzes sollte mit Testdaten aus Problemen mit einfachem und bekanntem Ergebnissen untersucht werden.

Auch das neuronale Netz kann *keine* Information *schöpfen*, man kann nur dann zutreffende Ergebnisse erhalten, wenn man dem Netz die dafür notwendige Information anbietet und das Netz die praktischen Verhältnisse hinreichend genau widerspiegelt.

Schließlich sei noch eine Entwicklung erwähnt, in der das Konzept der neuronalen Netze mit dem der unscharfen Mengen verknüpft wird: die *unscharfen neuronalen Netze*. Die unscharfen Inputs $\mathcal{V}_i$ werden dabei entsprechend ihrem Charakter miteinander verknüpft, z.B. durch

$$\mathcal{V}_{ij} = \mathcal{V}_i \cap \mathcal{V}_j \, , \tag{6.27}$$

was für die entsprechenden Zugehörigkeitsfunktionen $\mu_i(x), \mu_j(x)$ z.B. bedeutet:

$$\mu_{ij}(x) = \min\{\mu_i(x), \mu_j(x)\} \, . \tag{6.28}$$

Diese lassen sich dann zum *unscharfen* Output noch geeignet vereinigen, z.B.

$$\mathcal{U}_i = \bigcup_j \alpha_{ij} \mathcal{V}_{ij} \, , \tag{6.29}$$

wobei die $\alpha_{ij} \in (0, 1]$ geeignete Parameter mit $\sum_j \alpha_{ij} = 1$ für alle i sein sollen.

Das vorstehende Beispiel ist ein rein theoretisches, das jedoch zeigen kann, wie die Verknüpfung der scharfen Inputwerte durch Multiplikation und Summation, etwa in (6.18), durch Verknüpfungsregeln für unscharfe Mengen ersetzt werden. Als ein schönes Beispiel für die Verarbeitung von Information in einem unscharfen neuronalen Netz wird von ROJAS 1993 das Farbsehen des menschlichen Auges angeführt, das mit den unscharfen Rezeptoren für blau, grün und rot auskommt und doch ein farbnuancenreiches Bild im Hirn erzeugt. Dabei hat sich gezeigt, daß sich Funktionen von der Form der Dichtefunktion von Normalverteilungen („Gaußsche Glockenkurven") als Zugehörigkeitsfunktion für die drei obigen Grundfarben anbieten. Im Fall, daß die Inputdaten auch *verstümmelt* auftreten dürfen, läßt sich das eingangs erwähnte wahrscheinlichkeitstheoretische Herangehen für unscharfe Daten modifizieren. An die Stelle der a-priori-Wahrscheinlichkeitsverteilung für das Auftreten der Vertreter der n verschiedenen Kategorien (z.B. der 10 Ziffern für handgeschriebene und verwischte Exemplare im Input) wird durch eine *Möglichkeitsverteilung* $\pi_i; i = 1, \ldots, n$ ersetzt, und über den verstümmelten „Koordinaten" wird eine bedingte Möglichkeitsverteilung maximaler Entropie ausgebreitet, wobei nun die Entropie einer unscharfen Menge durch ein sogenanntes Entropiemaß e gegeben ist, z.B. durch

$$e(\mathcal{A}) = \frac{\text{card}\,(\mathcal{A} \cap \mathcal{A}^c)}{\text{card}\,(\mathcal{A} \cup \mathcal{A}^c)}\,. \tag{6.30}$$

Wegen einer ausführlichen Darstellung siehe z.B. KOSKO 1992. und die Zeitschrift IEEE Transactions of Neural Networks.

Natürlich gilt auch für unscharfe neuronale Netze das allgemein zum Umgang mit unscharfen Mengen kritisch gesagte.

6.2　Unscharfe Klassifikation scharfer Daten

6.2.1　Unscharfe Cluster

Bei der Einteilung einer Objektmenge O in Cluster $C_1, \ldots, C_n$ wird stillschweigend davon ausgegangen, daß jedes Objekt o_j seinem „richtigen" Cluster zugeordnet werden soll. Bei einer Diskriminanzanalyse ist diese Forderung sogar explizit in der Problemstellung enthalten. Es gibt jedoch praktische Situationen, in denen diese Annahme der Einzigkeit nicht realistisch ist, so z.B. wenn ein Patient mehrere der zur Auswahl angegebenen Krankheiten hat oder wenn ein befragter Wähler im Vorfeld einer Wahl sich noch zu mehreren Parteien hingezogen fühlt oder wenn er mehrere Stimmen besitzt, die er splitten könnte. In vielen Fällen jedoch machen es die Merkmalswerte eines Objekts nur recht schwer, es einem der als sinnvoll erkannten Cluster zuzuordnen, weil dabei offensichtlich zu viel Willkür im Spiel sein muß. Gerade diese notwendigerweise subjektive Einschätzung, die durchaus ihre sachlogischen Gründe haben kann, macht es wünschenswert, die Objekte in gewissen Fällen auch *mehreren* Clustern und jedem dieser Cluster auch *graduell* zuzuweisen. Dies führt häufig, vor allem für Merkmalswerte in gewissen „Randlagen", zu einer aussagefähigeren Interpretation der Zerlegung der Objektmenge. Man nennt solche Cluster mit graduellen Mitgliedschaften der Objekte konsequenterweise *unscharfe Cluster.* Für die weiteren Ausführungen in diesem Abschnitt 6.2 bleiben die Merkmalsvektoren dagegen noch *scharfe* oder gewöhnliche Vektoren aus reellen Zahlen.

Ausgangspunkt der Betrachtungen ist also wie im Abschnitt 6.1 die Ähnlichkeitsmatrix $\mathbf{S}$ oder die Abstandsmatrix

$$\mathbf{D} = ((d_{jk})) \tag{6.31}$$

(vgl. (6.4)). Die Zuordnung der Objekte zu *scharfen* Clustern kann durch eine *Zerlegungsmatrix* $\mathbf{Z}$ dargestellt werden, deren Elemente z_{ij} angeben, ob das Objekte o_j zum Cluster C_i gehört ($z_{ij} = 1$) oder nicht ($z_{ij} = 0$):

$$\mathbf{Z} = ((z_{ij})) \,. \tag{6.32}$$

Da im *scharfen* Fall jedes Objekt zu genau einem Cluster gehören soll, hat die Matrix $\mathbf{Z}$ die Eigenschaft, daß für alle j

$$\sum_{i=1}^{n} z_{ij} = 1 \tag{6.33}$$

gilt, und da man mindestens ein Cluster haben möchte, das mindestens zwei Objekte enthält (sonst ist die Clusterung sinnlos), erhält man die Bedingung

$$0 < \sum_{j=1}^{N} z_{ij} < N \,. \tag{6.34}$$

BEZDEK 1981 nennt eine solche Zerlegung eine *harte n-Zerlegung*.

Die Problemstellung einer solchen *harten* Zerlegung führt in aller Regel zu kombinatorischen Problemen, die numerisch recht aufwendig sein können, wie bei der Methode der vollständigen Enumeration bereits bemerkt wurde. Der Übergang zu unscharfen Clustern bringt also zusätzlich noch Vorteile bei der numerischen Behandlung des Problems.

Läßt man nun eine *graduelle* Mitgliedschaft der Objekte in mehreren Clustern zu, dann kann man auf die beiden vorstehenden Bedingungen eigentlich verzichten. Um jedoch den *scharfen* Fall als Spezialfall zu erhalten, behält BEZDEK die Bedingung (6.33) bei. Jedes Objekt o_j muß also seine Mitgliedschaft auf die n Cluster verteilen. Der auf das Cluster C_i entfallende Anteil ist dann $\mu_j(i)$, und es soll gelten

$$\sum_{i=1}^{n} \mu_j(i) = 1 \,. \tag{6.35}$$

Für die numerische Behandlung ist es günstig (BEZDEK 1981), sowohl den Fall zu betrachten, daß die Bedingung (6.34) beibehalten wird (*unscharfe n-Zerlegung*) , als auch den Fall, daß diese Bedingung zu

$$0 \leq \sum_{j=1}^{N} \mu_i(j) \leq N \tag{6.36}$$

für alle i abgemildert wird. In diesem letzteren Fall sind dann Verfahren denkbar, die sich eine günstige Anzahl n von Clustern selber suchen, denn man

erlaubt auch *leere* Cluster. Solche Zerlegungen heißen *degenerierte* unscharfe
n-Zerlegungen. Außerdem wird durch diese Abschließung die theoretische Behandlung leichter (siehe dazu das genannte Buch von BEZDEK 1981).

Man kann ein unscharfes Cluster C_i mit der Zugehörigkeitsfunktion $\mu_i(j)$ offensichtlich auch als unscharfe Menge über der Objektmenge O deuten. Es gibt nun verschiedene Möglichkeiten dafür, was man als *Ähnlichkeit* solcher unscharfen Mengen verstehen will. Auf dieses Problem wird generell im Abschnitt 6.3 von einem etwas allgemeineren Standpunkt eingegangen.

6.2.2 Verfahren der unscharfen Clusteranalyse

Natürlich läßt sich jedes Verfahren zur Clusterbildung mit scharfen Merkmalswerten für den Fall, daß unscharfe Cluster erlaubt werden, verallgemeinern, indem man z.B. Objekte mit ungefähr gleichgroßer Affinität (Ähnlichkeit, Abstand) zu *mehreren* Clustern diesen mit geeigneten Graden zuteilt.

Für BEZDEK 1981 sind hier vor allem solche Verfahren zur Verallgemeinerung interessant, die mit einem *Euklidischen Abstand* d_{jk} der Objekte und einem *Optimalitätskriterium* arbeiten (siehe Abschnitt 6.1.3). Bereits von RUSPINI 1972 stammt die Idee, die *lokale Dichte* der Merkmalsvektoren zum Maß der „Qualität" der Clusterung zu wählen. Er betrachtete das folgende Optimalitätskriterium

$$J_R(\mathbf{M}) = \sum_{j=1}^{N} \sum_{k=1}^{N} \left\{ \left[\sum_{i=1}^{n} \sigma(\mu_i(j) - \mu_i(k))^2 \right] - d_{jk} \right\}^2 = \min_{\mu} \tag{6.37}$$

mit der reellen positiven Konstanten σ und einem fest gewählten n. Die Matrix $\mathbf{M}$ besteht aus den Zugehörigkeitswerten $\mu_i(j)$. Offensichtlich wird dieses Funktional J_R dann klein, wenn die einzelnen Terme der Summe jeder für sich klein werden. Dies passiert aber, wenn eng beieinanderliegende Objektpaare (d_{jk} klein) näherungsweise gleiche Zugehörigkeitswerte zu den entsprechenden Clustern erhalten (die Summe der entsprechenden μ_i wird klein). Der Faktor σ sorgt dafür, daß Abstand und Zugehörigkeitswerte größenordnungsmäßig vergleichbar werden.

Zur Bestimmung der optimalen Zugehörigkeitsmatrix $\mathbf{M} = ((\mu_i(j)))$ gemäß des Kriteriums (6.37) werden Gradientenverfahren benutzt. Da diese natürlich nur *stationäre Punkte* im entsprechenden Raum der möglichen Zugehörigkeitswerte finden, sind die vorgeschlagenen unscharfen Cluster unbedingt auf ihre Sinnhaftigkeit zu prüfen (Clustervalidierung!).

Der ursprüngliche Algorithmus von RUSPINI 1972, der hier nicht angegeben ist, wird als recht schwer verständlich und daher schwer implementierbar eingeschätzt. Seine rechentechnische Effizienz soll schwach sein und seine Verallgemeinerung auf mehr als zwei Cluster soll wenig erfolgreich gewesen sein. Aber er war der Bahnbrecher für eine erfolgreiche Entwicklung für diesen Zugang, der hier wegen seines Beispielcharakters und der intuitiven Verständlichkeit des verwendeten Kriteriums angeführt wurde.

BEZDEK geht daher von dem Fall aus, daß für jedes Cluster C_i ein *virtuelles* Objekt v_i definiert werden kann, dessen Merkmalswerte als die Schwerpunkte der entsprechenden Merkmalswerte bestimmt sind. Es bezeichne nun $\mathbf{x}_j$ den Merkmalsvektor für das Objekt o_j und $\mathbf{v}_i$ den Merkmalsvektor für das virtuelle Objekt v_i, im Cluster C_i. Dann sei $d_j(i)$ der Euklidische Abstand des Objekts o_j von v_i. Dann wählt BEZDEK 1981 das folgende Funktional (unscharfes q-Mittel-Funktional):

$$J_q(\mathbf{M}, \mathbf{V}) = \sum_{j=1}^{N} \sum_{i=1}^{n} \big(\mu_i(j)\big)^q d_j^2(i) \; ; \tag{6.38}$$

mit der Matrix $\mathbf{V}$ der Merkmalsvektoren der virtuellen Mittel der Cluster und einem vorgegebenen Exponenten $q \in (1, \infty)$, mit dem die Unschärfe der Cluster gesteuert werden kann. Je größer dieser Exponent gewählt wird, desto unschärfer werden die Zugehörigkeitszuweisungen zu den Clustern. Konvergiert q gegen 1, dann werden die unscharfen Cluster *harte* Zerlegungen. Zur Lösung dieser speziellen Optimierungsaufgabe schlägt BEZDEK ein Iterationsverfahren vor, das hier für den einfachsten Fall vorgestellt werden soll. Wegen der möglichen Verallgemeinerungen wird auf das Buch von BEZDEK und für einen kurzen Überblick auch auf BANDEMER/NÄTHER 1992 verwiesen.

Für den Start des Verfahren ist generell eine Euklidische Norm $d_j(i)$, eine Zahl n für die höchstens erlaubte Anzahl von Clustern, eine Zahl $q \in (1, \infty)$ und, für den Abbruch des Verfahrens, ein Maß für die Unterschiedlichkeit von Matrizen $\mathbf{M}$ vorzugeben, z.B. eine sogenannte Matrixnorm und dafür eine kleine Zahl (ϵ).

Als Ausgangspunkt wähle man dann eine Matrix $\mathbf{M}^0$, die alle Eigenschaften einer nicht-degenierten Zerlegungsmatrix hat (z.B. das Ergebnis einer groben scharfen Clusterung ist).

Für $l = 0, 1, 2, \dots$ durchlaufe man die folgenden Schritte:

(1) Berechne die n Clusterzentren $\{\mathbf{v}_i^{(l)}\}$ gemäß

$$\mathbf{v}_i = \frac{\sum_{j=1}^{N} (\mu_i(j))^q \mathbf{x}_j}{\sum_{j=1}^{N} (\mu_i(j))^q} \tag{6.39}$$

mit $\mathbf{M} = \mathbf{M}^{(0)}$.

(2) Bestimme ein $\mathbf{M}^{(l)}$ unter Benutzung dieser $\{\mathbf{v}_i^{(l)}\}$:

Definiere dazu die Indexmenge aller $\mathbf{x}_j$, die mit gewissen der berechneten Zentren $\mathbf{v}_i^{(l)}$ zusammenfallen:

$$I_j^{(l)} = \left\{ i \in \{1,..,n\} : d_j(i)^{(l)} = d(\mathbf{v}_i^{(l)}, \mathbf{x}_j) = 0 \right\}$$

und deren Komplementmenge

$$I_j^{(-l)} = \{1, \ldots, n\} \setminus I_j^{(l)}.$$

Falls $I_j^{(l)}$ leer ist, dann bestimme als neue Zugehörigkeitswerte für o_j

$$\mu_i^{(l+1)}(j) = \left[\sum_{s=1}^{n} \left(\frac{d_j^{(l)}(i)}{d_j^{(l)}(s)} \right)^{\frac{2}{(q-1)}} \right]^{-1}. \tag{6.40}$$

Falls jedoch $I_j^{(l)}$ mindestens einen Index enthält, dann lege man alle $\mu_i^{(l+1)}(j)$ für die Indizes $i \in I_j^{(-l)}$ auf 0 und verteile die Zugehörigkeit 1 auf die Cluster mit den Indizes aus $I_j^{(l)}$.

Diese beiden Schritte werden solange wiederholt, bis die „Differenz" zweier aufeinanderfolgender Matrizen $\mathbf{M}^{(l)}, \mathbf{M}^{(l+1)}$ kleiner als das eingangs gewählte ϵ ausfällt.

Natürlich ist auch das Ergebnis dieses Vorgehens ein *Vorschlag*, wie man die Objekte zu Teilmengen zusammenfassen könnte.

Obwohl die unscharfe Clusteranalyse einen gewissen Fortschritt gegenüber der scharfen Analyse darstellt, da sie flexibler auf die Gegebenheiten der praktischen Probleme reagieren kann, bleibt doch die wesentliche Einschränkung bestehen, daß die Merkmalswerte letztendlich reelle Zahlen seien müssen, und die Beobachtungsunschärfe für diese Merkmalswerte bleibt unberücksichtigt.

Natürlich liefern die Methoden der Clusteranalyse in vielen praktischen Sachverhalten vernünftige Ergebnisse, vor allem wenn sie vom Hintergrundwissen des anwendenden Wissenschaftler gesteuert wurden. Aber es gibt eine ganze Reihe von prinzipiellen Einwänden gegen die Clusteranalyse, vor allem wenn sie einem Optimalitätskriterium folgen soll. Es ist nicht nur die Willkür eines solchen Kriteriums und seiner Struktur, wie etwa der zu Grunde zu legende Abstandsbegriff und seine mathematische Fassung sowie die Parameter des Verfahrens, es ist auch die Vagheit des Optimalitätsbegriffs selbst und vor allem die Notwendigkeit, aus zum Teil völlig unvergleichbaren Merkmalen *einen gemeinsamen Merkmalsvektor* $\mathbf{x}$ zu bilden, dessen Ähnlichkeiten und Abstände das Ergebnis wesentlich bestimmen.

Daher erscheint es wichtig, sich einmal den gewöhnlichen Endzweck einer Clusteranalyse vor Augen zu führen. Häufig ist die Suche nach einer Struktur, hier nach Untermengen von sich gegenseitig sehr ähnlichen Objekten, nur ein Zwischenproblem dafür, neue Objekte in Klassen einzuordnen (z.B. typische Situationen bei der Steuerung oder der Diagnose in der Medizin) oder Abhängigkeiten zwischen den Merkmalen zu finden. Weiterhin, wenn die Anzahl der Merkmale wächst, werden die Probleme bei der Durchführung der Clusteranalyse immer ernster. Daher werden in solchen Fällen Methoden des lokalen Schließens immer interessanter, mit denen die Probleme der Klassifikation und der Erfassung von Merkmalsabhängigkeiten *ohne* eine vorherige völlige Zerlegung der gesamten Objektmenge durch einen Clusterungsalgorithmus gelöst werden können. Weiterhin sollte man zulassen dürfen, daß einige der erfaßten Merkmale auch *unscharfe Daten* sein dürfen. Damit wird, unter anderem, auch der Fall der Zusammenfassung von unscharfen Situationsbeschreibungen und der Bestimmung von näherungsweisen Steueranweisungen aus einer anderen Sicht beleuchtet und gelöst. Mit solchen Methoden des lokalen Schließens in Daten- oder Wissensbanken beschäftigt sich der nächste Abschnitt.

6.3 Unscharfe Klassifikation unscharfer Daten

Auf die häufig unrealistische Voraussetzung, daß sich die Merkmalsausprägungen der einzelnen Objekte sinnvoll und hinreichend genau durch *Zahlen* darstellen lassen, wird in diesem Abschnitt verzichtet. Es werden Merkmale zur Betrachtung zugelassen, deren Ausprägungen sich sinnvoll nur durch *unscharfe Mengen* beschreiben lassen. In diesem Zusammenhang wird das Problem, einen *Abstand* für die Objekte zu finden, in den *alle* Merkmale eingehen, nicht *direkt* angegangen. Das *Ähnlichkeitskonzept* wird sich als eine dem Problem gemäßere Betrachtungsweise erweisen. Daß man das Ergebnis der Überlegungen formal *wieder* als eine *Abstands*spezifizierung auffassen kann, wird sich als unerheblich für die praktische Anwendung herausstellen.

6.3.1 Unscharfe Ähnlichkeit unscharfer Daten

Ausgangspunkt der Clusteranalyse war die Forderung, daß Objekte *innerhalb* eines Clusters „möglichst ähnlich" und daß Objekte aus *verschiedenen Clustern* „möglichst unähnlich" sein sollten. Diese typisch unscharfe Formulierung wurde im Abschnitt 6.1 mathematisch durch die Einführung einer unscharfen Ähnlichkeitsrelation R präzisiert, die zu je zwei Elementen eines Universum U den Grad auf der Skala $[0, 1]$ angibt, zu dem sie sich ähnlich sind. Für punktförmige Merkmalsausprägungen wurde dies durch einen *Abstand d* realisiert, in den *alle* verschiedenen Merkmale einzugehen hatten.

Nunmehr kommt eine weitere unscharfe Struktur hinzu. Die Ausprägungen der Merkmale für die einzelnen Objekte dürfen nun unscharfe Mengen $\mathcal{X}_{ij}$ jeweils über dem Merkmalsuniversum U_i sein. Die Datenmatrix (6.1) hat damit die Form

$$\mathbf{X} = ((\mathcal{X}_{ij})) \ . \tag{6.41}$$

Als Beispiel eines solchen $\mathcal{X}_{ij}$ werde eine chemische Verbindung o_j betrachtet und als Merkmal F_i deren Giftigkeit auf die menschlichen Atemwege. Dann wäre $\mathcal{X}_{ij}$ z.B. die Ausprägung **hoch** der linguistischen Variablen ATEMGIFTIGKEIT.

Zum besseren inhaltlichen Verständnis und zur Vereinfachung der mathematischen Darstellung wird in diesem Unterabschnitt im folgenden nur *ein* Merkmal betrachtet. Damit entfällt vorläufig die Mitführung des Index i.

Weiterhin wird zuerst die mögliche Fassung der *Ähnlichkeit* für *scharfe* Mengen A und B behandelt.

Zwei *scharfe* Mengen sind gleich, wenn sie *identisch* sind, $A = A \cap B = B$ oder, in äquivalenter Form, $A \subseteq B$ und $B \subseteq A$. Eine mögliche Bedeutung von *Ähnlichkeit* könnte die Konzeption liefern, daß zwei Mengen *ähnlich* sind, wenn sie *ungefähr gleich* sind. Eine Interpretation von „ungefähr gleich" könnte lauten, daß die Menge *außerhalb* des Durchschnitts $A \cap B$ (Menge aller Elemente, die zu beiden gehören) „klein" ist im Vergleich mit der Vereinigung $A \cup B$ (Menge aller Elemente, die zu mindestens einer der Mengen gehören). Den entsprechenden Mengen muß nun ein *Maß* zugeordnet werden: bei endlichen Mengen wäre das jeweils die *Anzahl* der Elemente der Menge, bei kontinuierlichen Mengen das *Integral* über die entsprechende Menge. Will man sich über den Charakter (diskret oder kontinuierlich) der Mengen nicht festlegen, nennt man das entsprechende Maß die *Kardinalität* card der Menge. Diese Sprechweise weicht zwar von der CANTORschen Definition wesentlich ab, ist aber im vorliegenden Zusammenhang recht praktisch. Damit wäre eine Möglichkeit, die Ähnlichkeit $\mathrm{sim}(A, B)$ zweier scharfer Mengen zu definieren, durch den Ausdruck gegeben:

$$\mathrm{sim}(A, B) = \frac{\mathrm{card}(A \cap B)}{\mathrm{card}(A \cup B)} \ . \tag{6.42}$$

Diese Fassung stimmt übrigens mit dem Koeffizienten überein, den SNEATH 1957 vorgeschlagen hat und der bereits im Abschnitt 6.1.2 erwähnt wurde. Natürlich ist er nur ein Beispiel für die vielfältigen Möglichkeiten, wegen weiterer siehe z.B. BANDEMER/NÄTHER 1992.

Dieser Zugang bleibt brauchbar, wenn die Mengen *A* und *B* auch *unscharf* sein dürfen. Dann wird aus dem gewöhnlichlichen Integral über die scharfe Menge das Integral über die Zugehörigkeitsfunktion, d.h., man nimmt als Kardinalität die Fläche unter der Funktion, was recht anschaulich ist.

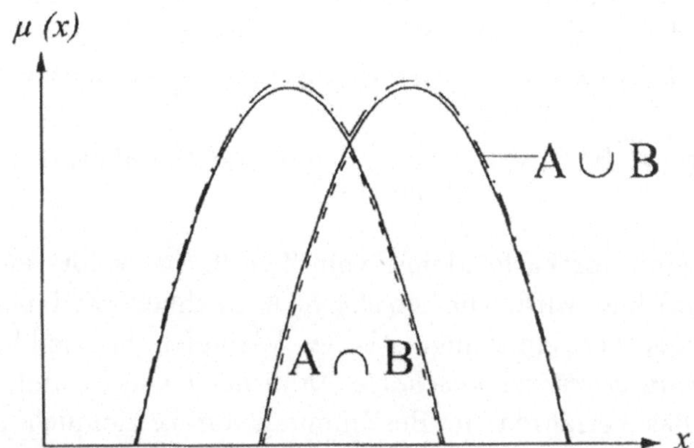

Bild 6.3 Ähnlichkeit unscharfer Mengen, dargestellt durch den Quotienten aus den Flächen unter den Zugehörigkeitsfunktionen von $\mathcal{A} \cap \mathcal{B}$ und $\mathcal{A} \cup \mathcal{B}$

Bei diskreten Mengen nimmt man die entsprechenden Summen über die Zugehörigkeitswerte. Man kann für Durchschnitt und Vereinigung sogar eine andere t-Norm zu Grunde legen als die übliche min-max-Variante. Außerdem kann man statt der hier definierten Kardinalität auch andere Maße verwenden (siehe dazu BANDEMER/NÄTHER 1992, wo auch einige praktische Anwendungen dokumentiert sind).

Falls in dem zum *einzelnen* Merkmal gehörenden Universum ein Abstand $d(u,v)$ eingeführt ist, kann man diesen Abstand über ein Erweiterungsprinzip (siehe Abschnitt 3.2.4) zu einem Abstand $d(\mathcal{A}, \mathcal{B})$ zwischen unscharfen Mengen verallgemeinern. Jedoch der Übergang von solchen verallgemeinerten Abständen zu Ähnlichkeitsrelationen erfordert die nochmalige Anwendung eines Erweiterungsprinzips und führt dann zu sogenannten unscharfen Mengen vom Typ 2, die in anderem Zusammenhang weiter unten betrachtet werden.

Weiterhin sind Abstände zwischen unscharfen Mengen auf der Basis der Differenz der Zugehörigkeitsfunktionen eingeführt worden (Literaturangaben siehe in BANDEMER/NÄTHER 1992). Schließlich finden sich dort auch Konzepte und praktische Beispiele für den Ähnlichkeitsbegriff bei unscharfen Funktionen der Art, daß an jeder Argumentstelle z der Funktionswert $f(z)$ als unscharfe Menge $\mathcal{Y}(z)$ über einem Universum U_y gegeben ist.

Wenn über dem Universum U des Merkmals eine unscharfe Ähnlichkeitsrelation spezifiziert werden konnte, dann ist es möglich, und manchmal passender, die Ähnlichkeit zweier unscharfer Mengen *im Sinne von* $\mathcal{R}$ durch eine *unscharfe* Menge $\mathcal{S}$ auszudrücken, die als Wert einer linguistischen Variablen ÄHNLICHKEIT auf der Ähnlichkeitsskala $[0, 1]$ gedeutet werden kann. Für die Berechnung von $\mathcal{S}(\mathcal{A}, \mathcal{B}; \mathcal{R})$ kann ein Erweiterungsprinzip herangezogen werden, z.B.

$$\mu_S(z; \mathcal{A}, \mathcal{B}; \mathcal{R}) = \sup_{(u,v):\mu_R(u,v)=z} \min\{\mu_A(u), \mu_B(v)\} . \tag{6.43}$$

Dies ist eine unscharfe Menge vom Typ 2, was sofort aus der Deutung von $S(\mathcal{A}, \mathcal{B}; \mathcal{R})$ klar wird: Die *unscharfe* Ähnlichkeit wird *unscharf* ausgedrückt, also z.B. als Wert einer linguistischen Variablen. Speziell heißt also $S(\mathcal{A}, \mathcal{B}; \mathcal{R})$ *unscharf ausgedrückte unscharfe Ähnlichkeit* von $\mathcal{A}$ und $\mathcal{B}$ im Sinne von $\mathcal{R}$. Obwohl das Verfahren zur Bestimmung von μ_S ziemlich kompliziert aussieht, kann man mit dieser Begriffsbildung Klassifikationsprobleme lösen. Praktikabel erscheint das Verfahren besonders in dem Fall, in dem man, *ohne* Spezifizierung von $\mathcal{R}$ über dem Universum U des Merkmals, die Werte einer lingustischen Variablen (z.B für ein Merkmal der Objekte) *explizit* festlegen kann, z.B. durch die unscharfen Mengen $\mathcal{F}_1, \mathcal{F}_2, \ldots, \mathcal{F}_\nu$ über U. Dann brauchen die unscharfen Ähnlichkeitswerte $(\mathcal{T}_1, \ldots, \mathcal{T}_\kappa)$ (über $[0, 1]$) nur noch für alle Paare (F_r, F_s) von unscharfen Merkmalsausprägungen durch Experten spezifiziert zu werden, d.h.

$$\mathcal{S}(\mathcal{F}_r, \mathcal{F}_s) = \mathcal{T}_{rs} \quad \text{mit} \quad r, s \in \{1, \ldots, \kappa\} . \tag{6.44}$$

Mit der so auf unscharfe Mengen *erweiterten unscharfen Ähnlichkeitsrelation* $\mathcal{S}$ lassen sich für jede unscharfe Menge $\mathcal{A}$ *Umgebungen* in der Menge *aller* unscharfen Mengen über U konstruieren. So wird man eine *scharfe* Menge von unscharfen Mengen $J(\mathcal{A}; c_0, \mu_0)$ mit

$$J(\mathcal{A}; c_0, \mu_0) = \left\{ \mathcal{B} : \sup_{z \geq c_0} \mu_S(z; \mathcal{A}, \mathcal{B}; \mathcal{R}) \geq \mu_0 \right\} \tag{6.45}$$

eine (c_0, μ_0)-*Umgebung von* $\mathcal{A}$ nennen, wobei $c_0, \mu_0 \in (0, 1]$ die Parameter dieser Umgebung sind. Diese Umgebung enthält also alle jene unscharfen Mengen $\mathcal{B}$, die (im Sinne von $\mathcal{R}$) ähnlich zu $\mathcal{A}$ sind mit mindestens dem Grad c_0 mit einer Zugehörigkeit von mindestens μ_0.

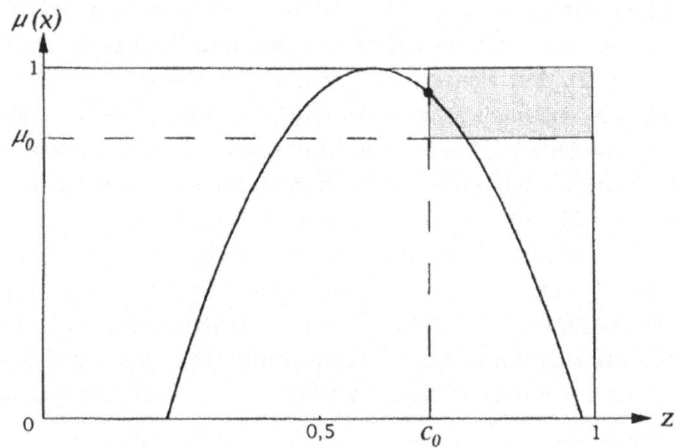

Bild 6.4 Darstellung einer (c_0, μ_0)-Umgebung der unscharfen Menge $\mathcal{A}$

Wenn man μ_0 nicht sinnvoll festlegen kann oder will, dann kann man auch eine *unscharfe* Umgebung von $\mathcal{A}$ festlegen, etwa durch

$$\mathcal{J}_{c_0}(\mathcal{A}, \mathcal{R}) : \mu_J(\mathcal{B}, \mathcal{A}; c_0) = \sup_{z \geq c_0} \mu_S(z; \mathcal{A}, \mathcal{B}; \mathcal{R}) \,. \tag{6.46}$$

Der Zugehörigkeitswert für $\mathcal{B}$ ist in Bild 6.3 zusätzlich markiert. Auf der Menge aller unscharfen Mengen über U ist $\mathcal{J}_{c_0}$ eine unscharfe Ähnlichkeitsrelation.

Die Anwendung ist besonders im oben angeführten Fall praktikabel, wenn alle vorkommenden unscharfen Mengen Werte von linguistischen Variablen sind. Man hat jeweils nur die Paare von Ausprägungen des Merkmals zu notieren, die jeweils zum gleichen unscharfen Ähnlichkeitswert gehören, z.B.

$$\begin{aligned}
\mathcal{T}_1 \quad &\cdots \quad \{(r_{11}, s_{11}), \ldots, (r_{1n_1}, s_{1n_1})\} \\
\mathcal{T}_2 \quad &\cdots \quad \{(r_{21}, s_{21}), \ldots, (r_{2n_2}, s_{2n_2})\} \\
&\cdots \\
\mathcal{T}_\kappa \quad &\cdots \quad \{(r_{\kappa 1}, s_{\kappa 1}), \ldots, (r_{\kappa n_\kappa}, s_{\kappa n_\kappa})\} \,.
\end{aligned} \tag{6.47}$$

Dann brauchen nur diejenigen Zugehörigkeitskurven der $\mathcal{T}_t$ mit dem Rechteck für die (c_0, μ_0)-Umgebung konfrontiert werden, in deren Indexmenge der Index für die Menge $\mathcal{A}$ enthalten ist. Dies werden in der Regel recht wenige sein.

Schließlich hat man durch systematische und sinnvolle Vergrößerung dieses Rechtecks die Möglichkeit einer „Clusterung" der gegebenen Mengen um $\mathcal{A} = \mathcal{F}_0$.

In vielen Fällen wird jedoch die Arbeit mit unscharf ausgedrückten unscharfen Ähnlichkeiten zu unübersichtlich und umständlich sein. Daher wird man den Wunsch haben, den Paaren von unscharfen Mengen über U jeweils einen *skalaren* Wert als Ähnlichkeit zuzuordnen, um das Klassifikationsproblem zu lösen, wie es am Anfang dieses Abschnitts mit ad-hoc-Vorschlägen versucht wurde. Diese *Ähnlichkeitsgrade* definieren dann eine unscharfe Ähnlichkeitsrelation über der Menge aller unscharfen Mengen über U. Ein Vorschlag zur systematischen Bildung solcher Ähnlichkeitsgrade bei gegebener Ähnlichkeitsrelation $\mathcal{R}$ über U geht von der mehrwertigen Logik nach KLAUA 1966, 1966a aus (siehe BANDEMER/NÄTHER 1992 und BANDEMER/GOTTWALD 1993). Beispielsweise erhält man mit der Verknüpfung über das algebraische Produkt (siehe (3.31)) und die *optimistische* Variante den Ähnlichkeitsgrad

$$r_{\mathrm{optalg}}(\mathcal{A}, \mathcal{B}; \mathcal{R}) = \sup_{(u,v)} \left\{ \mu_A(u) \cdot \mu_B(v) \cdot \mu_R(u, v) \right\}. \tag{6.48}$$

In Analogie zum Vorgehen bei $\mathcal{S}$ gemäß (6.43) lassen sich auch die Ähnlichkeitsgrade r beliebiger Herkunft zur Umgebungsbildung einer unscharfen Menge $\mathcal{A}$ heranziehen. Für jeden *scharfen* Ähnlichkeitsgrad r_0 kann eine *scharfe* Untermenge $J_r(\mathcal{A}; r_0)$ der Menge aller unscharfen Mengen über U bestimmt werden, die alle diejenigen unscharfen Mengen enthält, die mindestens zum Grade r_0 ähnlich zu $\mathcal{A}$ sind:

$$J_r(\mathcal{A}; r_0) = \{\mathcal{B} : r(\mathcal{A}, \mathcal{B}; \mathcal{R}) \geq r_0\}, \tag{6.49}$$

wobei $r_0 \in (0, 1]$ der Parameter der speziellen Umgebung ist.

Natürlich kann man auch hier eine *unscharfe* Umgebung $J_{r_0}(\mathcal{A})$ einführen. Hierzu braucht man nur den Wert von $r(\mathcal{A}, \mathcal{B}; \mathcal{R})$ als Zugehörigkeitswert von $\mathcal{B}$ zur unscharfen Umgebung von $\mathcal{A}$ zu deuten (und umgekehrt).

6.3.2 Verwendung des Konzepts zur Klassifikation

Nach diesem Exkurs über die Fassung des Ähnlichkeitsbegriffs für unscharfe Mengen wird nun wieder die Datenmatrix (6.41)

$$\mathbf{X} = ((\mathcal{X}_{ij})) \tag{6.50}$$

betrachtet, die häufig auch als *Wissensbasis* bezeichnet wird, weil sie durch die unscharfe Fassung der Daten auch Hintergrundwissen enthält, das bei der Spezifizierung zusätzlich erfaßt wurde.

Für jedes Merkmal F_i erhält man aus $\mathbf{X}$ eine Ähnlichkeitsmatrix

$$\mathbf{S}_{jk} = ((\mathcal{S}(o_j, o_k))), \tag{6.51}$$

die die unscharf ausgedrückte Ähnlichkeit der beiden Objekte bezüglich des betrachteten Merkmals bedeutet.

Die Umgebung eines Objektes o_j wird nun nicht mehr bezüglich aller möglichen unscharfen Mengen über U_i gebraucht, sondern nur noch bezüglich der anderen Objekte aus O oder eines neuen Objektes o_{N+1}, z.B.

$$J(\mathcal{X}_{ij}; c_0, \mu_0) = \left\{ \mathcal{X}_{ik} : \sup_{z \geq c_0} \mu_S(z; \mathcal{X}_{ij}, \mathcal{X}_{ik}; \mathcal{R}) \geq \mu_0) \right\}, \tag{6.52}$$

wie es im Bild 6.3 gezeigt wurde.

Werden für *alle* Merkmale $F_1, F_2, \ldots, F_t$ unscharf ausgedrückte unscharfe Ähnlichkeiten spezifiziert, dann stellt die Hypermatrix

$$\mathbf{S} = ((\mathcal{S}_{ijk})) \tag{6.53}$$

die *Ähnlichkeitsstruktur* des Merkmalsystems der Wissensbasis für alle Objekte dar. Diese Hypermatrix $\mathbf{S}$ kann nun zur Behandlung unterschiedlicher Probleme der Klassifikation benutzt werden.

Für festes $i = i_0$ spiegelt die Matrix der unscharfen Mengen

$$\mathbf{S}_{i_0} = ((\mathcal{S}_{i_0 jk})) \tag{6.54}$$

die *unscharf ausgedrückte unscharfe Ähnlichkeit aller Objekte* bezüglich des i_0-ten Merkmals wider. Damit lassen sich *Umgebungen von Merkmalen* in der Menge aller Merkmale einführen (siehe BANDEMER/NÄTHER 1992).

Für feste Objektindizes $j = j_0$ und $k = k_0$ stellt der Vektor unscharfer Mengen

$$\mathbf{S}(j_0, k_0) = (\mathcal{S}_{1 j_0 k_0}, \ldots, \mathcal{S}_{t j_0 k_0}) \tag{6.55}$$

die unscharf ausgedrückte Ähnlichkeit der beiden Objekte o_{j_0} und o_{k_0} hinsichtlich aller Merkmale dar. Auch hier lassen sich *Umgebungen von Objekten* einführen, z.B.

$$J(\mathbf{X}_j; c_0, \mu_0) = \left\{ \mathbf{X}_k : \quad \text{für alle } i : \max_{z \geq c_0} \mu_S(z; \mathcal{X}_{ij}, \mathcal{X}_{ik}; \mathcal{R}) \geq \mu_0 \right\}. \tag{6.56}$$

In Analogie zu dem Vorgehen mit den unscharfen Mengen $\mathcal{S}_{ijk}$ lassen sich auch Ähnlichkeitsgrade

$$r(\mathcal{X}_{ij}, \mathcal{X}_{ik}, R) = \mu_i(j, k) \tag{6.57}$$

zur Bildung von Umgebungen heranziehen. Für jedes i und für jeden Ähnlichkeitsgrad r_0 kann eine scharfe Menge von Objekten o_k bestimmt werden, die alle Objekte enthält, die zu o_j bezüglich des i-ten Merkmals mindestens zum Grade r_0 ähnlich sind:

$$J_i(\mathcal{X}_{ij}; r_0) = \{\mathcal{X}_{ik} : \mu_i(j,k) \geq r_0) \ . \tag{6.58}$$

Faßt man die Spezifizierung bezüglich *aller* Merkmale zusammen, dann ergibt sich die Hypermatrix

$$\mathbf{M} = ((\mu_i(j,k))) \ , \tag{6.59}$$

die die *Ähnlichkeitsstruktur der Wissensbasis* bezüglich aller Objekte und aller Merkmale darstellt.

Für *festes* i_0 stellt die Matrix

$$\mathbf{M}(i_0) = ((\mu_{i_0}(j,k))) \tag{6.60}$$

die *unscharfe Ähnlichkeit aller Objekte* bezüglich des i_0-ten Merkmals dar. Eine *Umgebung* des i_0-ten Merkmals kann nun z.B. durch

$$J_F(i_0; \epsilon) = \{i : \quad \text{für alle} \quad j,k : |\mu_{i_0}(j,k) - \mu_i(j,k)| \leq \epsilon\} \tag{6.61}$$

festgelegt werden, wobei $\epsilon > 0$ der die Umgebung charakterisierende Parameter ist. In (6.61) wurde implizit das Abstandsmaß für Matrizen

$$d(\mathbf{E}, \mathbf{F}) = \max_{jk} |e_{jk} - f_{jk}| \tag{6.62}$$

benutzt. Natürlich sind auch andere Abstände möglich, wenn sie die Ansicht des Anwenders über die *Unterschiedlichkeit* der Merkmale im Kontext der Wissensbasis widerspiegeln. Ein geringer Abstand bedeutet dann, daß die beiden betrachteten Merkmale sich ziemlich ähnlich für die vorgegebene Objektmenge verhalten und daher ähnliche Information bezüglich der Unterschiedlichkeit der Objekte liefern. Dies kann zur Entscheidung genutzt werden, ob und welche Merkmale in Zukunft als redundant weggelassen werden sollen, und andererseits kann es den Ausgangspunkt bilden, um fehlende Merkmalswerte erforderlichenfalls zu interpolieren.

Darüber hinaus kann die Matrix $\mathbf{M}(i_0)$ benutzt werden, um die *Unterscheidungsfähigkeit* des i_0-ten Merkmals hinsichtlich der gegebenen Objekte zu bewerten. Sind die Elemente μ_{i_0} für $j \neq k$ alle einander ungefähr gleich, so besteht wenig Aussicht, mit diesem Merkmal irgendwelche Substrukturen zu finden. Falls speziell $\mathbf{M}(i_0)$ die Einheitsmatrix ist, dann unterscheidet das Merkmal zwar im höchstmöglichen Grad, aber liefert damit keine nichttriviale Substruktur.

Eine Möglichkeit, diese Unterscheidungsfähigkeit eines Merkmals *zu bewerten*, scheint durch die SHANNONsche *Entropie*

$$H(\mathbf{M}(i_0)) = -c \sum_{j,k} \mu_{i_0}(j,k) \ln(\mu_{i_0}(j,k)) \qquad (6.63)$$

gegeben, wobei c eine von den Elementen der Matrix abhängige Normierungskonstante ist (siehe auch BANDEMER/NÄTHER 1992). Ist diese Entropie groß, dann ist der Informationsverlust gering, wenn dieses Merkmal in der Folge weggelassen wird. (Die Entropie ist hier eine rein informationstheoretische Größe ohne physikalische Deutung.)

Für festes $j = j_0$ und $k = k_0$ stellt der Vektor

$$\mathbf{M}(j_0, k_0) = (\mu_1(j_0, k_0), \ldots, \mu_t(j_0, k_0)) \qquad (6.64)$$

die *unscharfe Ähnlichkeit* der beiden Objekte o_{j_0} und o_{k_0} bezüglich *aller* Merkmale dar. Eine Umgebung des Objektes o_{j_0} wäre dann

$$J_r(j_0; r_0) = \{l : \min_i \mu_i(j_0, l) \geq r_0\} , \qquad (6.65)$$

wobei r_0 der die Umgebung charakterisierende Parameter ist. Die so spezifizierte Nachbarschaft enthält also alle Objekte der Wissensbasis, die zu o_{j_0} mindestens zum Grade r_0 in *allen* Merkmalen ähnlich sind. Natürlich können Umgebungen auch für Teile der Wissenbasis und mit unterschiedlichen Schranken für verschiedene Merkmale definiert werden.

Schließlich lassen sich die Ähnlichkeitswerte $\mu_i(j,k)$ hinsichtlich der Merkmale *aggregieren*, d.h. mit einem geeigneten Funktional zu einem *globalen* Ähnlichkeitsgrad jeweils zweier Objekte hinsichtlich aller Merkmale zusammenfassen. Dies würde in gewisser Weise wieder auf die Einführung eines globalen Abstands zwischen den Objekten zurückführen. Daher ist die Wahl und Deutung dieser Bildung in ähnlicher Weise umstritten, und zwar mit den gleichen Argumenten wie bei jenem Abstand.

Mit den eingeführten Umgebungen können nun Lösungen der Probleme erreicht werden, wie sie bei scharfen Merkmalswerten mit Clusterung und Diskriminanzanalyse erreicht werden. Am deutlichen wird das bei dem in der Praxis häufig anzutreffenden Fall, daß *typische* Objekte ausgewählt oder konstruiert werden können. Dann stellen die durch entsprechende Umgebungen ausgesuchten Objekte das Äquivalent zu den Clustern dar, die zum gegebenen Typ zu bestimmen wären.

Die praktische Lösung von Klassifikationsaufgaben für unscharfe Merkmalswerte erfordert offensichtlich eine andere Strukturierung von Computerprogrammen, jedoch dürfte dies bereits beim heutigen Stand der Rechentechnik kein ernsthaftes Problem mehr sein. Der auf der Hand liegende Vorteil des Vorgehens ist seine enge Führung am praktischen Umfeld, so daß zu jedem Zeitpunkt die Sachkenntnis des Anwenders eingebracht werden kann, ja sogar gefragt ist, während die „klassischen" Lösungsmethoden mathematisch motivierte Zusatzbedingungen einführen und den anwendenden Fachmann erst wieder bei der Evaluierung des numerisch gefundenen Ergebnisses, z.B. der Clusteranalyse, zur Einschätzung der Sinnhaftigkeit einbeziehen.

7 Bewertung funktionaler Beziehungen

Wie bereits im Abschnitt 2.4.1 eingeführt, versteht man unter einer *funktionalen Beziehung* eine Beziehung zwischen einer (oder mehreren) Zielgrößen und einer (oder mehreren) Einflußgrößen, die durch Funktionalausdrücke dargestellt werden können, die noch unbekannte Parameter enthalten, die Werte aus einer gegebenen Indexmenge annehmen können. Die Bestimmung dieser freien Parameter hat aus den Ergebnissen von Messungen oder Beobachtungen zu erfolgen, und zwar in der Regel *näherungsweise*. Man nennt diesen Vorgang *Bewertung der funktionalen Beziehung* (evaluation) im Lichte der experimentellen Befunde.

Das Finden und Festlegen der speziellen funktionalen Beziehung (des sogenannten *Ansatzes*) ist das entscheidende Hauptproblem bei jeder Art von Approximation aus experimentellen Befunden. Hier ist das Fachwissen des anwendenden Wissenschaftlers über das Umfeld der Untersuchung gefragt. Man lese nochmals den Abschnitt 2.4.1 zur Ansatzproblematik.

Neu gegenüber dem Kapitel 2 ist jedoch, daß es nun begründete Annahmen über die Genese der Ausgangsdaten und deren mathematische Form und Struktur gibt. Da dies die *Informativität* der Daten *wesentlich erhöht* und damit die *Aussagekraft* der Aussagen über den Zusammenhang (deren Sinnhaftigkeit, Genauigkeit und Zuverlässigkeit), sind diese Annahmen gründlich zu überlegen und sorgfältig zu prüfen. Da alle Aussagen nur unter der *Voraussetzung der Gültigkeit dieser Annahmen* richtig sind, kann ihre unkritische Verwendung zu euphorischen Einschätzungen der Aussagen, zu groben Fehleinschätzungen und sogar zur Unbrauchbarkeit der Ergebnisse führen. Alles im Kapitel 1 zur Datenqualität Gesagte gilt für das vorliegende Kapitel im besonderen Maße und auch bezüglich der jeweiligen Annahmen über die Datengenese und deren Struktur.

Im ersten der kommenden Abschnitte werden die Daten als Realisierungen von

Zufallsvariablen betrachtet, im zweiten werden die Zielgrößenwerte als unscharf zugelassen, und im dritten Abschnitt können alle Variablen unscharf sein.

7.1 Statistische Regressionsanalyse

7.1.1 Modellannahmen bei zufälligen Zielgrößen

Wie im Kapitel 2 bilden n gegebene Zielgrößenwerte y_i an den entsprechenden Punkten $\mathbf{x}_i$ mit

$$\mathbf{x}_i = (x_{1i}, \ldots, x_{ki}) \tag{7.1}$$

den Ausgangspunkt der Informationslage. Im Unterschied zu Kapitel 2 werden hier die Argumente ständig als mehrdimensional betrachtet, da dieser Fall das generelle Anwendungsgebiet liefert. Zur Vereinfachung der Darstellung wird die Zielgröße als *eindimensionale* Größe betrachtet, die Übertragung auf mehrdimensionale Zielgrößen ist prinzipiell möglich. Wegen dieses *multivariaten* Falles wird auf die Lehrbuchliteratur verwiesen (siehe z.B. MARDIA/KENT/BIBBY 1979, HARTUNG/ELPELT 1989).

Die Aufgabenstellung soll in der Bestimmung einer Funktion bestehen

$$y = g(\mathbf{x}) \, , \tag{7.2}$$

die die Zielgröße y mit den nun *Einflußgrößen* genannten Argumenten $x_j; j = 1, \ldots, k$ verbindet.

Bisher waren die Punkte $(\mathbf{x}_i, y_i)$ als *exakt* angegeben betrachtet worden. Jetzt werden einige *zusätzliche Annahmen* eingeführt.

Die *erste Annahme* erweitert die *Informationslage*. Die Werte y_i der Zielgröße dürfen mit *Beobachtungsfehlern* behaftet sein. Dagegen sollen die Einflußgrößenwerte x_{ji} noch *exakt* gegeben sein, oder, realistischer formuliert: die Beobachtungs- oder Einstellfehler bei den Einflußgrößen x_j sollen gegenüber den Beobachtungs- und Meßfehlern der Zielgröße y *vernachläßigt* werden dürfen. Der typische Anwendungsfall für diese Annahme ist die technische Messung einer technisch definierten Größe in Abhängigkeit von sehr genau einstellbaren Einflüssen.

Die *zweite Annahme* definiert die Art der Datengenese. Die Zielgrößenwerte y_i werden als *Realisierungen von Zufallsgrößen* Y_i aufgefaßt, die sich jeweils in zwei Bestandteile aufspalten lassen

$$\mathsf{Y}_i = \mathsf{Y}(\mathbf{x}_i) = g(\mathbf{x}_i) + \epsilon(\mathbf{x}_i) \, , \tag{7.3}$$

den Funktionswert $g(\mathbf{x}_i)$ des gesuchten Zusammenhangs an der Stelle $\mathbf{x}_i$ und die Realisierung $\epsilon(\mathbf{x}_i)$ eines *zufälligen* Fehlers.

Die Funktion $g(\mathbf{x})$ wird in diesem Zusammenhang auch als *Wirkungsfläche* bezeichnet.

Die *dritte Annahme* fordert nun, daß der zufällige Fehler ϵ die Funktionswerte nicht systematisch verfälscht:

$$\mathsf{E}\epsilon(\mathbf{x}) = 0 \tag{7.4}$$

für alle möglichen $\mathbf{x} \in B \subseteq I\!\!R^k$.

Um die mathematische Behandlung einfach zu gestalten, fordert man in einer *vierten Annahme*, daß sich die zufälligen Fehler der verschiedenen Messungen gegenseitig *nicht* beeinflussen. Dies ist eigentlich eine Forderung nach stochastischer Unabhängigkeit, die aber in der Regel zu einer Forderung der Unkorreliertheit

$$\mathrm{cov}(\epsilon(\mathbf{x}_i), \epsilon(\mathbf{x}_l)) = \mathsf{E}[\epsilon(\mathbf{x}_i), \epsilon(\mathbf{x}_l)] = 0 \quad \text{für} \quad i \neq l \tag{7.5}$$

abgemildert wird, was im Fall normalverteilter Fehler bekanntlich äquivalent ist.

Weiterhin wird häufig als *fünfte Annahme* gefordert, daß die Genauigkeit der Messung nicht von der Meßstelle abhängen soll, d.h.

$$\mathsf{D}^2\epsilon(\mathbf{x}_i) = \sigma^2 \quad \text{für alle} \quad i = 1, \ldots, n \,. \tag{7.6}$$

Die vierte und fünfte Annahme lassen sich abmildern, allerdings sind dann andere Annahmen, über die Art der stochastischen Abhängigkeit bzw. über die Art der Abhängigkeit der Varianz von der Meßstelle, nötig. Die Methoden für diese Fälle sollten daher diese Annahmen abfragen, da sie in die Ergebnisse *explizit* eingehen.

Genau wie im Fall der Approximation im Kapitel 2 können ohne Annahmen über die Funktion $g(\mathbf{x})$ keine Schlüsse über die Funktionswerte *zwischen* den Meßpunkten gezogen werden. Man benötigt wie dort eine funktionale Beziehung

$$y = \eta(\mathbf{x}; \mathbf{a}) \tag{7.7}$$

mit freien Parametern $\mathbf{a} = (a_1, \ldots, a_m)$, die man in diesem Zusammenhang gewöhnlich als *Ansatz* bezeichnet. Wegen der späteren Behandlung in numerischen Verfahren wird nun auch der Parameter explizit als *Vektor* behandelt.

Besonders beliebt, weil auf einfache mathematische Probleme für die Lösung führend, ist der *lineare Ansatz*. Die Linearität bezieht sich hier nur auf die freien Parameter $a_s; s = 1, \ldots, m$. Man geht hierzu von m *bekannten* Funktionen f_s aus, die über dem betrachteten Bereich B *linear unabhängig* sind und die man über die freien Parameter linear kombiniert:

$$\eta(\mathbf{x}; \mathbf{a}) = \sum_{s=1}^{m} a_s f_s(\mathbf{x}) \ . \tag{7.8}$$

Dieser Zugang wurde für nur *ein* Argument x bereits bei der Approximation im Kapitel 2 betrachtet. Wie dort erläutert, hängt die Wahl des Ansatzes sehr stark von der *Zielstellung* der Untersuchung ab. Für die Erkundung naturwissenschaftlicher oder technischer Zusammenhänge sind auch (in den Parametern) *nichtlineare* Ansätze von größtem Interesse (z.B. bei Sättigungsvorgängen), wenn sie sachlogisch begründet werden können. Ist aber nur die bequeme Darstellung, eventuell nur in einem kleinen Teilgebiet, von Interesse, dann wählt man den Ansatz in der Regel in den Parametern linear. Als Motiv wirkt dann wie bei der Approximation die Möglichkeit einer TAYLOR- oder FOURIER-Darstellung. Auch die Empfehlungen zur Verwendung von orthogonalen Funktionen können hier hilfreich sein.

Für die logische Deutbarkeit der durch die Methoden der mathematischen Statistik erhaltenen Ergebnisse (Schätzungen, Vorhersagen und Tests) wird die *sechste Annahme* benötigt: Es soll einen speziellen Parametervektorwert $\mathbf{a}_0$ geben, so daß

$$g(\mathbf{x}) = \eta(\mathbf{x}; \mathbf{a}_0) \ , \tag{7.9}$$

d.h., die gesuchte unbekannte Wirkungsfläche soll eine spezielle Funktion der funktionalen Beziehung sein, oder – mit anderen Worten – die Wirkungsfläche muß genau die Form der Funktionen des Ansatzes haben. Man nennt in diesem Falle den Ansatz einen *wahren Ansatz*.

Die Behandlung des Approximations- und Vorhersageproblems für die Funktion g unter den in diesem Abschnitt genannten Annahmen (und darauf aufbauende Verallgemeinerungen und weiterführende Untersuchungen) werden als *Regressionsanalyse* bezeichnet, die Namensgebung erfolgte vor langer Zeit im Zusammenhang mit einem anthropologischen Problem, auf dessen Darlegung hier verzichtet werden kann.

Auf die Probleme im Zusammenhang mit den in diesem Abschnitt vorgestellten Annahmen wird nach der kurzen Darstellung der Methoden der mathematischen Statistik im Abschnitt 7.1.3 nochmals eingegangen.

7.1.2 Das Schätzproblem

Die Aufgabe, die unbekannte Funktion g aus den Daten $(\mathbf{x}_i, y_i)$ näherungsweise zu bestimmen, läßt sich unter den sechs Annahmen aus dem vorangehenden Abschnitt als *statistisches Schätzproblem* formulieren:

Schätze den unbekannten Parametervektor $\mathbf{a}_0 = (a_{10}, \dots, a_{m0})^\tau$. Er wird hier als *Spaltenvektor* aufgefaßt, daher erscheint das Transponierungszeichen τ bei der komponentenweisen Darstellung. Zuerst wird der einfachere Fall des *linearen Ansatzes* betrachtet. In diesem Fall ist die Formulierung des Problems und der Ergebnisse mit den Mitteln der Matrizentheorie ratsam.

Wenn man nur *lineare Schätzungen*

$$\hat{a}_s = \sum_{i=1}^n c_{is} y_i + c_{0s} \tag{7.10}$$

zuläßt und verlangt, daß die Schätzung als Zufallsvektor $\hat{\mathbf{A}}$ (siehe (7.18)) *erwartungstreu* ist:

$$\mathsf{E}\hat{\mathbf{A}} = \mathbf{a}_0 \, , \tag{7.11}$$

d.h. daß kein systematischer Schätzfehler auftritt, dann ist das beste, was man anwenden kann, die *Methode der kleinsten Quadrate*. Diese Methode wurde bereits im Abschnitt 2.3 vorgestellt, allerdings nur für *eine* Einflußgröße x. Im Unterschied dazu werden hier nun ein *Vektor* der Einflußgrößen $\mathbf{x}$ eingeführt und für die Zielgröße y ein stochastischer Hintergrund betrachtet.

Mit den Realisierungen y_i und dem wahren linearen Ansatz (7.8) und (7.9) für die unbekannte Funktion g lautet das Optimierungsproblem der Methode der kleinsten Quadrate nun

$$Q(\mathbf{a}) = \sum_{i=1}^n \left(y_i - \sum_{s=1}^m a_s f_s(\mathbf{x}_i) \right)^2 = \min_{\mathbf{a}} \, . \tag{7.12}$$

In üblicher Weise führt das Nullsetzen der partiellen Ableitungen von $Q(\mathbf{a})$ nach den Komponenten von $\mathbf{a}$ zu einem linearen Gleichungssystem

$$\sum_{s=1}^m a_s \sum_{i=1}^n f_s(\mathbf{x}_i) f_1(\mathbf{x}_i) = \sum_{i=1}^n y_i f_1(\mathbf{x}_i)$$

$$\cdots \tag{7.13}$$

$$\sum_{s=1}^m a_s \sum_{i=1}^n f_s(\mathbf{x}_i) f_m(\mathbf{x}_i) = \sum_{i=1}^n y_i f_m(\mathbf{x}_i) \, ,$$

das mit den Abkürzungen

$$\mathbf{F} = ((f_s(\mathbf{x}_i))); \quad s = 1,\dots,m; \quad i = 1,\dots,n;$$
$$\mathbf{y} = (y_1,\dots,y_n)^\tau \tag{7.14}$$
$$\mathbf{a} = (a_1,\dots,a_m)^\tau$$

in der übersichtlichen Form

$$\mathbf{F}^\tau\mathbf{F}\mathbf{a} = \mathbf{F}^\tau\mathbf{y} \tag{7.15}$$

geschrieben werden kann.

Falls die Systemmatrix $\mathbf{F}^\tau\mathbf{F}$ *nicht singulär* ist, also eine Inverse hat, läßt sich das Gleichungssystem (7.15) formal nach $\mathbf{a}$ auflösen und liefert die Lösung $\hat{\mathbf{a}}$, den gesuchten Schätzwert:

$$\hat{\mathbf{a}} = (\mathbf{F}^\tau\mathbf{F})^{-1}\mathbf{F}^\tau\mathbf{y}\ . \tag{7.16}$$

Notwendige Bedingungen, unter denen diese Matrix *nicht* singulär wird, sind die lineare Unabhängigkeit der Ansatzfunktionen über dem betrachteten Gebiet und daß die Beobachtungen an mindestens m voneinander *verschiedenen* Punkten $\mathbf{x}_i$ erfolgt sind.

Allgemein ist der Vektor der Zielgrößenwerte ein Zufallsvektor $\mathbf{Y}$ (das Verfahren soll ja für beliebige Realisierungen gelten), daher ist auch die Schätzung selbst ein Zufallsvektor

$$\hat{\mathbf{A}} = (\mathbf{F}^\tau\mathbf{F})^{-1}\mathbf{F}^\tau\mathbf{Y}\ . \tag{7.17}$$

Numerisch wird der Vektor $\hat{\mathbf{a}}$ von einem Rechner geliefert. Wie im Kapitel 2 kommt also auch hier noch ein *numerischer* Fehler durch die Rechnung hinzu, der jedoch *nichts* mit dem zufälligen Meßfehler zu tun hat, der bei der Bestimmung der Werte y_i aufgetreten ist. Die Größe dieses numerischen Fehlers hängt vom Gleichungssystem ab, genauer gesagt von der *Kondition* der Matrix $\mathbf{F}^\tau\mathbf{F}$, der Effekt ist im Abschnitt 2.3.1 am Beispiel des schleifenden Schnittes von Graden demonstriert worden. Es gilt also auch im vorliegenden Fall der Ratschlag, diesen numerischen Fehler abzuschätzen, indem man die Lösung des Gleichungssystems für jeweils geringfügig numerisch veränderte Eingangsdaten vergleicht.

Ein rein statistisches Problem ist dagegen die Einschätzung der *Genauigkeit der Schätzung*, d.h. die Frage, wie sich die Meßfehler ϵ auf die Schätzung fortpflanzen. Sei $\delta = (\delta_1,\dots,\delta_m)^\tau$ der Zufallsvektor der Abweichungen vom „wahren Wert" $\mathbf{a}_0$:

$$\begin{aligned}
\mathbf{a}_0 + \delta &= \hat{\mathbf{A}} \\
&= (\mathbf{F}^\tau\mathbf{F})^{-1}\mathbf{F}^\tau\mathbf{Y} \\
&= (\mathbf{F}^\tau\mathbf{F})^{-1}\mathbf{F}^\tau(g(\mathbf{x}) + \epsilon)
\end{aligned} \tag{7.18}$$

mit $g(\mathbf{x}) = (g(\mathbf{x}_1), \ldots, g(\mathbf{x}_n))^\tau$ und $\epsilon = (\epsilon(\mathbf{x}_1), \ldots, \epsilon(\mathbf{x}_n)^\tau)$. Dann erhält man wegen der Erwartungstreue (7.11) mit dem einfachen Ergebnis

$$\delta = (\mathbf{F}^\tau \mathbf{F})^{-1} \mathbf{F}^\tau \epsilon \qquad (7.19)$$

einen Zusammenhang zwischen dem Schätzfehler δ und dem Meß- oder Eingangsfehler ϵ. Auch wenn die Eingangsfehler annahmegemäß unkorreliert sind, sind es die Schätzfehler im allgemeinen *nicht* mehr. Man verwendet daher zur Einschätzung der Schätzgenauigkeit Größen, die von deren Kovarianzmatrix

$$\mathbf{B}_\delta = ((\mathsf{E}(\delta_s \delta_r))); \quad s, r = 1, \ldots, m , \qquad (7.20)$$

abgeleitet sind. In der Hauptdiagonale dieser Matrix stehen die Varianzen $D^2 \delta_s$ der Schätzungen $\hat{A}_s$ der Parameter a_s. Sind nun die Meßfehler unkorreliert mit der konstanten Varianz σ^2, dann erhält man aus (7.19) sofort

$$\mathbf{B}_\delta = \sigma^2 (\mathbf{F}^\tau \mathbf{F})^{-1} . \qquad (7.21)$$

Falls die Matrix in der Klammer eine Diagonalmatrix ist, sind auch die Komponenten der Schätzung unkorreliert, und man kann die Genauigkeit der Parameterschätzungen unmittelbar ablesen. Falls man daher auch die Meßpunkte $\mathbf{x}_i$ *wählen* kann, so kann man versuchen, diese z.B. so zu wählen, daß man mit den gegebenen Funktionen f_s eine Diagonalmatrix $\mathbf{B}_\delta$ erhält. Dies ist ein Problem der *statistischen Versuchsplanung* (siehe BANDEMER/NÄTHER 1980, BANDEMER/BELLMANN 1994). Die angegebene Schätzung $\hat{A}$ ist unter den Annahmen des Abschnitts 7.1.1 insofern die beste, als jede andere *lineare erwartungstreue* Schätzung eine „größere" Kovarianzmatrix $\mathbf{B}_\delta$ liefert (im Sinne der Halbordnung positiv definiter Matrizen, siehe z.B. KOCHENDÖRFFER 1967, GANTMACHER 1986).

7.1.3 Diskussion der Modellannahmen

Die Aussagen des Abschnitts 7.1.2 gelten nur unter den Annahmen des Abschnitts 7.1.1. Nunmehr wird untersucht, was passiert, wenn einige davon nicht gelten, und wie man diese Annahmen prüfen und sichern kann.

In der *ersten* Annahme wurde vorausgesetzt, daß die Meßpunkte $\mathbf{x}_i$ relativ genau zu den Zielgrößenwerten y_i sind. Wenn sowohl $\mathbf{x}_i$ als auch y_i mit nicht vernachlässigbaren Beobachtungsfehlern behaftet sind, dann ist $(\mathsf{X}_1, \ldots, \mathsf{X}_k, \mathsf{Y})$ ein Zufallsvektor. Dies bildet den Ausgangspunkt der allgemeinen Regression für Zufallsgrößen (das sogenannte 2. Regressionmodell) und der Regressionsanalyse mit Fehlern in den Variablen. Diesen Problemen ist der Abschnitt 7.1.5 gewidmet.

In der *zweiten* Annahme wurde verlangt, daß der zufällige Fehler ϵ additiv auftritt („absoluter" Fehler). Häufig spielt jedoch der „relative" Fehler eine Rolle, die Verknüpfung ist multiplikativ:

$$\mathsf{Y}(\mathbf{x}_i) = g(\mathbf{x}_i)\epsilon(\mathbf{x}_i) \ . \tag{7.22}$$

Dann ist ein formaler Übergang möglich, indem man beide Seiten logarithmiert und das Problem wieder auf ein additives zurückführt:

$$\log \mathsf{Y}(\mathbf{x}_i) = \log g(\mathbf{x}_i) + \log \epsilon(\mathbf{x}_i) \tag{7.23}$$

und die Bezeichnung geeignet ändert. Dieses naheliegende Verfahren hat jedoch seine Tücken. Das logarithmierte Problem kann völlig unerwartete Ergebnisse liefern. Abgesehen davon, daß alle auftretenden zu logarithmierenden Größen *positiv* sein müssen, werden die *Abstände* auf der y-Achse radikal geändert. Katastrophal kann es vor allem dann werden, wenn die Ausgangsfehler sich doch im wesentlichen additiv verhalten.

In der *dritten* Annahme wurde gefordert, daß die Meßfehler keine systematische Abweichung provozieren. Bei praktischen Messungen kann es aber vorkommen, daß es zu Bevorzugungen kommt. So sind Messungen des Innenkalibers bei Rohren wahrscheinlicher zu klein als zu groß.

In diese Kategorie von Verletzungen der Annahmen gehören auch die bereits im Kapitel 1 besprochenen Fälle schlechter Datenqualität, so daß die hier dazu auszusprechenden Warnungen und Hinweise im wesentlichen Wiederholungen darstellen: Es ist also stets eine genaue fachmännische Sichtung des Datenmaterials angezeigt.

Es wird wiederum vor Verfahren *gewarnt*, die potentielle *Ausreißer* (die „außerhalb" des Gros der Daten liegen) automatisch erkennen und streichen. Wenn schon Ausreißersuchverfahren eingesetzt werden, so müssen diese die gefundenen potentiellen Ausreißer zuerst dem bearbeitenden Wissenschaftler präsentieren, der dann, vom fachwissenschaftlichen Standpunkt und seinen technischen Möglichkeiten ausgehend, entscheidet, ob die Messung oder Beobachtung wiederholt werden kann oder soll, ob der Wert sich korrigieren läßt, ob er als gültiger Wert belassen werden soll oder schließlich doch gestrichen werden muß. Im Interesse neuer Erkenntnisse ist es in jedem Fall ratsam, die Ursachen der scheinbaren Abweichung bei einem potentiellen Ausreißer zu suchen.

Wird mit einem gewissen Prozentsatz von für die gewünschten Aussagen „harmlosen" Ausreißern gerechnet, dann kann die Verwendung sogenannter ausreißerrobuster Verfahren angezeigt sein. Diese Verfahren wichten potentielle Ausreißer entsprechend dem Grad ihrer Außenlage mit Faktoren, die kleiner als 1 sind und den Einfluß dieser Werte auf die Aussagen (z.B. Schätzungen) entsprechend dämpfen.

Generell sei der Ratschlag hier wiederholt, daß sich der Bearbeiter der Daten möglichst genaue Information darüber verschafft, *wie* die Daten gewonnen wurden, am besten durch persönlichen Augenschein.

Schließlich kann die am Schluß dieses Abschnitts kurz vorgestellte *Residualanalyse* zuweilen Aufschluß über Verletzung dieser Annahme liefern.

Bei der *vierten* Annahme wurde die *Unabhängigkeit* (oder wenigstens die *Unkorreliertheit*) der zufälligen Meßfehler verlangt. Wird diese Annahme systematisch verletzt, dann muß man diese *Systematik* kennen, wenn man Aussagen über den Zusammenhang machen will. Die Systematik kann auch eine stochastische sein. Die zufällige Zielgröße Y benötigt dann einen stochastischen Prozeß (wenn z.B. die Zeit die einzige Einflußgröße ist) oder ein stochastisches Feld (wenn z.B. die Ortskoordinaten die Einflußgrößen liefern) als Modell. Modelle dieser Art liegen außerhalb des Rahmens des vorliegenden Buches, da sie wesentlich mehr theoretischen Hintergrund brauchen. Wegen eines wichtigen Spezialfalles sei auf den Abschnitt 7.1.6 verwiesen.

Zu Problemen der *Zeitreihen* siehe z. B. HARTUNG/ELPELT/KLÖSENER 1991.

In der *fünften Annahme* war gefordert, daß die Varianz über den gesamten Bereich der Einflußgrößen *konstant* ist. Die Varianz kann sich ändern, wenn z.B. die Meßskala die Größen nur transformiert mißt, etwa durch den Logarithmus. Liegen bereits frühere Untersuchungen vor oder kann man in Voruntersuchungen die Abhängigkeit der Meßgenauigkeit von den Einflußgrößen klären, eventuell über eine Residualanalyse, dann kann man die Ausgangsformel der Methode der kleinsten Quadrate modifizieren, um wieder gute Schätzungen zu erhalten. Es seien $\sigma^2(\mathbf{x}_i)$ die Varianzen an den Beobachtungsstellen, dann lautet die modifizierte Optimierungsaufgabe

$$\sum_{i=1}^{n} \sigma^{-2}(\mathbf{x}_i)\left(y_i - \sum_{s=1}^{m} a_s f_s(\mathbf{x}_i)\right) = \min_{\mathbf{a}} . \tag{7.24}$$

In der Software sollten die Varianzwerte in der Regel abgefragt und bei der Rechnung entsprechend berücksichtigt werden.

Die *sechste Annahme* schließlich, daß der gewählte Ansatz ein *wahrer* sei, ist gewöhnlich die bedeutungsvollste. Falls es berechtigte Unsicherheit oder Zweifel bezüglich des Ansatzes gibt, ist dies der Ausgangspunkt einer *Ansatzdiskriminination*. Das Problem stellt sich bei fachwissenschaftlich gestützten Ansätzen anders als bei sogenannten Näherungsansätzen.

Bei fachwissenschaftlich gestützten Ansätzen möchte man bekanntlich eine analytische Form für den Zusammenhang haben, die man *in der Zukunft* als wissenschaftlich gesicherte Erkenntnis *stets* benutzen will. Es kommt nun vor, daß für einen gegebenen Sachverhalt *mehrere* begründete Theorien oder Annahmen über den (ursächlichen) Zusammenhang vorliegen, die jede zu einem fachwissenschaftlich gestützten Ansatz führt. Es soll in der Untersuchung festgestellt werden, welcher dieser Ansätze dem vorliegenden Datenmaterial am besten gerecht wird. Dieser erhält dann für die Zukunft das größte sachliche Vertrauen.

Eine einfache Methode zur Entscheidung für einen der Ansätze ist es, für jeden der Ansätze die Schätzung der Parameter nach der Methode der kleinsten Quadrate durchzuführen und dann denjenigen Ansatz zu wählen, für den die kleinste Restquadratsumme $Q_{\min}$ erreicht wird. Diese Methode ist problematisch. Sie entscheidet *nicht* über die *Richtigkeit* des Ansatzes und der zu diesem gehörenden Theorie, wie es häufig gewünscht wird. Weiterhin bevorzugt sie Ansätze, die *mehr* Parameter haben als andere, denn die Anpassungsgüte an die gegebenen Daten steigt in der Regel mit der Anzahl der freien Parameter. Die Entscheidung über einen fachlich gestützten Ansatz sollte also in *letzter* Instanz immer eine Aufgabe des Anwenders sein.

Falls die Beobachtungspunkte in einem gewissen Rahmen frei gewählt werden können, kann man Methoden der statistischen Versuchsplanung verwenden, um die Unterscheidungsfähigkeit der Methoden der Ansatzdiskrimination zu erhöhen (siehe BANDEMER/NÄTHER 1980).

Bei der Ansatzwahl bei Näherungsansätzen ist die Lage eine etwas andere. Hier möchte man einen Ansatz wählen, der das gegebene Datenmaterial einerseits gut repräsentiert, aber andererseits nicht zu viele Parameter enthält. Eine spätere Modifizierung im Lichte weiterer Daten wird nicht ausgeschlossen. In diesem Fall möchte man den *Modellfehler*, z.B.

$$\min_{\mathbf{a}} \max_{\mathbf{x}} |g(\mathbf{x}) - \eta(\mathbf{x}, \mathbf{a})| \, , \tag{7.25}$$

in der Größenordnung der Meßfehler σ sehen. Statt des maximalen Betrags der Differenz der Funktionswerte in (7.25) könnte man auch das Integral über das Quadrat $(g(\mathbf{x}) - \eta(\mathbf{x}, \mathbf{a}))^2$ über den Bereich B betrachten und in die Größenordnung der Varianz σ^2 zu bringen suchen. Besonders interessant ist das Vorgehen, mit einem einfachen Ansatz (etwa linear in den Einflußgrößen) anzufangen und ihn durch weitere Terme sukzessive zu erweitern, bis eine zufriedenstellende Approximation der Daten erreicht ist. Dies ist die gewöhnliche Vorgehensweise in der statistischen Versuchsplanung im Sinne von BOX (siehe dazu, auch wegen der Originalliteratur BANDEMER/NÄTHER 1980).

Auf jeden Fall ist vor einer systemlosen Pröbelei zu warnen, wie sie von manchen Statistikprogrammen angeboten wird. Aus einem Katalog von Standardfunktionen (Polynome, Winkelfunktionen, Logarithmen, Potenzen und andere Exponentialfunktionen, bis hin zu „numerischen Exoten") werden Terme ausgesucht und zu Ansätzen zusammengestellt, bis die Restquadratsumme für die gegebenen Daten gehörig klein ist. Das Ergebnis ist fast nie sachlich deutbar und stets instabil bezüglich der Daten; geringfügige Änderungen an den Daten oder weitere Messungen liefern möglicherweise völlig andere Ansätze.

Auch die häufig dafür empfohlene *Hauptkomponentenanalyse* (siehe z.B. HARTUNG/ELPELT 1989 wegen der Problemstellung und Durchführung) ist als Methode zur Ansatzwahl nicht problemlos. Einerseits hängt das Ergebnis sehr stark von den Daten ab, andererseits lassen sich die entstehenden Linearkombinationen von partiellen Ansatzfunktionen, die als *neue Einflußgrößen* ausgeworfen werden, häufig nur schwer im realen Anwendungsfall praktisch deuten. Es bedarf schon eines gut erforschten Hintergrundes, wenn die Hauptkomponentenanalyse wertvolle Ergebnisse liefern soll.

Eine probate Methode zur heuristischen Prüfung gewisser Modellannahmen wird durch die *Residualanalyse* geliefert, obwohl sie natürlich auch kein Allheilmittel darstellt und der unterstützenden fachlichen Interpretation und Prüfung bedarf.

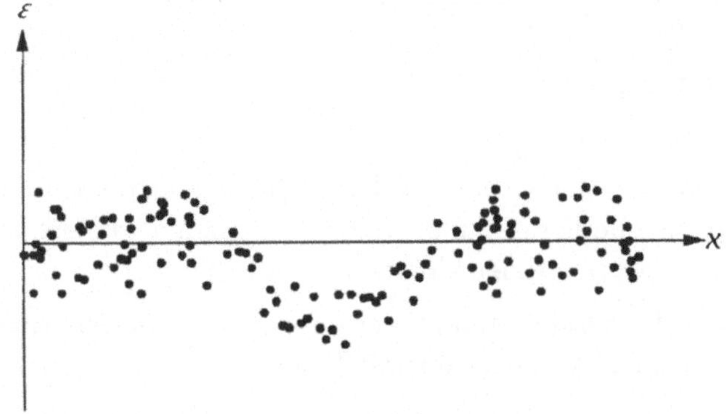

Bild 7.1 Geschätzte Fehler aus einer Stichprobe über den Einflußgrößenwerten aufgetragen

Aus den „geschätzten Fehlern"

$$\hat{\epsilon}_i = y_i - \eta(\mathbf{x}_i, \hat{\mathbf{a}}) \,, \tag{7.26}$$

die über die Schätzgleichungen zusammenhängen, also nicht stochastisch unabhängig voneinander sind, wird auf mögliche Verletzungen der Annahmen geschlossen. Gewöhnlich werden dazu umfangreiche Programme der statistischen Datenanalyse benutzt, die auch mehrdimensionale Probleme über Projektionen visualisieren können. Im folgenden werden zwei einfache Fälle demonstriert. Im Bild 7.1 zeigen die geschätzten Fehler über einem Teilbereich der x-Achse *einerlei* Vorzeichen.

In diesem Gebiet stimmt etwas mit dem gewählten Ansatz nicht, möglicherweise fehlt im vorliegenden Fall ein quadratischer Term.

Im Bild 7.2 ändert sich die Größenordnung der geschätzten Fehler mit wachsendem x.

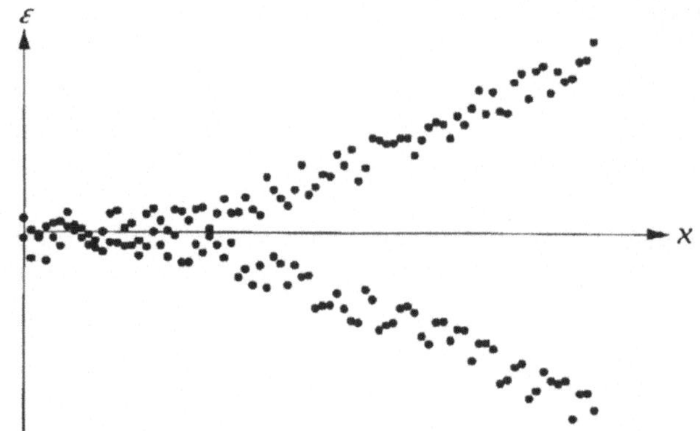

Bild 7.2 Geschätzte Fehler aus einer Stichprobe über den Einflußgrößenwerten aufgetragen, anderes Beispiel

Hier ist die Annahme gleicher Varianz verletzt. Quadrieren der $\hat\varepsilon_i$ und Anpassen einer Funktion liefern eine Vorstellung von der Funktion $\sigma^2(x)$ zur Verwendung bei der modifizierten Methode der kleinsten Quadrate.

Auch ein Auftragen der geschätzten Fehler über y liefert gelegentlich Hinweise auf die eventuelle Multiplikativität der Meßfehler.

Die gewöhnlichen Datenanalyseprogramme bieten weitere und auch mehrdimensionale Residualanalyseverfahren an.

7.1.4 Weitere Vorkenntnisse und Annahmen

Entsprechend der Goldenen Regel der Statistik (Was an Vorkenntnissen nicht vorhanden ist oder nicht genutzt wird, muß durch einen erhöhten Aufwand an Messung und Beobachtung ausgeglichen werden.) lassen sich weitere Vorkenntnisse über die Wirkungsfläche nutzen, um entweder die Genauigkeit und Sicherheit der Schätzung zu verbessern oder um Beobachtungsaufwand einzusparen.

Gibt es z.B. ganz bestimmte Punkte, an denen die Wirkungsfläche aus sachlogischen Gründen bekannte Werte annehmen *muß*, dann läßt sich entweder der Ansatz vereinfachen (Beispiel: falls $g(0) = 0$; dann läßt man im Ansatz die Konstante weg) oder man kann dies als Nebenbedingung bei der Optimierung verwenden. Möglich ist auch die Berücksichtigung von sachlich gegebenen Schranken, z.B. $g(\mathbf{x}) \geq 0$ oder $g_u(\mathbf{x}) \leq g(\mathbf{x}) \leq g_o(\mathbf{x})$. Hinweise auf Verfahren dazu enthalten u.a. die Bücher BANDEMER/NÄTHER 1980 und TOUTENBURG 1982.

Für die Angabe von Konfidenz- oder Vertrauensschätzungen mit

$$P_{\mathbf{a}_0}\big(C(\mathbf{Y}_1,\ldots,\mathbf{Y}_n) \ni \mathbf{a}_0\big) \geq 1 - \alpha \, , \tag{7.27}$$

also eines zufälligen Gebietes $C(\mathbf{Y}_1,\ldots,\mathbf{Y}_n)$, das den wahren Parameterwert $\mathbf{a}_0$ mindestens mit der Wahrscheinlichkeit $1 - \alpha$ überdeckt, benötigt man eine weitere Annahme über die Verteilung der Beobachtungsfehler ϵ.

Gewöhnlich wird als *siebente* Annahme verlangt, daß ϵ *normalverteilt* oder wenigstens *näherungsweise* normalverteilt ist. Unter dieser Bedingung sind dann Konfidenzbereiche für den unbekannten Parametervektor und für die unbekannte Wirkungsfläche sinnvoll. Ist die Annahme verletzt, dann sind die Bereiche in der Regel mindestens viel zu optimistisch, gelegentlich jedoch völlig sinnlos. Eine Prüfung der Annahme ist (bedingt) über die Residualanalyse möglich. Ideal, aber zu kostspielig wären Voruntersuchungen mit mehreren wiederholten Messungen an den gleichen Stellen. Für *große n* sind die Formeln für die Konfidenzbereiche verhältnismäßig robust gegenüber Verletzungen der siebenten Annahme.

Wenn Beobachtungen oder Messungen sehr häufig durchgeführt werden müssen, z.B. als begleitende Routine, oder wenn der Zusammenhang generell schon ganz gut erforscht ist, gelingt es zuweilen, die theoretischen oder empirischen Vorkenntnisse über eine Häufigkeits- oder Wahrscheinlichkeitsverteilung für die Koeffizienten zu erfassen. Das ist eine sinnvolle Nutzung von heute fast überall verfügbaren „Datenhalden". Die bereits im Abschnitt 4.5 vorgestellte BAYESsche Inferenz läßt sich auch im vorliegenden Fall der Bewertung von funktionalen Beziehungen anwenden.

Zuerst ist eine a-priori-Verteilung über den Vektor $\mathbf{a}$ zu spezifizieren, entweder aus Histogrammen oder unter Ausnutzung von Expertenmeinungen. Praktisch wird dies meist schrittweise realisiert. Zuerst wird ein Erwartungswertvektor $\mathbf{a}_B$ bestimmt, durch eine Mittelwertbildung oder als vermeintlicher Mittelpunkt, um den die Werte streuen. Sodann wird eine Kovarianzmatrix $\mathbf{B}_{\mathbf{a}_B}$ festgelegt, aus vorhandenem Datenmaterial geschätzt oder aus sachlogischen Überlegungen spezifiziert. Schließlich ist noch ein Verteilungstyp zu wählen. Über die BAYESsche Formel erhält man dann eine a-posteriori-Verteilung für die Parameter und damit eine Schätzung auch für die Wirkungsfläche.

Ist der Ansatz wahr und *linear*, dann gestaltet sich das Problem wesentlich einfacher. Es genügen dann schon Erwartungswertvektor $\mathbf{a}_0$ und Kovarianzmatrix $\mathbf{B}_{\mathbf{a}_B}$, um eine lineare a-posteriori-Schätzung des wahren Parametervektors $\mathbf{a}_0$ zu erhalten. Diese sogenannte lineare BAYES-Schätzung hat die Form

$$\hat{\mathbf{A}}_B(\mathbf{Y}) = [\mathbf{F}^\tau\mathbf{F} + \mathbf{B}_{\mathbf{a}_B}^{-1}]^{-1}[\mathbf{F}^\tau\mathbf{Y} + \mathbf{B}_{\mathbf{a}_B}^{-1}\mathbf{a}_B] \ . \tag{7.28}$$

Vergleicht man sie mit der normalen Schätzung nach der Methode der kleinsten Quadrate, so erkennt man, daß die entsprechenden Ausdrücke der a-priori-Verteilung jeweils *addiert* werden. Damit wird es möglich, auch dann zu vernünftigen Schätzungen der Parameter zu kommen, wenn die normale Systemmatrix $\mathbf{F}^\tau\mathbf{F}$ singulär ist. Man kommt also bei der BAYESschen Schätzung in der Regel mit einem geringeren Beobachtungsaufwand aus.

Bei gleichem Beobachtungsaufwand *verbessert* die BAYESsche Schätzung die Güte der Schätzaussage. Sie ist auch verhältnismäßig robust gegen kleinere Fehlspezifizierungen der a-priori-Größen. Aber sie ist natürlich eine *vorgefaßte Meinung* über die Parameterwerte, was zu Fehlinterpretationen der Beobachtungsergebnisse führen kann. Es wird daher empfohlen, die *Verträglichkeit* der a-priori-Annahmen mit den Beobachtungsergebnissen stets im Auge zu behalten. Es gibt auch Teste, mit denen man diese Verträglichkeit „prüfen" kann, jedoch ist vor deren unkritischem Gebrauch zu warnen. Wenn es geht, sollte die Abhängigkeit der Schätzungen von der a-priori-Verteilung transparent bleiben (siehe z.B. Formel (7.28)). Weitere Angaben zu diesem Problemkreis entnehme man PILZ 1991 und BANDEMER/NÄTHER 1980.

Gelegentlich ist es auch möglich, gegebene Funktionenschranken im Sinne der BAYESschen Theorie zu deuten (siehe dazu z. B. BANDEMER/PILZ/FELLENBERG 1986).

Auch die Mehrphasenregression, bei der über verschiedenen angrenzenden Teilbereichen $B_1, \ldots, B_t$ *verschiedene* Ansätze verwendet werden müssen, läßt sich hier einordnen (siehe dazu SCHULZE 1987 und BANDEMER/BELLMANN 1991).

7.1.5 Zufallseinflüsse bei allen Variablen

Bis jetzt wurde angenommen, daß nur die Zielgröße y eine Zufallsgröße ist, daß also die Ungenauigkeit von $\mathbf{x}$ vernachlässigbar ist. Nun wird der Fall betrachtet, daß diese Annahme nicht mehr aufrechterhalten werden kann. Es gibt zu diesem Problem mindestens drei verschiedene Zugänge.

Im *ersten* Zugang werden *alle* vorkommenden *Variablen*, Zielgrößen wie Einflußgrößen, als *Zufallsgrößen* betrachtet. Zur Darstellung des Zugangs genügt der einfachste Fall einer zufälligen Zielgröße Y und einer zufälligen Einflußgröße X.

Ausgangspunkt ist also der zufällige Vektor (X, Y). Die Kurve der Erwartungswerte von Y für jeweils festes x

$$\mathsf{E}(\mathsf{Y}|\mathsf{X} = x) = g_Y(x) \tag{7.29}$$

und entsprechend

$$\mathsf{E}(\mathsf{X}|\mathsf{Y} = y) = g_X(y) \tag{7.30}$$

heißen die *Regressionslinien* der gemeinsamen Verteilung von X und Y. Sie sind im allgemeinen voneinander verschieden und erlauben Aussagen jeweils nur in *einer* Richtung, entweder bei gegebenem x auf das Verhalten von Y, oder bei gegebenem y auf das von X. Ein Rückschluß, wie bei gewöhnlichen Funktionen, etwa über die Umkehrfunktion, ist nicht möglich.

Ohne Kenntnis der gemeinsamen Verteilung ist in der Regel wenig damit anzufangen. Natürlich ist dafür die Betrachtung der gemeinsamen Häufigkeitsverteilung möglich. Aber für begründete Schlüsse sollte dann die Anzahl n der zur Verfügung stehenden Realisierungen recht hoch sein.

Es gibt einen „Näherungszugang", bei dem die beiden Regressionslinien durch lineare Ansätze genähert werden, deren freie Parameter dann zu schätzen sind. Das numerische Verfahren ist identisch mit dem für *nicht* stochastische Argumente x (bei $g_Y(x)$) und y im anderen Fall. Bei der Deutung der Ergebnisse der Regressionsanalyse ist jedoch der Modellhintergrund zu berücksichtigen. Man nennt diese Regression mit Zufallsgrößen auch *Regression 2. Art*.

Ein *zweiter* Zugang ist die Regression für funktionale Beziehungen mit *Fehlern in den Variablen*. Die Annahmen über den Zusammenhang und die Natur der beteiligten Variablen sind ähnlich denen wie bei der Regression für feste und bekannte Einflußgrößenwerte:

Die unbekannte Funktion $g(\mathbf{x})$, die den Zusammenhang beschreibt, wird als stetig und sogar in eine TAYLOR-Reihe entwickelbar vorausgesetzt. Ein *wahrer* Ansatz $\eta(\mathbf{x}, \mathbf{a})$ sei bekannt. Die Beobachtungsfehler seien durchweg *additiv*:

$$\mathsf{Y}_i = y_i + \epsilon_i \tag{7.31}$$

$$\mathsf{X}_{ji} = x_{ji} + u_{ji} . \tag{7.32}$$

Die funktionale Beziehung gelte *exakt* für die *wahren* Werte, d. h

$$y_i = g(\mathbf{x}_i) . \tag{7.33}$$

Die Abweichungen ϵ_i und u_{ji} seien Realisierungen stetiger Zufallsgrößen mit jeweils verschwindendem Erwartungswert.

Die angegebenen Methoden unterscheiden sich durch *weitere* Annahmen.

Sind (weitere Annahme a) die Abweichungen voneinander *stochastisch unabhängig* und (weitere Annahme b) die *Varianzen* dieser Abweichungen σ_Y^2 und σ_j^2 für Y und die entsprechende Komponente X_j von $\mathbf{X}$ *bekannt*, dann lassen sich die freien Parameter $\mathbf{a}$ des Ansatzes und die wahren Beobachtungsstellen $\mathbf{x}_i$ mit einer modifizierten Methode der kleinsten Quadrate schätzen:

$$Q_F(\mathbf{a}, \mathbf{x}_1, \dots, \mathbf{x}_n)$$

$$= \sigma_Y^{-2} \sum_{i=1}^{n} \left(\mathsf{Y}_i - \eta(\mathbf{X}_i; \mathbf{a}) \right)^2 + \sum_{j=1}^{k} \left[\sigma_j^{-2} \sum_{i=1}^{n} (\mathsf{X}_{ji} - x_{ji})^2 \right] = \min . \tag{7.34}$$

Es gibt Methoden, um die x_{ji} zu eliminieren, um das Problem zu vereinfachen, denn die Dimension wächst mit der Anzahl der Beobachtungspunkte.

Ein anderer Zugang schlägt vor, das Datenmaterial in Gruppen zu zerlegen und den Parametervektor $\mathbf{a}$ aus den Schwerpunkten der einzelnen Gruppen zu schätzen.

Einen Überblick der Problematik mit Literaturhinweisen findet man in SCHMERLING 1980 und SCHMERLING/BANDEMER 1985.

Schließlich kann man die Methoden der lokalen Approximation auf diesen Fall adaptieren (siehe Abschnitt 2.3).

Einem interessanten und für die Anwendung wichtigen Spezialfall der „lokalen" Schätzung *bei stochastischen Abhängigkeiten* zwischen den Beobachtungen ist der nächste Unterabschnitt gewidmet.

7.1.6 Lokale Regression im stochastischen Feld

Ein spezielles Modell, das in der Lagerstättengeometrie eine große Rolle spielt und zur Ausbildung eines Teilgebietes der *Geostatistik* (siehe z.B. DUTTER

1985, CRESSIE 1991) geführt hat, betrachtet eine *Feldfunktion*, zum Beispiel im dreidimensionalen natürlichen Raum

$$v = g(x, y, z) \, . \tag{7.35}$$

Dabei können x eine Längenkoordinate, y eine Breitenkoordinate und z eine Tiefenkoordinate sein, während v z.B. einen Gehalt an Asche, Metall oder Wasser bedeuten kann. Streng genommen kann eine solche Funktion auf dem Punktniveau nur einen der Werte 1 oder 0 annehmen: entweder liegt der Punkt in einem entsprechenden Molekül oder nicht. „Gemessen" werden kann der Wert von v an einer bestimmten Stelle (x_0, y_0, z_0) aber nur durch den *Mittelwert* aus einer „Probe" $P(x_0, y_0, z_0)$ *endlicher* Ausdehnung mit fester Form, Größe und Ausrichtung um diese Stelle herum:

$$g_P(x_0, y_0, z_0) = \int_{P(x_0, y_0, z_0)} g(x, y, z) \mathrm{d}x \, \mathrm{d}y \, \mathrm{d}z \, , \tag{7.36}$$

eventuell dividiert durch den Inhalt des Probekörpers

$$\int_{P(x_0, y_0, z_0)} \mathrm{d}x \, \mathrm{d}y \, \mathrm{d}z \, . \tag{7.37}$$

Möglich ist auch die Verwendung einer Gewichtsfunktion $w(x, y, z)$ unter den jeweiligen Integralen.

Man bezeichnet eine solche Funktion $g_P(x, y, z)$ gewöhnlich als *regionalisierte Variable* und denkt dabei auch an die Variation des Probekörpers P nach Größe, Form und Ausrichtung.

Die mathematische Aufgabe besteht nun in der lokalen Approximation der Funktion g_P, um z.B. Vorratsschätzungen vorzunehmen. Es sei B_0 ein für den Abbau vorgesehener Block, dann ist für Probekörper P, die klein gegenüber der Blockgröße sind, der Vorrat $J(B_0)$ offenbar

$$J(B_0) = \int_{B_0} g(x, y, z) \mathrm{d}x \, \mathrm{d}y \, \mathrm{d}z = \int_{B_0} g_P(x, y, z) \mathrm{d}x \mathrm{d}y \mathrm{d}z \, , \tag{7.38}$$

wenn g_P durch das entsprechende Integral (7.37) normiert wurde. Ein anderes Problem ist die Vorhersage von g_P in einem Gebiet V.

In beiden Fällen besteht der Wunsch, die gesuchten Größen durch *lineare Funktionen* gewisser „Meßwerte" $g_P(x_i, y_i, z_i)$ zu „berechnen", z.B. durch

$$\hat{J}(B_0) = \sum_i c_i g_P(x_i, y_i, z_i) \tag{7.39}$$

$$\hat{g}_P(x, y, z) = \sum_i d_i(x, y, z) g_P(x_i, y_i, z_i) \, . \tag{7.40}$$

Die *wichtigste* Modellvorstellung zur statistischen Behandlung der eben genannten Probleme enthält die folgende *Annahme*:

Die Funktion g_P ist über dem Gültigkeitsbereich $B \subset \mathbb{R}^3$ eine Realisierung eines *stochastischen Feldes* mit

$$\mathsf{G}_P(x, y, z) = g_0(x, y, z) + \epsilon(x, y, z), \tag{7.41}$$

wobei g_0 als *Trendanteil* und ϵ als *Zufallsanteil* gedeutet werden. Man beachte die Analogie zum Regressionsmodell.

Die Anwendung dieses Modells auf konkrete praktische Sachverhalte ist nicht unproblematisch. Daher sollen einige dieser Probleme hier thematisiert werden, da sie sich im Anwendungskalkül explizit niederschlagen.

Zuerst hängt die Zerlegung der regionalisierten Variablen in einen Trendanteil und einen Zufallsanteil sehr von der gewählten *Größenordnung* der Untersuchung ab. Lokale Unterschiede in der Bodenhöhe werden von einem Gartengestalter anders bewertet als von einem Straßenbauplaner oder gar von einem Kartographen. Was für den einen noch zu berücksichtigender systematischer Trend ist, kann für den anderen bereits zufällige Abweichung sein. Die Wahl der Größenordnung ist also abhängig vom gedachten Zweck und Zusammenhang, beseitigt die Willkür und legt fest, was als *Zufall* anzusehen ist. Damit bestätigt sich auch hier die bereits im Abschnitt 4.1.1 vertretene These, daß der anwendende Wissenschaftler entscheidet, was für sein Problem Zufall sein soll.

Hat man sich dergestalt für eine stochastische Modellvorstellung entschieden, entsteht sofort das zweite Problem: Von dem hypothetisch angenommenen stochastischen Feld liegt die gegebene Lagerstätte als *nur eine* Realisierung vor. Wahrscheinlichkeitsaussagen sind Aussagen über *Vielfalten* von Realisierungsmöglichkeiten. Statistische Schlüsse aus *nur einer* Realisierung sind in der Regel höchst fragwürdig. Es sind verschiedene Interpretationen versucht worden, um aus diesem Dilemma herauzukommen, so die Annahme, daß die verschiedenen Blöcke Realisierungen eines „zufälligen Blocks" sind. Dies unterstützt die fruchtbare Empfehlung, daß man das Modell nur als *lokal gültig* ansehen soll.

Von der obigen Definition einer regionalisierten Variablen ausgehend sieht man leicht ein, daß „benachbarte Werte" *nicht* unabhängig voneinander sein können, daß also auch die zufälligen Abweichungen ϵ eine Abhängigkeit zeigen werden. Man erwartet nun eine Verbesserung der Güte der statistischen Aussagen, wenn man diese Abhängigkeit in den Schätz- und Vorhersageformeln berücksichtigt. Aber dazu sind wieder *Annahmen* über die Art und Größe nötig, kurz über die „Gesetzmäßigkeit" dieser Abhängigkeit. Übrigens ist auch die gewöhnliche Annahme der Unabhängigkeit eine Annahme über so eine Gesetzmäßigkeit.

Zur Vereinfachung der Bezeichnung werden die Punkte nun mit $Q = (x, y, z)$ bezeichnet und die Differenz der Funktionswerte mit $G_P(Q_1, Q_2) = \mathsf{G}_P(Q_1) - \mathsf{G}_P(Q_2)$ abgekürzt. Nach der Zerlegungsformel (7.41) von G_P erhält man

$$\mathsf{E}\, G_P(Q_1, Q_2) \;=\; G_0(Q_1, Q_2) + \mathsf{E}\,(\epsilon\,(Q_1) - \epsilon\,(Q_2)) \tag{7.42}$$

$$\mathsf{E}\, G_P^2(Q_1, Q_2) \;=\; G_0^2(Q_1, Q_2) + \mathsf{E}\,\epsilon^2(Q_1) + \mathsf{E}\,\epsilon^2(Q_2)$$
$$-2\mathsf{E}(\epsilon\,(Q_1)\epsilon\,(Q_2))\,. \tag{7.43}$$

Ohne zusätzliche Annahmen kann man mit diesen Formeln für *eine* Realisierung keine statistischen Schlüsse ziehen.

Eine *erste* Annahme ist die *Isotropie* des Feldes: Die Abhängigkeit der zufälligen Abweichungen hängt nur von der *Entfernung* der beiden Punkte ab, also

$$\mathsf{E}(\epsilon\,(Q_1)\epsilon\,(Q_2)) = C\left(\sqrt{(x_1 - x_2)^2 + (y_1 - y_2)^2 + (z_1 - z_2)^2}\right), \tag{7.44}$$

wobei die Funktion C die *Kovarianzfunktion* des Feldes heißt. Die Gültigkeit der Isotropieannahme läßt sich für *kleine* Bereiche begründen. Gewisse Verallgemeinerungen sind möglich. In der Geostatistik pflegt man im Fall der Isotropie statt der Kovarianzfunktion das sogenannte *Variogramm*

$$\mathsf{E}\, G_P^2(Q_1, Q_2) = 2\gamma(Q, d) \tag{7.45}$$

zu betrachten, in dem $Q_1 = Q$ und $Q_2 = Q + d$ gesetzt sind. Die Funktion γ heißt das *Semivariogramm*. Semivariogramm und Kovarianzfunktion sind gemäß (7.43) und (7.44) auseinander zu berechnen, und ihre Verwendung ist damit äquivalent.

Das Problem ist aber, daß weder C noch γ bekannt ist. Deren Schätzung ist nicht möglich, weil nur *eine* Realisierung vorliegt. Für eine vernünftige Schätzung von $g_0(Q)$ brauchte man aber Informationen über die stochastische Gesetzmäßigkeit der Fehler, also über C oder γ. Damit wäre das Schätzproblem eigentlich *unlösbar*.

Eine *Ausweg* bietet nun die sogenannte „natürliche Annahme" (intrinsic hypothesis) an: Die Kovarianzfunktion, beziehungsweise das Semivariogramm, hängt *nicht* von Q, sondern nur von d ab. Diese Annahme ist in praktischen Sachverhalten wiederum im lokalen Bereich näherungsweise erfüllt. Von hier aus gibt es *zwei* Zugangswege.

Beim ersten Weg verlangt man $\mathsf{E}\epsilon\,(Q) = 0$ und nimmt weiterhin an, daß das

Feld im weiten Sinn homogen ist, das bedeutet u.a. $\mathsf{D}^2\epsilon\,(Q) = \mathsf{E}\epsilon^2(Q) = \sigma^2$. Dann darf der Trendanteil g_0 eine beliebige Form haben. Die natürliche Annahme bezieht sich hier nur auf die Kovarianzfunktion.

Beim zweiten Weg fordert man $\mathsf{E}(\epsilon\,(Q_1) - \epsilon\,(Q_2)) = 0$ und nimmt weiterhin an, daß das Feld homogene Zuwächse hat, das bedeutet u.a. $\mathsf{D}^2(\epsilon\,(Q_1) - \epsilon\,(Q_2))^2 = \tau^2$. Dann muß $g_0(Q) = m$ konstant sein. Die natürliche Annahme bezieht sich hier auf das Semivariogramm.

Mit diesen Annahmen sind nun Schätzungen möglich. Man erhält das sogenannte *empirische Variogramm*

$$2\hat{\gamma}(h) = \frac{1}{n(h)} \sum_{i=1}^{n(h)} \left[g_P(Q_i) - g_P(Q_i + h) \right]^2 \tag{7.46}$$

durch Summation über alle $n(h)$ Paare der Werte an Beobachtungspunkten Q_i, die den jeweiligen Abstand h haben.

Das Semivariogramm kann im Ursprung *unstetig* sein:

$$\gamma(0) = 0 \quad \text{aber} \quad \lim_{h \to 0} \gamma(h) = C_0 > 0 \ . \tag{7.47}$$

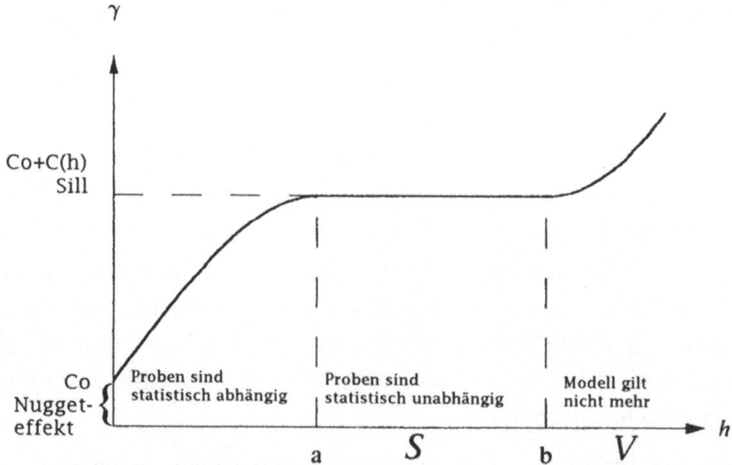

Bild 7.3 Typisches Bild eines Semivariogramms mit dem Nugget-Effekt c_0, der Reichweite a, dem stabilen Bereich S und dem Bereich V, in dem die natürliche Annahme nicht mehr gilt

Die Sprunghöhe C_0 heißt *Nugget-Effekt* und entsteht durch die Existenz einer subdimensionalen Struktur (Problem der gewählten Größenordnung!) oder auch durch überlagerte Meßfehler bei der technischen Bestimmung der Beobachtungswerte. Das typische Verhalten eines empirischen Semivariogramms zeigt Bild 7.3. In der Regel wählt man für das Semivariogramm einen parametrischen Ansatz und schätzt dessen Parameter aus dem Datenmaterial. Diese Schätzung verwendet man dann zur Schätzung der gewünschten Größen der regionalisierten Variablen. Ein spezielles Vorgehen dabei wird nach einem Vorschlag von MATHERON 1969 *Kriging*-Technik genannt (nach einem seiner Bekannten KRIGE, der diese Technik zuerst bei der Goldprospektion und -gewinnung in Südafrika angewandt hat).

Zuerst wird dabei in einer *Trendanalyse* der systematische Anteil abgespalten. Aus den geschätzten Fehlern in den Beobachtungspunkten wird sodann die Kovarianzfunktion geschätzt. Mit dieser Schätzung wird die Trendschätzung verbessert und aus dieser verbesserten Schätzung des Trends die Schätzung der Kovarianzfunktion verbessert. Dieses iterative Verfahren wird solange fortgesetzt, bis keine wesentlichen Verbesserungen mehr erzielt werden können.

In den vergangenen dreißig Jahren sind vielfältige Varianten, Verfeinerungen und Verallgemeinerungen dieser Technik bekannt geworden, die in Lehrbüchern und Rechnerprogrammen ihren Niederschlag gefunden haben.

Wegen des lokalen Charakters ist es naheliegend, Ergebnisse aus Gebieten heranzuziehen, in denen die Verhältnisse aus sachlogischen Gründen als *ähnlich* zu denen im vorliegenden Gebiet eingeschätzt werden. Dies lädt zur Verwendung BAYESscher Methoden ein. Siehe dazu PILZ 1992 und BANDEMER/GEBHARDT 1997.

Die vorstehenden Ausführungen sollten lediglich das Wesen dieser Technik erläutern und die rationale Einschätzung der damit erzielten Ergebnisse erlauben.

7.2 Unscharfe Bewertung funktionaler Beziehungen

Im vorangehenden Abschnitt wurde die Ungewißheit und Unsicherheit der Daten, die zur Bewertung funktionaler Beziehungen dienten, durch einen wahrscheinlichkeitstheoretischen Hintergrund modelliert: sie wurden als Realisierungen von Zufallsvariablen interpretiert, über deren Eigenschaften eine Reihe von *Annahmen* zu treffen waren, die man im Anwendungsfall zu vertreten und zu prüfen hatte. Im dritten Kapitel waren zwei Alternativen zur Erfassung der Ungewißheit und Unsicherheit vorgestellt worden, die nun auch mit dem Problem der Bewertung funktionaler Beziehungen konfrontiert werden sollen.

Als einfachster Fall wird die Informationslage betrachtet, daß die Einflußgrößenwerte *exakt* gegeben sind und für die Zielgrößenwerte y_i an den Beobachtungsstellen $\mathbf{x}_i$ Intervalle der Form

$$y_{ui} \leq y_i \leq y_{oi} \, . \tag{7.48}$$

Eine naheliegende plausible Vorgehensweise wäre es nun, die Menge aller Parametervektorwerte $\mathbf{a}$ der funktionalen Beziehung

$$y = \eta(\mathbf{x}, \mathbf{a}) \tag{7.49}$$

zu betrachten, für die die Funktionswerte zwischen den jeweiligen unteren und den jeweiligen oberen Schranken an den Beobachtungspunkten liegen:

$$A = \{\mathbf{a} \mid \text{für alle } i : y_{ui} \leq \eta(\mathbf{x}_i, \mathbf{a}) \leq y_{oi}\} \, . \tag{7.50}$$

Dieses Vorgehen zeigt jedoch zwei wesentliche Schwierigkeiten. Zum einen ist die Bestimmung *scharfer* Schranken nicht ohne große Willkür möglich, wie bereits im Abschnitt 3.1 erläutert. Die Lösungsmenge A könnte sehr stark von dieser Spezifizierung abhängen (vergleiche dazu im Fall der Lösung eines linearen Gleichungssystems mit Intervalldaten ALEFELD/MAYER 1995). Zum anderen ist die Bestimmung von A in nicht trivialen Ansätzen sehr kompliziert und in der Regel nur numerisch mit unvertretbar hohem Aufwand zu realisieren.

Daher ist es vernünftig, gleich zu bewerteten Intervallen, *unscharfen Mengen* überzugehen (siehe Abschnitt 3.2). Bei der Verwendung unscharfer Mengen zur Bewertung von funktionalen Beziehungen gibt es *zwei* verschiedene Vorgehensweisen. Bei der einen versucht man, Methoden der mathematischen Statistik für *scharfe* Daten auf den Fall unscharfer Daten zu übertragen, indem man z. B. ein *Erweiterungsprinzip* auf den entsprechenden Ausdruck anwendet, wie es bereits im Abschnitt 4.2.4 erwähnt wurde (VIERTL 1990). Das andere Vorgehen überträgt die *Ausgangsproblemstellung* des statistischen Verfahrens auf den unscharfen Fall und bietet eine Lösung mit den allgemeinen Methoden der Theorie unscharfer Mengen an.

7.2.1　Scharfe Datenanalyse als Ausgangspunkt

Gewöhnlich sind *scharfe* Daten als Punkte in einem k-dimensionalen Raum gegeben. In der *explorativen* Phase der Untersuchung der Daten, wenn also noch *kein* fachlich begründeter oder sonst naheliegender Ansatz vorliegt, beginnt die Analyse der Daten mit der Anordnung gemäß weiterer Eigenschaften, meist bezüglich der Häufigkeit in festgelegten Klassen. Damit wird eine Untersuchung auf Ausreißer verbunden, deren Zuverlässigkeit und Repräsentanzvermögen erst einmal bezweifelt werden. Als nächstes wird dann versucht, durch geeignete Darstellung und Transformation *Strukturen* in der „Punktwolke" zu erkennen, um u.a. eine Idee für den Ansatz zu erhalten. Wenn der Datenraum eine höhere Dimension als zwei oder drei hat, was gewöhnlich der Fall ist, dann müssen die Transformationen *Projektionen* sein, damit man die Daten auf dem Bildschirm als Punkte für eine visuelle Inspektion sichtbar machen kann. Mit Folgen solcher Projektionen, die einem bestimmten Bildungsgesetz folgen, sogenannten *Projektionsjagden*, wird dann am Bildschirm versucht, solche Projektionen zu finden, bei denen eine spezielle Struktur der Daten sichtbar wird. Solche Strukturen können, z.B., durch Zerfall der Gesamtpunktwolke in Teilwolken entstehen oder in Gruppierungen der Masse der Punkte längs Kurven oder Flächen bestehen. Diese Technik wurde zuerst von FRIEDMAN/TUKEY 1974 angewandt; einen einprägsamen und vereinheitlichenden Überblick darüber findet man bei HUBER 1985.

Will man die Suche automatisiert ablaufen lassen, dann muß man dem Programm ein *Maß der Interessantheit* für die jeweils aufgefundene Konstellation vorgeben, aus dem der Rechner erkennt, auf welche „Struktur" er besonders achten soll. Diese Technik läßt sich auf *unscharfe* Punkte übertragen (siehe BANDEMER/NÄTHER 1992), besonders wenn die Punkte vom verallgemeinerten „Bohnentyp" spezifiziert werden

$$\mu(\mathbf{x}) = h(d(\mathbf{x}, \mathbf{x}_i)) \,, \tag{7.51}$$

wobei d eine Abstandsfunktion und h eine passende monoton wachsende Funktion sind (wegen der Einzelheiten wird auf BANDEMER/NÄTHER 1988a verwiesen).

Die meisten Methoden der klassischen multivariaten statistischen Analyse, wie Hauptkomponentenanalyse, Diskriminanzanalyse und einige Verfahren der Faktoranalyse stellen sich als Spezialfälle der Projektionsjagdtechnik (mit entsprechenden Interessantheitsmaßen) heraus.

Ein in den Anwendungen weit verbreiteter Spezialfall ist die sogenannte Partial-Least- Squares-Technik (kurz PLS). Sie geht auf WOLD 1985 zurück und bildet das wesentliche Element seiner „sanften Modellierung". Mit ihr wird versucht, (lineare) Beziehungen zwischen unbeobachtbaren (latenten) Variablen aus den beobachtbaren Variablen, von denen diese als abhängig angenommen werden, zu bestimmen. Auch diese PLS-Technik läßt sich auf unscharfe Daten übertragen (siehe BANDEMER/NÄTHER 1988b). Die Berücksichtigung der Daten-unschärfe bei diesen Verfahren ermöglicht eine wesentlich höhere Sensibilität der Erkennungsmethoden, da funktional bedingte Unterschiede gegenüber der der Datenunschärfe geschuldeten Unsicherheit weit eher auffallen oder mögli-cherweise fälschlich als funktional gedeutete Unterschiede sich in der Daten-unschärfe verlieren.

Ein primitives Verfahren, um im scharfen Fall zu einer Approximation für eine anzunehmende funktionale Beziehung zu kommen, ist es bekanntlich, *be-nachbarte* Beobachtungspunkte miteinander zu *verbinden*, um so wenigstens im *lokalen* Bereich eine Näherung zu erhalten. Dieses Verfahren läßt sich of-fensichtlich auch für *unscharfe* Daten anwenden.

Um eine Auswucherung der Bezeichnungen zu vermeiden, wird der einfache zweidimensionale Spezialfall $(x, y) \in I\!\!R^2$ betrachtet, und die unscharfen Daten seien $\mathcal{Z}_i; i = 1, \ldots, n$ mit den Zugehörigkeitsfunktionen $\mu_i(x, y)$.

Da sich die Träger der Einzeldaten $\mathrm{supp}(\mathcal{Z}_i)$ überlappen können, muß für die lokale Darstellung zuerst ein Aggregationsprinzip gewählt werden, um ein ein-deutiges Gesamtdatum $\mathcal{Z}$ zu erhalten. Gewöhnlich wird als Aggregation die Vereinigung gewählt, meist über das Maximum.

Dann ist eine erste und naheliegende Empfehlung, als Näherung für die funk-tionale Abhängigkeit der Zielgröße y von der Einflußgröße x die *Modalspur*

$$F_{\mathrm{mod}}(x) = \{y \mid y = \arg\sup_y \mu_Z(x, y)\}; \quad x \in \{x \mid \sup_y \mu_Z(x, y) > 0\} \qquad (7.52)$$

zu wählen, d.h. für jedes x die Menge aller y zu betrachten, die eine maximale Zugehörigkeit zu $\mathcal{Z}$ bei x haben, natürlich nur innerhalb der Menge, in der überhaupt Information durch $\mathcal{Z}$ gegeben ist. Dieses Kriterium kann im Sinne der Possibilität (siehe Abschnitt 5.2.2) gedeutet werden: Man sucht nach der maximalen Possibilität der angepaßten Funktionswerte. Im allgemeinen wird die Modalspur für manche x mehrere Werte y enthalten. Die Spur wird weder eindeutig noch stetig sein, sie wird das Bild der Kammlage eines natürlichen Gebirges zeigen. All diese Unzulänglichkeiten sind kein Nachteil; für einen er-sten Eindruck genügt es, auftretende Trends zu erkennen. Weiterhin wären eine Glättung und Eindeutigmachung auf dieser frühen Stufe informations-verfälschend und damit für das folgende irreführend. Falls die Spur in mehrere klar getrennte Zweige in der y-Richtung aufgespalten wird, dann sollte man die Originaldaten nach Ausreißern durchsehen, die Spezifizierung der unscharfen Mengen nochmals überdenken oder an eine *implizite* Form der funktionalen Beziehung denken.

Im Fall der impliziten funktionalen Beziehung kann man das Prinzip der Modalspur modifizieren. Deutet man auch hier die Zugehörigkeitsfunktion μ_Z im Sinne einer topographischen Höhenkarte, dann kann man das Prinzip der *Wasserscheiden* heranziehen, bei dem nur solche Bergrücken zum Träger der Approximation gemacht werden, die zu Wasserscheiden des unscharfen „Gebirges" gehören. Gedanken hierzu findet man in BANDEMER/HULSCH/LEHMANN 1986.

Eine Fallstudie, die auch die Anwendung der Modalspur in einem praktischen Fall zum Finden eines fachlich gestützten Ansatzes enthält, wird innerhalb des nächsten Unterabschnitts gegeben werden.

7.2.2 Explorative Bewertung funktionaler Beziehungen

Wurden im vorangehenden Abschnitt die Daten nur *lokal* betrachtet, d.h. jeweils in der unmittelbaren Umgebung jedes einzelnen Datums, so wird nun davon ausgegangen, daß die Daten durch einen *Funktionsausdruck* dargestellt werden sollen. Es wird also eine funktionale Beziehung

$$y = \eta(\mathbf{x}, \mathbf{a}) \tag{7.53}$$

über dem Bereich $\mathbf{x} \in B$ vorgegeben. Der Parametervektor $\mathbf{a}$ darf in der Menge A variieren.

Zur Behandlung dieses *globalen* Bewertungsproblems unterscheidet man *zwei* Betrachtungsweisen. Bei der *explorativen*, die zuerst behandelt wird, werden die Daten so genommen, wie sie gegeben sind. Aussagen über die funktionalen Beziehung nutzen nur diese und beziehen sich nur auf die Teile des Untersuchungsraumes der Zielgröße und der Einflußgrößen, in denen die Zugehörigkeitsfunktion der Daten positiv ist, d.h. auf $\text{supp}(\mathcal{Z})$. Bei dem später behandelten Problem der Approximation müssen Annahmen getroffen werden, die die Einbeziehung auch des Gebietes *außerhalb* dieses Trägers erlauben.

Im explorativen Fall geht man von der funktionalen Beziehung (7.53) aus und versucht, die in den gegebenen unscharfen Daten $\mathcal{Z}_1, \ldots, \mathcal{Z}_n$ enthaltene (unscharfe) Information in die Parametermenge A der funktionalen Beziehung zu übertragen. Die entsprechende Abbildung

$$\mathcal{A} = V(\mathcal{Z}_1, \ldots, \mathcal{Z}_n) \tag{7.54}$$

wird *Übertragungsprinzip* (transfer principle) genannt. Die Bewertung jeder Funktion $\eta(\mathbf{x}, \mathbf{a})$ der funktionalen Beziehung (7.53) ist eine unscharfe Bewertung von $\mathbf{a}$, d.h. durch die Zugehörigkeitsfunktion $\mu_A(\mathbf{a})$ von $\mathcal{A}$ aus (7.54).

Die Funktion V besteht aus zwei Operationen: einer *aggregierenden* V_{agg}, die

die Abhängigkeit von der Individualität der Daten (dem Index i) beseitigt, und einer *integrierenden* V_{int}, die die Abhängigkeit von der Verschiedenheit der **x**-Punkte unterdrückt.

Die mathematische Bequemlichkeit, theoretisch wie numerisch, legt es nahe, die beiden Operationen getrennt festzulegen und nacheinander anzuwenden. Die verschiedenen vorgeschlagenen Übertragungsprinzipe unterscheiden sich voneinander durch die Festlegung und Reihenfolge der speziellen Operationen.

Für die Aggregation der Daten kann man zuerst alle Punkte für die funktionale Beziehung berücksichtigen, die zu *mindestens einem* der Daten $\mathcal{Z}_i$ gehören. Dann hat man die Daten zu *vereinigen*, z.B. über das Maximum

$$\mu_Z(\mathbf{x}, y) = \max_i \mu_i(\mathbf{x}, y) \,, \tag{7.55}$$

wie es bereits bei der Bildung der Modalspur praktiziert wurde.

Falls man jedes Datum an jedem Punkt gleichberechtigt betrachten will, möglicherweise mit unterschiedlichen Graden der Glaubwürdigkeit $\beta_i \in [0,1]$, dann liegt das gewogene Mittel nahe, also die Bildung eines Gesamtdatums mit der Zugehörigkeitsfunktion

$$\mu_Z(\mathbf{x}, y) = \sum_{i=1}^{n} \beta_i \mu_i(\mathbf{x}, y) \,, \tag{7.56}$$

wobei die β_i so gewählt werden müssen, daß μ_Z im Einheitsintervall bleibt.

Wenn es für nützlich gehalten wird, nur solche Information zu verwenden, die in *jedem* der gegebenen Daten enthalten ist, dann ist sogar der *Durchschnitt* sinnvoll.

Schließlich kann man die Übertragungsprinzipe robuster gegen „Ausreißer" machen, wenn man die Aggregation nur bezüglich einer Untermenge der Daten fordert (siehe dazu BANDEMER/NÄTHER 1992).

Nun kann man auf das vereinigte Datum $\mathcal{Z}$ eine integrierende Operation V_{int} anwenden. Im allgemeinen stellt

$$\mu_{Z(\eta(.,\mathbf{a}))}(\mathbf{x}) = \mu_Z(\mathbf{x}, \mathbf{a}) \tag{7.57}$$

mit $\mathbf{x} \in B$ den Grad dar, zu dem der Graph $\{(\mathbf{x}, \eta(\mathbf{x}, \mathbf{a}))\}; \mathbf{x} \in B$ das vereinigte Datum $\mathcal{Z}$ in $\mathbf{x}$ für einen gegebenen Parameterwert $\mathbf{a}$ trifft. Über B betrachtet ist $\mathcal{Z}(\eta(., \mathbf{a}))$ eine unscharfe Menge mit der Zugehörigkeitsfunktion (7.57). Damit ist jede integrierende Operation V_{int} ein Bewertungskriterium für diese Menge und damit für $\mathbf{a}$. Um eine ganz einfache derartige Operation zu erhalten, wählt man eine Gewichtsfunktion w über B aus, die eine zusätzliche Kenntnis oder eine erwünschte Eigenschaft ausdrückt. So wichtet z.B.

$$w(\mathbf{x}) = w_0 \sup_y \mu_Z(\mathbf{x}, y) \tag{7.58}$$

jedes $\mathbf{x}$ mit dem Modalspurwert (7.52) und blendet Bereiche ohne Information durch unscharfe Daten aus.

Dann ist

$$\mathcal{A}_1^* : \mu_{A_1^*}(\mathbf{a}) = \int_B \mu_Z(\mathbf{x}, \eta(\mathbf{x}, \mathbf{a}))w(\mathbf{x})\mathrm{d}\mathbf{x} \tag{7.59}$$

eine (quantitative) Bewertung und zusammen mit einem gewählten Aggregationsprinzip V_{agg} ein brauchbares Übertragungsprinzip. Falls man $w(x)$ als Wahrscheinlichkeitsdichte deutet, erhielte (7.59) den Charakter eines Erwartungswertes. Dies verführte bei der ersten Publikation dieses Prinzips (siehe BANDEMER 1985) zu der Bezeichnung „Prinzip der erwarteten Kardinalität".

Natürlich ist eine probabilistische Deutung möglich, aber nicht notwendig (siehe BANDEMER/NÄTHER 1992).

Schließlich kann die Zugehörigkeitsfunktion von $\mathcal{Z}(\eta(.,\mathbf{a}))$ auch als Possibilitätsverteilung gedeutet werden, was

$$\mathcal{A}_2^* : \mu_{A_2^*}(\mathbf{a}) = \sup_{\mathbf{x}} \mu_Z(\mathbf{x}, \eta(\mathbf{x}, \mathbf{a})) \tag{7.60}$$

liefert.

Die gegebenen Beispiele für die beiden Teiloperationen mögen genügen, um eine Vorstellung von deren Ziel und Form zu vermitteln. Selbstverständlich kann jede aggregierende Operation $\mathcal{Z} = V_{agg}(\mathcal{Z}_1, \ldots, \mathcal{Z}_n)$ mit jeder integrierenden Operation $\mathcal{A}^* = V_{int}(\mathcal{Z})$ kombiniert werden, wenn das im gegebenen Problem sinnvoll ist.

Nunmehr wird die *umgekehrte* Ordnung für die Anwendung der Operationen betrachtet, d.h. $\mathcal{A}_i = V_{int}(\mathcal{Z}_i)$ und $\mathcal{A}^* = V_{agg}(\mathcal{A}_1, \ldots, \mathcal{A}_n)$.

Ein erster Vorschlag für V_{int} ist vom Erweiterungsprinzip her motiviert und führt auf die Zugehörigkeitsfunktion

$$\mu_{A_i,1}(\mathbf{a}) = \sup_{(\mathbf{x},y):y=\eta(\mathbf{x},\mathbf{a})} \mu_i(\mathbf{x}, y) = \sup_{\mathbf{x}} \mu_i(\mathbf{x}, \eta(\mathbf{x}, \mathbf{a})) \,. \tag{7.61}$$

Die Zugehörigkeitsfunktion für $\mathcal{A}_i$ kann als Unsicherheit gedeutet werden, die vom unscharfen Datum $\mathcal{Z}_i$ auf die Parametermenge A induziert wird, möglicherweise als eine Art Possibilitätsverteilung. Man kommt zur gleichen Operation, wenn man die übliche Aussage über die Gültigkeit einer Relation in einer gegebenen Menge fuzzifiziert (siehe dazu BANDEMER/SCHMERLING 1985 und BANDEMER/NÄTHER 1992). Offensichtlich kann das Integral (7.59) auch für jedes i einzeln berechnet werden und führt dann zu

$$\mu_{A_i,2}(\mathbf{a}) = \int_B \mu_i(\mathbf{x}, \eta(\mathbf{x}, \mathbf{a}) w_i(\mathbf{x}) \mathrm{d}\mathbf{x} \,, \tag{7.62}$$

wobei nun für jedes i eine andere Gewichtsfunktion gewählt werden darf, entsprechend dem praktischen Kontext.

Die unscharfen Mengen $\mathcal{A}_i$ können nun mit einer Operation V_{agg} zusammengefaßt werden.

Der *Durchschnitt*, z.B. über das Minimum realisiert,

$$\mu_{A_3^*}(\mathbf{a}) = \min_i \mu_{A_i}(\mathbf{a}) \,, \tag{7.63}$$

könnte als Grad gedeutet werden, daß jedes der unscharfen Daten $\mathcal{Z}_i$ einen Punkt der funktionalen Beziehung $\eta(\mathbf{x}, \mathbf{a})$ enthält. Daher ist $\mathcal{A}_3^*$ anfänglich, z.B. in BANDEMER/SCHMERLING 1985, auch „gemeinsamer Gültigkeitsgrad der funktionalen Beziehung" bezüglich der vorliegenden Daten genannt worden. Natürlich kann man für die Minimumbildung nur eine Teilmenge der Daten berücksichtigen lassen, um das Vorgehen ausreißerrobust zu gestalten.

Eine andere Möglichkeit ist wieder die Aggregation über das gewogene Mittel. Sie wird bevorzugt, wenn die Daten aus Häufigkeitsuntersuchungen stammen.

Wegen weiterer Prinzipien und, allgemein, wegen der speziellen mathematischen Eigenschaften und Unterschiede sei auf BANDEMER/NÄTHER 1992 verwiesen.

Um eine Vorstellung zu vermitteln, wie sich das Vorgehen bei der Bewertung funktionaler Beziehungen aus *unscharfen* Daten unter praktischen Bedingungen gestaltet, wird im folgenden ein Anwendungsbeispiel mit Realdaten skizziert. Eine genaue Darstellung, einschließlich der numerischen Ausgangsdaten, findet sich in BANDEMER/KRAUT/VOGT 1988 und, in jeweils zunehmend abgerüsteter Form, in BANDEMER/KRAUT 1990 und BANDEMER/NÄTHER 1992.

Eine der üblichen Methoden zur Materialprüfung ist die Härtemessung. Ein gebräuchliches Verfahren zur Messung der VICKERS-Härte ist das folgende. Eine quadratische Pyramide aus Diamant wird mit festgelegter Kraft auf die Oberfläche des Probestückes gedrückt. Nach der Entlastung bleibt auf der Oberfläche ein Eindruck zurück, der die Form der Pyramide hat. Die *Härte h* ist dann als Quotient aus der Druckkraft p und der Fläche s definiert, auf die

die Kraft gewirkt hat:

$$h(p, s) = \frac{p}{s} \,.\qquad(7.64)$$

Es sei d die Länge der Diagonale der quadratischen Grundfläche der Pyramide, dann erhält man als Fläche

$$s = \frac{d^2}{c_0} \,,\qquad(7.65)$$

wobei c_0 vom Öffnungswinkel der Pyramide abhängt.

Als praktisches Problem für die unscharfe Datenanalyse lag das folgende vor. Ein quaderförmiges Probestück wurde einem Härteverfahren auf einer seiner Stirnseiten unterworfen. Dann wurde das Probestück orthogonal zur behandelten Fläche aufgeschnitten. Die so entstandene innere Fläche wurde mit einem Gitter von Versuchspunkten überzogen, an denen jeweils die VICKERS-Härte bestimmt wurde. Aus den Ergebnissen dieser Messungen sollte eine *funktionale Beziehung* zwischen der *Härte* und dem Abstand zur behandelten Fläche, kurz der *Tiefe*, bewertet werden. Diese funktionale Beziehung sollte dann zur Optimierung und Steuerung des Härteprozesses benutzt werden, sollte also eine möglichst einfache, aber fachwissenschaftlich stützbare Form haben.

Das Probestück war sehr klein wegen des beabsichtigten Einsatzes. (Bekanntlich ist die Übertragung von Ergebnissen über Dimensionen hinweg problematisch. Labormäßige Mikroergebnisse verlieren oft ihren Sinn bei der Übertragung auf produktionstechnische Verhältnisse, wie andererseits Ergebnisse aus dem normalen Versuchsfeld im Mikrobereich nicht mehr gelten müssen.) Weiterhin mußten wegen der notwendigen Trennschärfe der potentiellen Ergebnisse bezüglich des Ortes Druckkraft und Pyramide, und damit auch der Eindruck im Material, sehr klein sein. Die Beobachtung mußte daher über ein Mikroskop und ein angeschlossenes Bildverarbeitungssystem vorgenommen werden. Das Ergebnis der Härtemessung, das Gitter der Eindrücke im Material, wurde als Grautonbild auf dem Bildschirm gezeigt. Die Diagonale jedes einzelnen Eindrucks war zu messen, um die jeweilige Härte zu bestimmen.

Wenn man die Wirkung des Druckvorganges genauer betrachtet, stellt man fest, daß der Eindruck im Material *kein genaues* Abbild der pressenden Pyramide ist, denn das Material wurde aus der entstehenden Höhlung *herausgedrückt* und bildet einen *Wall* um den Eindruck, der dessen Gestalt verändert und die Bestimmung der *genauen* Diagonallänge verhindert. Darüber hinaus wirken auf das *zweidimensionale* Bild des *dreidimensionalen* Eindrucks auf dem Bildschirm noch weitere Quellen der Ungenauigkeit ein, die vom Beobachter nicht gesteuert werden können, aber das Ergebnis wesentlich beeinflussen.

Es seien hier nur das menschliche Auge als Meßgerät, optische Verhältnisse
und Schranken, Justierungsverhältnisse des Mikrokops und die Abtastqualität
der Fernsehkamera des Bildverarbeitungssystems und die interne Automatik
zur Steuerung von Helligkeit und Kontrast genannt. Eine Eckenschärfung mit
den Methoden der auf der mathematischen Morphologie beruhenden gewöhnlichen Bildbearbeitung würde die Genauigkeit der Verhältnisse nur *scheinbar*
erhöhen, denn sie brächte eine Willkür des Beobachters ein.

Weiterhin sind auch die Koordinaten des Punktes, an denen die Härte jeweils
gemessen werden soll, Ungenauigkeit und Unsicherheit unterworfen. Der Eindruck im Material hat eine *endliche* Ausdehnung und bestimmt daher die Härte
in einer gewissen Umgebung des Aufsetzpunktes der Pyramide. Weiterhin zeigte der Bildschirm immer nur einen *Teil* der Oberfläche des Probekörpers, und
ein Fortschreiten von einem Segment zum nächsten verursachte eine zunehmende Ungenauigkeit für die Feststellung der aktuellen Tiefe.

Daher wurden sowohl die Härte als auch die Tiefe als unscharfe Mengen modelliert.

Die Grautonbilder der Eindrücke wurden als unscharfe Mengen $\mathcal{G}_i$ der Ebene
$I\!\!R^2$ interpretiert, wobei die Grautöne die Vagheit des experimentellen Ergebnisses widerspiegeln sollten. Die Diagonalen der unscharfen Quadrate $\mathcal{G}_i$ hatten
die gleichen Richtungen wie die Achsen des gewählten Koordinatensystems.
Um ihre Länge zu messen, wurden die *unscharfen Gebiete* $\mathcal{G}_i$ in ihre entsprechenden *unscharfen Konturen* $\mathcal{C}_i$ transformiert

$$\mathcal{C}_i : \mu_{C_i}(x,y) = 2\min\{\mu_{G_i}(x,y), 1 - \mu_{G_i}(x,y)\} \, . \tag{7.66}$$

Die Zugehörigkeitsfunktion eines unscharfen Gebietes $\mathcal{G}$ gibt den Grad der Zugehörigkeit zum Gebiet selbst an, nicht jedoch zum *Rand* des Gebietes, der
Kontur $\mathcal{C}$. Die Formel (7.66) verallgemeinert die übliche Auffassung des Ran-
des bei *scharfen* Gebieten, daß der Rand dem abgeschlossenen Gebiet und
gleichzeitig dessen abgeschlossenem Komplementärgebiet angehören soll. Zu
Einzelheiten und allgemeineren Vorschlägen siehe BANDEMER/KRAUT 1988
und BANDEMER/NÄTHER 1992.

Für die praktische Durchführung empfiehlt sich eine vorherige „Reinigung" des
Bildes von Artefakten und einem möglichen zufälligen Grundrauschen.

Es sei y_{0i} die Koordinate der horizontalen Diagonale von $\mathcal{C}_i$. Ihre Zugehörigkeitsfunktion $\mu_{C_i}(x, y_{0i})$ zerfiel in zwei disjunkte Kurven, die als Zugehörigkeitsfunktionen zweier unscharfer Zahlen $\mathcal{M}_{li}$ und $\mathcal{M}_{ri}$ gedeutet werden konn-
ten, die die Lage des *linken* und des *rechten* Endes der Diagonalen auf der

x-Achse, die die Tiefe anzeigt, bezeichnen. Ihre Differenz

$$\mathcal{D}_i = \mathcal{M}_{ri} \ominus \mathcal{M}_{li} \tag{7.67}$$

definiert die *unscharfe Länge* der Diagonalen. Eine Untersuchung der α-Schnitte von $\mathcal{D}_i$ an den Grautonniveaus des Bildes auf dem Bildschirm zeigte, daß eine Approximation durch lineare Referenzfunktionen (Dreiecksform) von $\mathcal{M}$ angemessen ist. Damit erhält auch $\mathcal{D}$ diese einfache Form, nämlich

$$\mathcal{D}_i = \left\langle d_i; l(d_i), r(d_i) \right\rangle ; \tag{7.68}$$

dabei ist d_i der Kern von $\mathcal{D}_i$, und $l(d_i)$ und $r(d_i)$ bezeichnen die entsprechende linke und rechte Spreizung der unscharfen Zahl $\mathcal{D}_i$ (siehe (3.49)). Da $\mathcal{D}_i$ zum Aufsetzpunkt x_i der Diamantspitze gehört, wird in (7.68) die Abhängigkeit der unscharfen Diagonallänge von der Tiefe der jeweiligen Beobachtung explizit angegeben.

Der Bequemlichkeit halber wird die Konstante c_0 in der Härteformel (7.65) im weiteren weggelassen. Die *unscharfe Härte* $\mathcal{H}(x)$ für die *scharfe* Tiefe x wird aus der *unscharfen Diagonallänge* $\mathcal{D}_i$ nach dem einfachen Erweiterungsprinzip berechnet

$$\mu_{H(x|x_i)}(h) = \sup_{v:h=p/v^2} \mu_{D_i}(v) = \mu_{D_i}((p/h)^{1/2}) . \tag{7.69}$$

Um die Unschärfe der Tiefenmessung $\mathcal{X}(x_i)$ zu modellieren, wird ebenfalls eine dreiecksförmige Zugehörigkeitsfunktion angenommen, die sogar symmetrisch sein darf, da eine Bevorzugung einer Richtung für die Unschärfe nicht sinnvoll scheint:

$$\mathcal{X}(x_i) = \left\langle x_i; c(x_i), c(x_i) \right\rangle . \tag{7.70}$$

Da eine gegenseitige Beeinflussung der Unschärfe der Härtemessung und der Tiefenbestimmung offenbar nicht vorlag, erfolgte die Verknüpfung der beiden unscharfen Zahlen über das einfache kartesische Produkt durch das Minimum:

$$\mu_{H(X(x_i))}(h, x) = \min\{\mu_{H(x|x_i)}(h), \mu_{X(x_i)}(x)\} . \tag{7.71}$$

Als Fläche über der (x, h)-Ebene sieht diese Funktion wie ein Zelt aus, dessen Dach sich von einem höchsten Punkt kurvenförmig zu den Ecken herabsenkt. Zur analytischen Form der Funktion siehe die Arbeit von BANDEMER/KRAUT/VOGT 1988.

Zur Bewertung der funktionalen Beziehung zwischen Härte und Tiefe endlich

werden die unscharfen Härtewerte $\mathcal{H}(X(x_i))$ für die verschiedenen Aufsetz-
punkte x_i über das Maximum aggregiert

$$\mu_H(h, x) = \max_i \mu_{H(X(x_i))}(h, x) \, . \tag{7.72}$$

Für eine erste Vorstellung über die mögliche funktionale Beziehung zwischen
h und x wird die *Modalspur* von $\mu_H(h, x)$, d. h.

$$H_F(x) = \{(h, x) : \mu_H(h, x) = \sup_u \mu_H(u, x) > 0\} \, , \tag{7.73}$$

herangezogen. Sie ist im Bild 7.4 in helleren Grautönen innerhalb der Grauzone
markiert. Durch diese Modalspur wurde eine funktionale Beziehung

$$h(x; a, b, \nu, q) = a + b \exp\left\{ - \left(\frac{x}{\nu}\right)^q \right\} \tag{7.74}$$

nahegelegt, die eine fachwissenschaftliche Interpretation erlaubte. Der Parameter a stellt die Härte im Kern des Materials dar, b ist der maximale Härte-
zuwachs an der Stirnfläche, und ν und q erklären, wo und wie schnell die Härte
mit zunehmender Tiefe abnimmt.

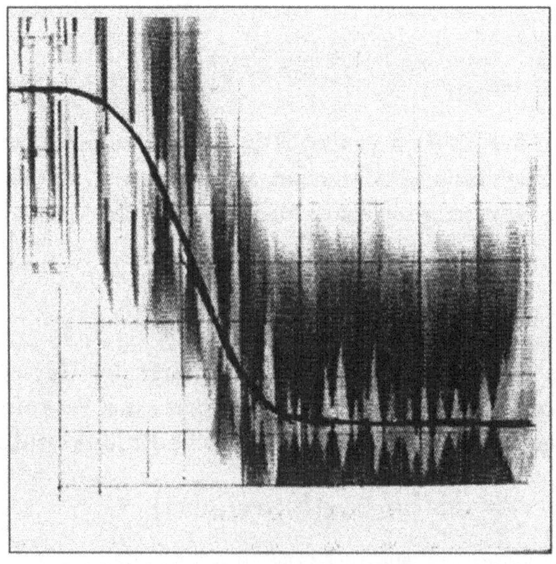

Bild 7.4 Ergebnis der unscharfen Datenanalyse für das Härtemessungsbeispiel: die
unscharfe funktionale Beziehung als Grautonbild und die „beste" scharfe Schätzung
als Kurve durch die Modalspur

Mit diesem Ansatz wurde für jeden interessierenden Parametervektorwert (a, b, ν, q) das Integralprinzip (7.59) herangezogen, wobei als Gewichtsfunktion $w(x)$ die charakteristische Funktion des Trägers $S = \text{supp} H_F(x)$ verwendet wurde. Es ergibt sich also eine unscharfe Menge $\mathcal{A}^*$ im vierdimensionalen Parameterraum mit der Zugehörigkeitsfunktion

$$\mu_{A^*}(a, b, \nu, q) = \int_S \mu_H(h(x; a, b, \nu, q), x) \mathrm{d}x \Big/ \int_S \mathrm{d}x \; . \tag{7.75}$$

Dieser Zugang war auch technisch der einfachste, weil er sofort auf dem Bildverarbeitungssystem realisiert werden konnte, das die Integration durch Aufsummieren der Grautonwerte mit hinreichender numerischer Genauigkeit lieferte. Da das Ergebnis praktisch außerordentlich befriedigte, wurde kein anderes Übertragungsprinzip untersucht. Eine kurze und einfache Optimierung, um eine Funktion der Beziehung mit höchster Zugehörigkeit zu finden, lieferte als Ergebnis die Kurve, die in Bild 7.4 eingezeichnet wurde. Die numerischen Ergebnisse sind in der Arbeit BANDEMER/KRAUT/VOGT 1988 dokumentiert.

7.2.3 Bewertung mit Zusatzannahmen

Bis hierher wurden die unscharfen Daten nur im explorativen Sinne behandelt, außerhalb der Träger der Daten wurde keine Information vermutet oder benutzt. Dies führte zu der Empfehlung, nur den Teil von B zu betrachten, auf dem das vereinigte Datum $\mathcal{Z}$ positive Zugehörigkeitswerte hat. Es kann nun aber vorkommen, daß es *keine* Funktion der funktionalen Beziehung gibt, die *alle* Daten gleichzeitig berührt, womit im Falle der Vereinigung über das Minimum die unscharfe Parametermenge $\mathcal{A}^*$ *kein* Element enthält, obwohl es viele Funktionen der Beziehung gibt, die *durch* die „Wolke" der unscharfen Daten verlaufen.

Daher gibt es einige Vorschläge, solche unerwünschten Eigenschaften zu vermeiden, indem man *Umgebungen* der Funktionen oder der Daten in Betracht zieht. Der unscharfe oder scharfe Parameter für die gewünschte Approximation wird dann nach einem gegebenem Optimierungskriterium bestimmt. Im folgenden sollen drei solcher *Approximationsprinzipe* kurz vorgestellt werden.

Bei dem sogenannten *Übertragungsprinzip für Schläuche* wird statt der Funktion $\eta(\mathbf{x}, \mathbf{a})$ der funktionalen Beziehung ein ganzer „Funktionenschlauch"

$$\eta(\mathbf{x}, \mathbf{a}) + \Delta; \quad \Delta \in I\!\!R^1 \tag{7.76}$$

betrachtet. Für festes $\Delta_0 > 0$ legt dies eine Umgebung für $\eta(\mathbf{x}, \mathbf{a})$ fest. Führt man daher (7.76) in ein gewähltes Übertragungsprinzip ein, dann erhält man eine unscharfe Menge über $A \times I\!\!R^1$. Deren Zugehörigkeitsfunktion $\mu(\mathbf{a}, \Delta)$

kann nun innerhalb $|\Delta| \leq \Delta_0$ maximiert werden. Näheres dazu siehe BAN-DEMER/NÄTHER 1992.

Ein anderer Zugang zur „Verbreiterung" der Funktion $\eta(\mathbf{x}, \mathbf{a})$ wäre deren Ersatz durch eine unscharfe Funktion $\mathcal{H}(\mathbf{x}, \mathbf{a})$, für die η die Kernfunktion darstellt (mit $\mu = 1$). Dann wird der *individuelle* Abstand jedes einzelnen Datums von dieser *unscharfen* funktionalen Beziehung betrachtet, d.h.

$$d(\mathcal{Z}_i, \mathcal{H}(\mathbf{x}, \mathbf{a})) \, , \tag{7.77}$$

wobei d hier eine geeignete Abstandsfunktion zwischen unscharfen Mengen ist.

Das allgemeine Prinzip besteht nun darin, die Abstände bezüglich i zu aggregieren und Parameterwerte $\mathbf{a} \in A$ zu finden, für die der aggregierte Abstand minimal ist. Beispiele für solches Vorgehen findet man in DIAMOND 1988, ALBRECHT 1992, CELMINS 1987, worüber in BANDEMER/NÄTHER 1992 berichtet wird.

Schließlich sei noch der Zugang von TANAKA erwähnt (siehe TANAKA/UEJIMA/ASAI 1982, TANAKA/WATADA 1988), der Unschärfe nur in y-Richtung als unscharfe Zahlen zuläßt und nur spezielle (lineare) Beziehungen berücksichtigt (siehe dazu auch BANDEMER/NÄTHER 1992). Dieser Zugang hat in den vergangenen Jahren eine weite Verbreitung und Bearbeitung erfahren.

Alle diese Zugänge führen jeweils ein Optimierungskriterium ein, das durch ein *Entscheidungsproblem* im Hintergrund und Annahmen über die Gesetzmäßigkeit der *Datenentstehung* gedeckt werden könnte. *Ohne diese Motivation* sind diese Kriterien eine willkürliche Einschränkung der Informationsübertragung, mit der lediglich eine Erhöhung der *Bestimmtheit* des Ergebnisses bezweckt wird, was den Wert der Aussagen aber tatsächlich mindert.

7.2.4   Inferenz mit unscharfen Parameterwerten

In der mathematischen Statistik werden die berechneten Parameterschätzungen für einen Regressionsansatz für verschiedene Inferenzprobleme benutzt, z.B. für die Vorhersage der Wirkungsgröße an weiteren Beobachtungspunkten oder zur Entscheidung über die Wahl eines Ansatzes aus mehreren vorgegebenen.

In der unscharfen Datenanalyse zur Bewertung funktionaler Beziehungen erhält man eine *unscharfe* Parametermenge $\mathcal{A}^*$, z.B. über ein Übertragungstragungsprinzip. Damit läßt sich in B eine parameterunscharfe funktionale Beziehung

$$y = \eta(\mathbf{x}, \mathcal{A}^*) \tag{7.78}$$

spezifizieren, die die Basis der entsprechenden *unscharfen Inferenz* bilden wird. Der Stern bei $\mathcal{A}$ wird im folgenden weggelassen, da die Herkunft der unscharfen Parametermenge für das Inferenzverfahren selbst nicht wesentlich ist. Für die praktische Deutung und Wertung des *Inferenzergebnisses* spielt die Herkunft natürlich eine Rolle. Wäre $\mathcal{A}$ also z.B. eine unscharfe Expertenschätzung, dann ist die Glaubwürdigkeit des Inferenzergebnisses nicht höher als die für diese Schätzung.

Für die Inferenz wird gewöhnlich das Erweiterungsprinzip benutzt. An der *scharfen* Stelle x_0 erhält man als *Interpolation* den *unscharfen* Funktionswert $\mathcal{Y}$

$$\mu_Y(y; x_0) = \sup_{\mathbf{a}: y = \eta(x_0, \mathbf{a})} \mu_A(\mathbf{a}) \tag{7.79}$$

und an der *unscharfen* Stelle $\mathcal{X}_0$

$$\mu_Y(y, \mathcal{X}_0) = \sup_{\mathbf{a}: y = \eta(x, \mathbf{a})} \min\{\mu_A(\mathbf{a}), \mu_{X_0}(x)\} \, . \tag{7.80}$$

Natürlich kann man mit diesen Formeln auch *extrapolieren*, aber dabei ist immer Vorsicht geboten, denn es wird stillschweigend angenommen, daß am Extrapolationspunkt die gewählte funktionale Beziehung noch gilt, was nicht stimmen muß.

Im Gegensatz zu den damit in der statistischen Inferenz auftauchenden Schwierigkeiten ist die *unscharfe Kalibrierung* symmetrisch zur unscharfen Interpolation. Für den gegebenen scharfen Wert y_0 wird das *unscharfe* Argument $\mathcal{X}$ kalibriert mit

$$\mu_X(x; y_0) = \sup_{a: y_0 = \eta(x, \mathbf{a})} \mu_A(\mathbf{a}) \, , \tag{7.81}$$

und für den *unscharfen* Wert $\mathcal{Y}_0$ berechnet man den unscharfen kalibrierten Argumentwert $\mathcal{X}$ mit

$$\mu_X(x, \mathcal{Y}_0) = \sup_{(\mathbf{a}, y): y = \eta(x, \mathbf{a})} \min\{\mu_A(\mathbf{a}), \mu_{Y_0}(y)\} \, . \tag{7.82}$$

Anwendungen dieser Formeln im praktischen Kontext der Chemometrie findet man in OTTO/BANDEMER 1986, 1988a, 1988b.

Ein weiteres interessantes Inferenzproblem besteht in der Kombination von unscharf ausgedrückter Information über den Parameter $\mathbf{a}$ aus verschiedenen Quellen. Es seien z.B. $\mathcal{A}_P$ eine unscharfe Menge, die a-priori-Wissen über $\mathbf{a}$ spezifiziert, und $\mathcal{A}_E$ das Ergebnis der Schätzung von $\mathbf{a}$ nach einem Übertragungsprinzip.

Im ersten Schritt könnte man die beiden Zugehörigkeitsfunktionen mit unterschiedlichen Gewichten versehen, die die Glaubwürdigkeit der Informationen (objektiv oder subjektiv) bewerten. In einem zweiten Schritt würde man eine Verknüpfung wählen, um die beiden Mengen zusammenzuführen. Schließlich würde man, in einem dritten Schritt, das erhaltene Ergebnis wieder normalisieren. Sollen z.B. beide Mengen *gleichberechtigt* behandelt werden, die Verknüpfung der durch das Minimum ausgedrückte *Durchschnitt* sein und die Normierung über das *Supremum* erfolgen, dann erhält man

$$\mu_A(\mathbf{a}|\mathcal{Z}) = \frac{\min\{\mu_P(\mathbf{a}), \mu_E(\mathbf{a})\}}{\sup_{\mathbf{b}\in\mathcal{A}} \min\{\mu_P(\mathbf{b}), \mu_E(\mathbf{b})\}} ; \tag{7.83}$$

dabei bedeutet $|\mathcal{Z}$, daß die Daten $\mathcal{Z}_1, \ldots, \mathcal{Z}_n$ über $\mathcal{A}_E$ berücksichtigt wurden. Dies ist ein *unscharfes Analogon* der bekannten BAYESschen Formel (siehe (4.38)). Deutet man die Zugehörigkeitsfunktionen als Möglichkeitsverteilungsfunktionen (siehe (5.9)), dann wird in (7.83) eine a-priori-Verteilung mit einer aktuellen Verteilung gekoppelt, was eine a-posteriori-Verteilung liefert.

Das Problem der *Modelldiskrimination* tritt auf, wenn *mehrere* funktionale Beziehungen

$$\eta_1(\mathbf{x}, \mathbf{a}_1), \ldots, \eta_r(\mathbf{x}, \mathbf{a}_r); \quad \mathbf{a}_j \in A_j; \quad j = 1, \ldots, r \tag{7.84}$$

zur Verwendung konkurrieren, jede motiviert durch eine fachwissenschaftlich begründete Vorstellung oder einfach durch die Forderung nach guter Approximation mit möglichst wenig Parametern. Die Wahl soll an Hand der gegebenen unscharfen Daten $\mathcal{Z}_1, \ldots, \mathcal{Z}_n$ getroffen werden. Ein naheliegendes Vorgehen wird darin bestehen, den entsprechenden Parametervektor in jeder einzelnen Beziehung aus den gegebenen Daten zu schätzen, natürlich nach dem gleichen Prinzip, und die erhaltenen Schätzungen zu bewerten. Als Maß der Güte wäre ein *Unschärfemaß* brauchbar. (Als Unschärfemaßmaße bezeichnet man solche Maßzahlen, die die Unschärfe der Menge global bewerten, etwa ihrer Abweichung vom Typ der scharfen Menge. Zu Einzelheiten vergleiche BANDEMER/GOTTWALD 1993.) Das gewählte Unschärfemaß widerspiegelt die wünschenswerte Art der Güte gemäß den Vorstellungen des Anwenders. Als Beispiel werde das Übertragungsprinzip mit $V_{int} = \sup_x$ und $V_{agg} = \min_i$ betrachtet. Dann wäre

$$\sup_{\mathbf{a}_j \in A_j} \min_i \sup_x \mu_i(x, \eta_j(x, \mathbf{a}_j)) \tag{7.85}$$

ein brauchbares Kriterium für die Auswahl von η_j. Der Wert drückt nämlich für jedes j aus, welchen Wert die Zugehörigkeitsfunktion der entsprechenden Beziehung bei *allen* Daten *gleichzeitig* erreichen kann. Gibt es also nur *ein*

Datum, das diese Beziehung *nicht* erreicht, dann verschwindet dieser Wert. Daher ist dieses Kriterium zur Modelldiskrimination gut geeignet. Allerdings beruht die Entscheidung jeweils nur auf einem (dem höchsten) Wert; daher sollte man auch die Zugehörigkeitsfunktionen der $\mathcal{A}_j^*$ selbst in die Überlegungen einbeziehen, besonders wenn die Entscheidung in der Diskussion ist.

8 Ausblick und Schlußfolgerungen

Die klassische Behandlung eines Problems in der Anwendung der Mathematik besteht bekanntlich in dessen Idealisierung zu einer mathematischen Aufgabenstellung, z.B. zu einem Gleichungssystem, einer Differentialgleichung oder einem Eigenwertproblem. Diese mathematische Aufgabe wird dann exakt und in möglichst geschlossener Form gelöst. Die Güte der Lösung wird durch den Vergleich mit den praktischen Gegebenheiten eingeschätzt. Ein Beispiel für dieses Vorgehen wurde im Kapitel 1 mit der mathematischen Behandlung des Walzvorgangs angeführt.

Jedoch sind solche lehrbuchreifen Anwendungen recht selten. Die Struktur des durch Idealisierung und Abstraktion erhaltenen Näherungsproblems erfaßt das praktische Problem häufig nur sehr pauschal, und die durch Vorgaben aus der Praxis eingehenden Daten sind recht ungenau.

Dieses Problem bewegte einige den Anwendungen aufgeschlossene Mathematiker schon seit vielen Jahren. Als ein typisches Beispiel aus der Sicht der Intervallmathematik sei hier die Arbeit von NUDING 1975 genannt. Aus einer ähnlichen Intention ist dieses Buch entstanden.

So wird einerseits die Interpolation und Approximation unter verschiedenen Hintergrundannahmen betrachtet und andererseits die Wirkung der Unschärfe, Variabilität und Vagheit der Daten an einfachen Aufgaben der qualitativen und quantitativen Datenanalyse untersucht.

Bekanntlich sind solche Approximationszugänge bei möglicherweise mit Ungewißheit behafteten Daten Bausteine für Programmpakete zur mathematischen Statistik und Datenanalyse, zur Methode der Finiten Elemente, zu Wavelets, zu neuronalen Netzen und zu genetischen Algorithmen, um nur die bekanntesten zu nennen. Dabei geht die Entwicklung zu immer umfangreicheren, ausgefeilteren und angeblich leistungsfähigeren Paketen mit immer komfortableren Ausgabeszenarien (tools, workbench).

Dem Anwender wird in der Regel nur noch gesagt, *was* das Paket *kann*. Welche mathematischen Verfahren *genau* und in welcher Weise implementiert wurden, bleibt vielfach im Dunkeln. Aber selbst wenn dies offengelegt würde, könnte der normale Anwender das Verfahren nur selten einschätzen.

Weiterhin werden ganz verschiedene Pakete und Techniken zur Lösung des gleichen Problems angeboten, z.B. aus der Datenanalyse und aus den neuronalen Netzen zur Clusteranalyse. Da es zu jedem Zugang außerdem noch mehrere konkurrierende Programmpakete gibt, kann die Suche nach einem passenden Verfahren beim Anwender sogar zum „Blackout durch Informationsüberflutung" führen. Die endgültige Wahl eines Verfahrens ist damit weitgehend zufällig und willkürlich.

Ein für den Mathematiker interessantes und für den Anwender bedauerliches Phänomen ist es, daß die gleichen mathematischen Verfahren, Algorithmen und Techniken immer wieder unter neuen Namen „erfunden" werden. Das vorliegende Buch sollte z.B. zeigen, wie die Approximation mit der Methode der kleinsten Quadrate vor verschiedenen Hintergründen zu unterschiedlichen Deutungen des gleichen mathematischen Prinzips führt. Eine wahrhaft babylonische Sprachverwirrung käme jedoch vermutlich zum Vorschein, wenn man die verschiedenen dabei entstehenden mathematischen Terme hinsichtlich ihrer Benennungen in den verschiedenen Methoden- und Anwendungszusammenhängen nebeneinanderstellen würde.

Einen großen Raum im vorliegenden Buch nimmt die Behandlung der Frage ein, wie sich Ungenauigkeiten, Variabilitäten und Vagheit in den Daten auf das Ergebnis auswirken. Dieses Problem spielt in der Regel keine Rolle in den Programmpaketen, wenn sie sich nicht explizit mit der Behandlung von solchen Daten beschäftigen. Es ist aber in *jedem Fall* von Bedeutung, um dem Anwender einen Eindruck von der Genauigkeit und Zuverlässigkeit des angezeigten Ergebnisses zu geben. Darüber hinaus ist es auch für die Verfahren selbst von Relevanz; eine hochgenaue Rechnung (z.B. bei der Methode der Finiten Elemente) mit Ausgangswerten geringer Genauigkeit wird leicht unsinnig.

Nach Meinung des Autors läuft die Entwicklung gegenwärtig in eine *falsche* Richtung. Nicht immer umfangreichere Methodensammlungen mit immer „genaueren" numerischen Verfahren auf immer schnelleren Computern kann das Ziel sein – es macht die Mathematik zu einer Art Mystik und zeigt den bekannten *Flugplatzeffekt*: um ein gewünschtes Verfahren anwenden zu können, muß man es zuerst im Paket finden, die gefundene Version verstehen und die gegebenen Programmparameter sinnvoll interpretieren und richtig spezifizieren. Daher ist die Lösung „all options" so beliebt, führt aber in der Regel auch nicht zur adäquaten Behandlung.

Es wäre vernünftiger, wenn die wachsende Leistungsfähigkeit der Computertechnik ausgenutzt würde, um die Software „intelligent" zu machen, damit wirklich *vernünftig* gerechnet werden kann: **reasonable computing**, wie es im Untertitel der Buches prognostisch und programmatisch formuliert wurde.

Dazu sollte man sich *zuerst* überlegen, welche *Zielstellung* man mit der Lösung des praktisch gegebenen Problems eigentlich verfolgt. Daraus resultiert dann die Detailliertheit des benötigten *mathematischen Modells* für das gegebene Problem. Beispiele hierfür wurden vor allem in den Kapiteln 2, 6 und 7 gegeben.

Sodann sollte man sich die *Qualität* der benötigten Daten ansehen, um eine Vorstellung über einen zu wählenden *Modellhintergrund* zu entwickeln.

Aus beiden Überlegungen ergibt sich dann die Wahl der Lösungsmethode *und* die Art der Deutung des erhaltenen Ergebnisses.

Programmpakete, die den Anwender in diesem Prozeß unterstützen sollen, müßten erheblich anders strukturiert sein als die gegenwärtig verfügbaren. Dies erfordert ein *Umdenken* sowohl beim Mathematiker, der sich der Anwendung verschrieben hat, als auch beim Softwaredesigner, der über sein Methodensammelpaket hinausblicken muß.

Ein Mathematiker, der die Mathematik *wirklich anwenden* will, muß zuerst seinen vielerorts noch sehr beliebten esoterischen Nimbus ablegen und sich als Werkzeugmacher für Denkzeuge in einer Dienstleistungshaltung verstehen. Für ihn muß die Mathematik nicht mehr nur nach Disziplinen (Algebra, Analysis, Stochastik und Numerik, um die gängigsten zu nennen) geordnet sein, sondern nach *Abstraktionsprinzipien*: was ist im praktischen Problem als *Wesentliches* erkannt, welche *mathematische Struktur* eignet sich bei der gegebenen Zielstellung für dessen Darstellung am besten. Bislang empfiehlt der beratende Mathematiker in aller Regel Modelle und Methoden aus seiner mathematischen Spezialdisziplin. Man muß von dieser *Hammer-Nagel-Strategie* wegkommen, um die Mathematik in ihrer vollen Potenz wirksam zu machen.

Im nächsten Schritt müssen Unschärfen und Ungenauigkeiten, Variabilitäten und Abhängigkeiten spezifiziert und modelliert werden, um die mathematische Lösungsmethode wählen und die Resultate vernünftig deuten zu können.

Die Software müßte den Anwender bei diesem Tun *unterstützen*. Ein erster Schritt wäre es da bereits, diese Probleme zu thematisieren und dem Nutzer diesbezügliche Fragen zu stellen. Diese Fragen sollten von altgedienten Anwendern formuliert werden, damit sie nicht als aufgesetzt empfunden und ignoriert werden. Weiterhin sollte der Anwender stets über die Konsequenzen seiner Entscheidungen informiert und dadurch in die Lage versetzt werden, die auf dem gewählten Wege erhaltenen Resultate in seinem Problem vernünftig zu deuten, auch bezüglich ihrer Genauigkeit, Verläßlichkeit und Relevanz. So sollten die eingegebenen Daten stets bezüglich ihres Charakters und ihrer numerischen Genauigkeit vom Programm (beim Nutzer) hinterfragt werden und die Parameter des Verfahrens bezüglich (auch der internen) numerischen Genauigkeit stets vernünftig eingestellt und angepaßt werden.

Diese neue Einstellung hat natürlich auch Konsequenzen für die *Ausbildung* von Nichtmathematikern in der Mathematik. Der Modellierungsaspekt sollte gegenüber der Vermittlung von Methoden den Vorrang erhalten. An die Stelle der Behandlung von Lehrbuchbeispielen mit aller Numerik sollte die Erläuterung von Modellierungsmethoden aus praktischen Standardsituationen treten. Dabei sollten *alle* Disziplinen der Mathematik ihre Möglichkeiten demonstrieren und ihre Spezifik vorstellen dürfen.

Auch für die Modellierung der praxisrelevanten Datenunsicherheit sollte es ein Training an Standardsituationen geben. Hier müßte der Ausgangspunkt für die Darstellung ihrer Erfassung und Behandlung stehen.

Beide Aspekte sollten dann durch praktische Arbeit am Computer ergänzt werden. Dabei können die Details der benutzten Programmpakete im Hintergrund bleiben, da sich die Software erfahrungsgemäß recht schnell in ihrem Outfit ändert.

Natürlich ist klar, daß diese Art der Instruktion von Nichtmathematikern auch einen anderen Typ von „Lehrer" benötigt: einen Mathematiker mit Querschnittskenntnissen und Anwendungserfahrung – eine gegenwärtig an den Hochschulen noch recht seltene Spezies.

Wenn dieses Buch nur ein wenig dazu beitragen kann, die Mathematik für den Anwender aus der Rolle als Quelle für Heuristiken, eklektische Compilationen und Rezepturen herauszuholen und wieder zu einer Wissenschaft von der Rationalisierung des Denkens auf der Grundlage logisch begründeter Modelle und Verfahren zu machen, dann hat es seinen vom Autor gedachten Zweck voll erfüllt.

Literatur

Agresti, A. : Categorial Data Analysis.
John Wiley & Sons, New York (1990).

Albrecht, M. : Approximation of functional relationships to fuzzy observations.
Fuzzy Sets and Systems 49 (1992) 301 - 305.

Alefeld, G.; Herzberger, J. : Einführung in die Intervallrechnung.
Bibliographisches Institut, Mannheim (1974).

Alefeld, G.; Herzberger, J. : Introduction to interval computations.
Academic Press, New York (1983).

Alefeld, G.; Mayer, G. : On the symmetric and unsymmetric solution set of interval systems.
SIAM J. Matrix Anal. Appl. 16 (1995) 1223 - 1240.

Anderberg, M. R. : Cluster Analysis for Applications.
Academic Press, New York (1973).

Ball, G. H.; Hall, D. J. : ISODATA: A novel method of data analysis and pattern classification.
Techn. Report, Stanford Research Inst (1965).

Bamberg, G. : Statistische Entscheidungstheorie.
Physica-Verlag, Würzburg (1972).

Bandemer, H. : Evaluating explicit functional relationships from fuzzy observations.
Fuzzy Sets and Systems 16 (1985) 41 - 52.

Bandemer, H.; Bellmann, A. : Unscharfe Methoden der Mehrphasenregression.
Beiträge zur Mathematischen Geologie (G. Peschel, Hgb.), Verlag Sven von Loga, Köln (1991) 25 - 27.

Bandemer, H.; Bellmann, A. : Statistische Versuchsplanung.
4. Auflage, Teubner, Leipzig (1994).

Bandemer, H.; Gebhardt, A. : Bayesian fuzzy kriging.
eingereicht: Fuzzy Sets and Systems (1997).

Bandemer, H.; Gottwald, S. : Einführung in Fuzzy-Methoden. Theorie und Anwendungen unscharfer Mengen.
4. überarbeitete und erweiterte Auflage, Akademie Verlag, Berlin (1993).

Bandemer, H.; Gottwald, S. : Fuzzy Sets, Fuzzy Logic, Fuzzy Methods, with Applications.
John Wiley & Sons, Chichester (1995).

Bandemer, H.; Hulsch, F.; Lehmann, A. : A watershed algorithm adapted to functions on grids.
EIK 22 (1986) 553 - 564.

Bandemer, H.; Kraut, A. : On a fuzzy-theory-based computer-aided particle shape description.
Fuzzy Sets and Systems 27 (1988) 105 - 113.

Bandemer, H.; Kraut, A. : A case study on modelling impreciseness and vagueness of observations to evaluate a functional relationship.
In: Progress in Fuzzy Sets and Systems (Janko, W.; Roubens, M.; Zimmermann, H.-J., Eds.), Kluwer Academic Publ., Dordrecht (1990) 7 - 21.

Bandemer, H.; Kraut, A.; Näther, W. : On basic notions of fuzzy set theory and some ideas for their application in image processing.
In: Geometrical Problems of Image Processing (Hübler et al. eds.), Akademie-Verlag, Berlin (1989) 153 - 164.

Bandemer, H.; Kraut, A.; Vogt, F. : Evaluation of hardness curves at thin surface layers - A case study on using fuzzy observations.
In: Some Applications on Fuzzy Set Theory in Data Analysis, (Bandemer, H. Ed.), Deutscher Verlag für Grundstoffindustrie, Leipzig (1988) 9 - 26.

Bandemer, H.; Lorenz, M. : Evaluating a functional relationship from picture data of a chemical diffusion process - a case study -.
Fuzzy Sets and Systems (1997) (im Druck).

Bandemer, H.; Näther, W. : Theorie und Anwendung der optimalen Versuchsplanung II. Handbuch zur Anwendung.
Akademie-Verlag, Berlin (1980).

Bandemer, H.; Näther, W. : Fuzzy projection pursuits.
Fuzzy Sets and Systems 27 (1988a) 141 - 147.

Bandemer, H.; Näther, W. : Fuzzy analogues to partial-least-squares techniques in multivatiate data analysis.
In: Some Applications of Fuzzy Set Theory in Data Analysis, (Bandemer, H. Ed.), Deutscher Verlag für Grundstoffindustrie, Leipzig (1988b) 62 - 77.

Bandemer, H.; Näther, W. : Fuzzy Data Analysis.
Kluwer, Dordrecht (1992).

Bandemer, H.; Pilz, J.; Fellenberg, B. : Integral geometric prior distributions for
    Bayesian regression with bounded response.
    Statistics 17 (1986) 323 - 335.

Bandemer, H.; Schmerling, S. : Evaluating explicit functional relationships by fuz-
    zifying the statement of its satisfying.
    Biom. J. 27 (1985) 149 - 157.

Bauch, H., Jahn, K.-U.; Oelschlägel, D.; Süße, H.; Wiebicke, V. : Intervall-
    mathematik, Theorie und Anwendungen.
    Teubner, Leipzig (1987).

Berger, J. O. : Statistical Decision Theory and Bayesian Analysis.
    Springer, New York (1985).

Beyer, O.; Hackel, H.; Pieper, V.; Tiedge, J. : Wahrscheinlichkeitsrechnung und
    mathematische Statistik.
    7. neubearbeitete Auflage, Teubner, Leipzig (1995).

Bezdek, J. C. : Pattern Recognition with Fuzzy Objective Algorithms.
    Plenum Press, New York (1981).

Bonner, R. E. : On some clustering techniques.
    IBM Journal 22 (1964) 22 - 32.

Boole, G. : The investigation of the laws of thought on which are founded the ma-
    thematical theories of logic and probabilities.
    McMillan (1854), Dover reprint 1958.

Box, G. E. P.; Wilson, K. B. : On the experimental attainment of optimum condi-
    tions.
    J. Roy. Statist. Soc., Ser. B. 13 (1951) 1 - 45.

Brause, R. : Neuronale Netze. Eine Einführung in die Neuroinformatik.
    2. überarb. und erw. Aufl., Teubner, Stuttgart (1995).

Cantor, G. : Über unendliche, lineare Punktmannigfaltigkeiten
    (Arbeiten zur Mengenlehre aus den Jahren 1872 - 1884)
    Herausgegeben und kommentiert von G. Asser
    Teubner-Archiv zur Mathematik, Bd. 2
    Teubner, Leipzig (1984).

Celmins, A. : Least squares model fitting to fuzzy vector data.
    Fuzzy Sets and Systems 22 (1987) 245 - 269.

Cochran, W. G. : Sampling Techniques.
    John Wiley & Sons, New York (1957).

Courant, R.; Friedrichs, K.; Lewy, H. : Über die partiellen Differenzengleichungen
der mathematischen Physik.
Math. Annalen 100 (1928) 32-74.

Cressie, N. : Statistics for Spatial Data.
John Wiley & Sons, New York (1991).

deFinetti, B. : Theory of Probability.
Vol I and II. John Wiley, New York (1937).

Dempster, A. P. : Upper and lower probabilities induced by a multivalued mapping.
Ann. Math. Stat. 38 (1967) 325 - 329.

Diamond, Ph. : Fuzzy least squares.
Inf. Sciences 46 (1988) 141 - 157.

Dubois, D.; Prade, H. : Operations with fuzzy numbers.
Intern. J. System Sci. 9 (1978) 613 - 626.

Dubois, D.; Prade, H. : Fuzzy Sets and Systems. Theory and Applications.
Academic Press, New York (1980).

Dubois, D.; Prade, H. : Possibility Theory. An Approach to Computerized Processing of Uncertainty.
Plenum Press, New York (1988).

Dutter, R. : Geostatistik.
Teubner, Stuttgart (1985).

Ferguson, T. S. : Mathematical Statistics - a decision theory approach.
Academic Press, New York (1967).

Fleischer, W.; Nagel, M. : Datenanalyse mit dem Personalcomputer.
Verlag Technik, Berlin (1989).

Friedman, J. H.; Stuetzle, W. : Projection pursuit regression.
J. Amer. Statist. Assoc. 76 (1981) 817 - 823.

Friedman, J. H.; Tukey, J. W. : A projection pursuit algorithm for exploratory data analysis.
IEEE Trans. Comput. 23 (1974) 881 - 889.

Gantmacher, F. R. : Matrizentheorie.
Springer, Berlin (1986).

Goetscherian, V. : From binary to grey-tone image processing using fuzzy logic
concepts.
Pattern recognition 12 (1980) 7 - 15.

Goldberg, D. E. : Genetic Algorithms in Search, Optimization, and Machine Learning.
Addison-Wesley Publ. Comp., Reading (1989).

Goodman, I. R.; Nguyen, H. T. : Uncertainty Models for Knowledge-Based Systems.
North-Holland Publ. Comp., Amsterdam (1985).

Großmann, Chr.; Roos, H.G. : Numerik partieller Differentialgleichungen.
2. Auflage, Teubner, Stuttgart (1994).

Haas, A. : Zur Theorie der orthogonalen Funktionssysteme.
Math. Annalen 69 (1910) 331 - 371.

Hackbusch, W. : Integralgleichungen. Theorie und Numerik.
Teubner, Stuttgart (1989).

Hartigan, J. : Clustering Algorithms.
John Wiley & Sons, New York (1975).

Hartung, J. ; Elpelt, B. : Multivariate Statistik.
3. Auflage, Oldenbourg Verlag, München (1989).

Hartung, J.; Elpelt, B.; Klösener, K. : Statistik.
8. Auflage, Oldenbourg Verlag, München (1991).

Hensel, A.; Spittel, T. : Kraft- und Arbeitsbedarf bildsamer Formgebungsverfahren.
Deutscher Verlag für Grundstoffindustrie, Leipzig (1978).

Huber, P. J. : Robust Statistics.
John Wiley & Sons, New York (1981).

Huber, P. : Projection pursuits.
The Annals of Statistics 13 (1985) 435 - 525.

Jambu, M. : Exploratory and Multivariate Data Analysis.
Academic Press, Boston (1991).

Jardin, N.; Sibson, R. : Mathematical Taxonomy.
John Wiley & Sons, New York (1971).

Kaufmann, A.; Gupta, M. M. : Introduction to Fuzzy Arithmetic: Theory and Applications.
Van Nostrand Reinhold, New York (1985).

Klaua, D. : Über einen zweiten Ansatz zur mehrwertigen Mengenlehre.
Monatsber. Deut. Akad. Wiss. Berlin 8 (1966) 161 - 177.

Klaua, D. : Grundbegriffe einer mehrwertigen Mengenlehre.
Monatsber. Deut. Akad. Wiss. Berlin 8 (1966a) 781 - 802.

Kneschke, A. : Werkstofffluß im Walzspalt beim ebenen Walzen.
Neue Hütte 12 (1967) 555 - 559

Kneschke, A. : Differentialgleichungen und Randwertprobleme, Band 3: Anwendungen der Differentialgleichungen.
2. Auflage, Teubner, Leipzig (1968).

Kneschke, A.; Bandemer, H. : Eindimensionale Theorie des Walzvorgangs.
In: Zur Mechanik des ebenen Walzens. Freiberger Forschungsheft B 94, Deutscher Verlag für Grundstoffindustrie, Leipzig (1964) 9 - 75.

Kochendörffer, R. : Determinanten und Matrizen.
5. Auflage, Teubner, Leipzig (1967).

Kolmogorov, A. N. : Grundbegriffe der Wahrscheinlichkeitsrechnung.
Springer, Berlin (1933).

Kosko, B. : Neural Networks and Fuzzy Systems:
A Dynamical Systems Approach to Machine Intelligence.
Prentice-Hill, London (1992).

Kruse, R.; Meyer, K. D. : Statistics with Vague Data.
Reidel, Dordrecht (1987).

Leibniz, G. W. : Brief an Bernoulli vom 3. 12. 1703.
In: Mathematische Schriften (Gerhardt, Hgb.), Band III/1, Halle 1855.

Louis, A.; Maaß, P.; Rieder, A. : Wavelets; Theorie und Anwendungen.
Teubner, Stuttgart (1994).

Mardia, K. V.; Kent, J. T.; Bibby, J. M. : Multivariate Analysis.
Academic Press, London (1979).

Matheron, G. : Le Krigeage Universel.
Cahiers du Centre de Morphologie Mathematic 1, Fontainbleau (1969).

Matheron, G. : Random Sets and Integral Geometry.
John Wiley & Sons, New York (1975).

Minsky, M.; Papert, S. : Perceptron: An Introduction to Computational Geometry.
MIT Press, Cambridge, Massachusetts (1969).

von Mises, R. : Grundlagen der Wahrscheinlichkeitsrechnung.
Math. Zeitschr. 5 (1919) 52 - 99.

Moore, R. E. : Methods and Applications of Interval Analysis.
SIAM, Philadelphia (1979).

Müller, P. H. (Hrsg.) : Lexikon der Stochastik.
5. bearbeitete und wesentlich erweiterte Auflage. Akademie Verlag, Berlin (1991).

Nagel, M.; Wernecke, K.-D.; Fleischer, W. : Computergestützte Datenanalyse. Verlag Technik, Berlin (1994).

Nahmias, S. : Fuzzy variables in a random environment.
In: Advances in Fuzzy Set Theory and Applications (Gupta, M.M.; Ragade, R. K.; Yager, R.R., eds.), North-Holland Publ. Comp., Amsterdam (1979) 165 - 180.

Nuding, E. : Intervallrechnung und Wirklichkeit.
In: Interval Mathematics (Nickel, K., ed.) Lecture Notes in Comp. Science 29, Springer, Berlin (1975).

Otto, M; Bandemer, H. : Calibration with imprecise signals and concentrations based on fuzzy theory.
Chemometrics and Intelligent Laboratory Systems 1 (1986) 71 - 78.

Otto, M.; Bandemer, H. : A fuzzy approach to predicting chemical data from incomplete, uncertain and verbal compound features.
In: Physical Property Prediction in Organic Chemistry (Jochum, C.; Hicks, M.G.; Sunkel, J. Eds.), Springer-Verlag, Berlin (1988a) 171 - 189.

Otto, M.; Bandemer, H. : Fuzzy inference structures for spectral library retrieval systems.
Proc. Intern. Workshop on Fuzzy Systems Applications,
Iizuka, Fukuoka (1988b).

Polasek, W. : Explorative Datenanalyse.
2. Auflage, Springer, Berlin (1994).

Pilz, J. : Bayesian Estimating and Experimental Design in Linear Regression.
John Wiley & Sons, Chichester (1991).

Pilz, J. : Ausnutzung von a-priori-Kenntnissen in geostatistischen Modellen.
In: Beiträge zur Mathematischen Geologie und Geoinformatik: Anwendung geostatistischer Verfahren (Peschel, G. Ed.), Sven von Loga, Köln (1992) 2 - 11.

Puri, M. L.; Ralescu, D. : Fuzzy random variables.
J. Math. Anal. Appl. 114 (1986) 409 - 422.

Rojas, R. : Theorie der Neuronalen Netze. Eine systematische Einführung.
Springer, Berlin (1993).

Rommelfanger, H. : Fuzzy Decision Support-Systeme. Entscheiden bei Unschärfe.
2. Auflage, Springer, Heidelberg (1994).

Rumelhart, D. E. (ed.) : Parallel Distributed Processing. Exploration in the Microstructure of Cognition. Vol. 1: Foundations.
The MIT Press Cambridge, Massachusetts (1986).

Ruspini, E. : Numerical methods of fuzzy clustering.
Inf. Sci. 6 (1972) 273 - 284.

Sachs, L. : Angewandte Statistik. Anwendung statistischer Methoden.
7. völlig neu bearbeitete Auflage, Springer, Berlin (1992).

Savage, L. J. : The Foundation of Statistics.
2nd Edition. Dover Publications, New York (1972).

Schmerling, S. : Über die Schätzung von Parametern in expliziten funktionalen Beziehungen auf der Grundlage von Intervalldaten.
Dissertation, Universität Halle-Wittenberg (1980).

Schmerling, S.; Bandemer, H. : Methods to estimate parameters in explicit functional relationships.
In: Problems of Evaluation of Functional Relationships from Random-Noise or Fuzzy Data, (Bandemer, H. Ed.), Deutscher Verlag für Grundstoffindustrie, Leipzig (1985).

Schneider, I. (Hrsg.) : Die Entwicklung der Wahrscheinlichkeitstheorie von den Anfängen bis 1933.
Akademie-Verlag, Berlin (1989).

Schwarz, H. R. : Methode der Finiten Elemente.
3. Auflage, Teubner, Stuttgart (1991a).

Schwarz, H. R. : FORTRAN-Programme zur Methode der finiten Elemente.
3. Auflage, Teubner, Stuttgart (1991b).

Schulze, U. : Mehrphasenregression - Stabilitätsprüfung, Schätzung, Hypothesenprüfung.
Akademie-Verlag, Berlin (1987).

Serra, J. : Image Analysis and Mathematical Morphology; 1.
Academic Press, New York (1982).

Shafer, G. : A Mathematical Theory of Evidence.
Princeton Univ. Press, Princeton (1976).

Smets, Ph. : The degree of belief in a fuzzy event.
Information Sci. 25 (1981) 1 - 19.

Sneath, P. H. A. : The application of computers in taxonomy.
J. General Microbiology 17 (1957) 201 - 226.

Sorenson, T. : A method of establishing groups of equal amplitude in plant sociology
on similarity of species content and its application to analysis of the vegetation
on Danish common.
Biol. Skr. 5 (1968) 1- 34.

Storm, R. : Wahrscheinlichkeitsrechnung, mathematische Statistik und statistische
Qualitätskontrolle.
10. völlig neu bearbeitete Auflage, Fachbuchverlag, Leipzig (1995).

Stoyan, D.; Mecke, J. : Stochastische Geometrie.
Akademie-Verlag, Berlin (1983).

Sugeno, M. : Theory of Fuzzy Integral and Its Applications.
Ph. D. Thesis, Tokyo Inst. of Technology, Tokyo (1974).

Sugeno, M. : Fuzzy measures and fuzzy integrals: a survey.
In: Fuzzy Automata and Decision Processes (Gupta,M.M.; Saridis,G.N.; Gai-
nes,B.N.,eds.), North-Holland Publ. Comp., Amsterdam (1977) 89 - 102.

Tanaka, H.; Uejima, S.; Asai, K. : Linear regression analysis with fuzzy model.
IEEE Trans. Systems Man Cybernet. 12 (1982) 903 - 907.

Tanaka, H.; Watada, J. : Possibilistic linear systems and their application to the
linear regression model.
Fuzzy Sets and Systems 27 (1988) 275 - 289.

Toutenburg, H. : Prior Information in Linear Models.
John Wiley & Sons, Chichester (1982).

Uhlmann, W. : Kostenoptimale Prüfpläne. Tabellen, Praxis und Theorie eines Verfahrens der statistischen Qualitätskontrolle.
2. Auflage, Physica-Verlag, Würzburg (1970).

Uhlmann, W. : Statistische Qualitätskontrolle.
2. Auflage, Teubner, Stuttgart (1982).

Viertl, R. : Einführung in die Stochastik mit Elementen der Bayes-Statistik und
Ansätzen für die Analyse unscharfer Daten.
Springer, Wien (1990).

Wang, P.-Z.; Sanchez, E. : Treating a fuzzy subset as a projectable random subset.
In: Fuzzy Information and Decision Processes (Gupta, M.M.; Sanchez, E.,
eds.), North-Holland Publ. Comp., Amsterdam (1982) 213 - 219.

Wishart, D. : Mode analysis: A generalization of nearest neighbour which reduces chaining effects.
In: Numerical Taxonomy (Cole, A. J. ed.) Acad. Press, New York (1969) 282 - 319.

Wold, H. : System analysis by partial least squares.
In: Measuring the Unmeasurable, (Nijkamp, P.; Leitner, H.; Wrigley, N. Eds.), Martinus Nijhoff Publ., Dordrecht (1985).

Yager, R. R. : A representation of the probability of a fuzzy subset.
Fuzzy Sets and Systems 13 (1984) 273 - 283.

Zadeh, L. A. : Fuzzy sets.
Information and Control 8 (1965) 338 - 353.

Zadeh, L. A. : The concept of a linguistic variable and its application to approximate reasoning I - III.
Information Sci 8, 199 - 250, 301 - 357; 9, 43 - 80 (1975).

Zadeh, L. A. : Fuzzy sets as a basis for a theory of possibility.
Fuzzy Sets and Systems 1 (1978) 3 - 28.

Zimmermann, H.-J. : Fuzzy Set Theory and Its Applications.
Second Edition, Kluwer-Nijhoff, Dordrecht (1991).

Zurmühl, R. : Praktische Mathematik.
5. neubearbeitete Auflage, Springer, Berlin (1984).

Sachwortregister